U0095146

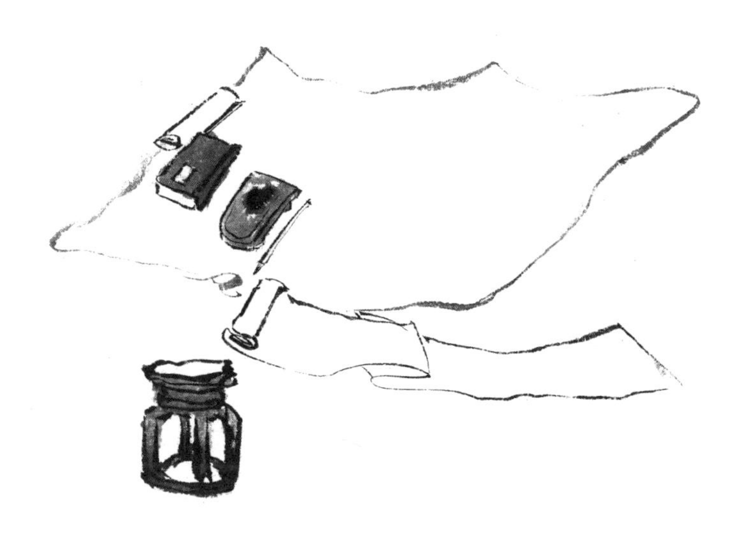

颜氏家训译注

（修订本）

〔北齐〕颜之推 著

庄辉明 章义和 译注

上海古籍出版社

图书在版编目(CIP)数据

颜氏家训译注／(北齐)颜之推著；庄辉明译注；章义和校注．—修订本．—上海：上海古籍出版社，2023.8

ISBN 978-7-5732-0826-2

Ⅰ．①颜…　Ⅱ．①颜…　②庄…　③章…　Ⅲ．①《颜氏家训》—译文②《颜氏家训》—注释　Ⅳ．①B823.1

中国国家版本馆 CIP 数据核字(2023)第 149158 号

颜氏家训译注(修订本)

［北齐］颜之推　著

庄辉明　章义和　译注

上海古籍出版社出版发行

(上海市闵行区号景路 159 弄 1-5 号 A 座 5F　邮政编码 201101)

(1) 网址：www.guji.com.cn

(2) E-mail：guji1@guji.com.cn

(3) 易文网网址：www.ewen.co

山东韵杰文化科技有限公司印刷

开本 787×1092　1/32　印张 15.75　插页 5　字数 359,000

2023 年 8 月第 1 版　2023 年 8 月第 1 次印刷

印数：1—2,100

ISBN 978-7-5732-0826-2

B·1333　定价：78.00 元

如有质量问题，请与承印公司联系

前　言

重视家庭教育，是我国自古以来一以贯之的优良传统。而家训便是家庭教育的重要形式之一。见诸文字的家训，较早而集中地出现在社会动荡的魏晋南北朝时期，其原因，一如明代张一桂所述：“迨夫王路陵夷，礼教残阙，悖德覆行者接踵于世；于是为之亲者，恐恐然虑教敕之亡素，其后人或纳于邪也，始丁宁饬诫，而家训所由作矣。”〔1〕这一时期见于记载的家训类文字，有三国蜀诸葛亮的《诫子书》、魏晋之际嵇康的《家诫》、西晋杜预的《家诫》、晋宋之际陶渊明的《责子》、南朝宋齐之际王僧虔的《诫子书》，等等。但是这些作品或者未能流传，或者篇幅短小、内容简略，因而对后世的影响，均无法与北齐黄门侍郎颜之推所撰的《颜氏家训》相提并论〔2〕。《颜氏家训》一书问世以后，历代士大夫推崇备至。宋代晁公武称是书“述立身治家之法，辨正时俗之谬，以训子孙”〔3〕。陈振孙在《直斋书录解题》中说：“古今家训，以此为祖。”明人张璧称颂道：“乃若书之传，以禔身，以范俗，为今代人文风化之助，则不独颜氏一家之训乎尔！”〔4〕清人赵曦明亦认为此书“指陈原委，恺切丁宁，苟非大愚不灵，未有读之而不知兴起者。谓当家置一编，奉为楷式”[5]。《颜氏家训》对后世的影响，由此可见一斑。

颜之推字介，琅琊临沂(今属山东)人。西晋末年，九世祖颜含随琅琊王司马睿南渡，是“中原冠带随晋渡江者百家”之一[6]。故琅琊颜氏到了南方之后，虽然不及同时南渡的琅琊王氏显赫，但也还是属于侨姓高门之列。至其祖父颜见远，因随南齐的南康王萧宝融出镇荆州，举家从金陵迁居于江陵(今属湖北)。《梁书·文学传》称颜见远“博学有志行”，在梁武帝萧衍代齐之后，“乃不食，发愤数日而卒”。颜之推的父亲颜协，曾任湘东王萧绎的王国常侍、镇西将军府谘议参军等职，亦有“博涉群书，工于草隶”[7]之誉。不难看出，颜之推出生于书香门第，这对于他思想观念的影响是不言而喻的。

梁武帝中大通三年(531)，颜之推生于江陵，并在江陵度过了他的童年和少年时代。他七岁即启蒙，接受家庭教育；十二岁时成为湘东王萧绎的门徒，经常听萧绎讲老、庄。但颜之推不好老、庄虚谈，而对《周礼》、《左传》颇感兴趣，并“博览群书，无不该洽，词情典丽，甚为西府所称”[8]。太清三年(549)，对于十九岁的颜之推而言，有两件事是他难以忘怀的：一是侯景叛军攻陷台城，梁武帝萧衍在囚禁中忧愤而死；二是他首次出仕，担任了湘东王国右常侍，加镇西墨曹参军。不久，湘东王萧绎在江陵起兵讨伐侯景，以世子萧方诸为中抚军将军、郢州刺史，颜之推被任为中抚军外兵参军，掌管记。但在梁简文帝大宝二年(550)，侯景叛军攻陷郢州治所夏口(今湖北汉口)，颜之推平生第一次成了囚俘，险些被杀，幸赖人救免，被囚送建康(今江苏南京)。颜之推因兵败被俘，始得流连祖辈所居家巷，感慨颇多。梁元帝承圣元年(552)，侯景叛军被击败后，湘东王萧绎被拥立为帝，在江陵即帝位，是为孝元帝。颜之推才得以回到江陵，并因与萧绎的旧谊，被封为散骑侍郎，奏舍人事，奉命校书。在此后两年时间内，得尽读秘阁藏书。正当他英年得志之时，不料西魏军又在承圣三年(554)攻陷江陵，梁元帝被俘杀，颜之推再一次被俘，遣送西魏。他不忘故国，有意南归，遂举家冒险逃奔北齐，想假道北齐返回江南，时在北齐文宣帝天保七年(556)。当他得知梁朝故将陈霸先已废梁自立的消息，顿感故国已不复存，南归之意遂绝。从天保九年(558)起，颜之推仕于北齐历二十年，相继担任过赵州功曹参军、通直散骑常侍、中书舍人、黄门侍郎等职，并在北齐后主武平(570—576)年间主持文林馆事务，主编《修文殿御览》。颜之推在北齐的二十年，是他一生中相对安定的时期，他利用任职文林馆之便，得以博览群书，学问大长。北齐幼主承光元年(577)，北周军队攻灭了北齐，颜之推生平第三次成为俘虏，时年四十七岁。

颜之推被遣送到长安(今陕西西安)后，又被授以御史上士。隋文帝杨坚取代北周后，颜之推被太子召为学士，“甚见礼重”，但从他“上言请依梁国旧事，考订雅乐，而文帝不从”[9]来看，他入隋以后并不得意。在这时他最终完成了《颜氏家训》的撰写工作。颜之推的卒年已不可考，从《家训·终制》篇中“吾已六十余，故心坦然，不以残年为念”的叙述来看，其病逝时应为六十余岁，约在开皇十余年中。

颜之推的一生数经陵谷之变，三为亡国之人，却未殉身于旧朝，后人对此颇有微辞，尤其对他“失节”出仕北齐，更是极力贬抑。此外，对于他在《颜氏家训》中所表现出的思想上的矛盾，特别是既崇尚儒家思想又常常背道而驰、徘徊在儒家与佛家思想之间的问题，也提出了尖锐的批评。如清人朱轼认为：“及览《养生》、《归心》等篇，又怪二氏树吾道敌，方攻之不暇，而附会之，侍郎实忝厥祖，欲以垂训可乎?”[10]孙星衍宋刻本《颜氏家训》跋也称：“国朝因其《归心篇》不出当时好佛之习，退之杂家。”应该说，后人指出的问题都是客观事实，但要对这些问题有一个恰如其分的评价，就不能不首先对颜之推所处的时代及特定的身世经历作一番分析。

颜之推生活在一个特殊的历史时代。东汉末年以来，社会矛盾的日益加深和社会秩序的急剧动荡，使封建统治面临着严重危机。一度在意识形态上居于支配地位的儒学，此时却显得苍白无力，很大程度上失去了统治思想的功用。这就促使一部分士大夫突破儒学的限制，在思想理论上另作选择，并对儒学名教展开了大胆的批判和否定。葛洪在《抱朴子》中称当时士人“皆背叛礼教而从肆邪僻”，相当真切地道出了人们为挣脱儒学纲纪束缚而任情废礼的普遍心态。这是时代潮流，身处其时的士大夫都不可避免地要受到冲击和影响，所不同的只是程度上的差异而已。颜之推自然也不例外。

其次，魏晋南北朝又是多种文化相互冲撞与融汇的重要时期。在这一时期，既有南方文化与北方文化的并立与交融，又有汉文化与少数民族文化之间的碰撞与汇合，也有中外文化的相互交流与冲击。这既为该时期文化的发展提供了新的契机，同时也使当时的思想文化处于相当复杂的状态。最突出的一个表现，便是儒、释、道三教并立。颜之推有着在南方和北方先后任职的复杂经历，而且在梁朝为官时与梁元帝等关系亲近，不可能不受到梁朝盛行一时的佛教以及老、庄学说的影响，在他的思想观念中表现出儒、佛兼而有之的倾向，也是不足为怪的。

再次，东汉末年以后逐渐发展起来的门阀制度，到南朝已达到其鼎盛阶段。东晋南朝的门阀世族为了独占社会生活各个领域，竭力维护士庶之间的界限。他们傲视一切，处处标榜自己门第族望的高贵与优越，不屑于琐碎细务，对于君统的变易、朝代的更迭也不甚留意，唯独对自己家族的门第和利益却百般维护，所谓“虽市朝革易，而我之门第如故”[11]。正是在这种观念的支配下，形成了“六朝忠臣无殉者”的时代风气，“胜国之亡臣，即为兴朝佐命，久已习为固然，其视国家禅代，一若无与于己”[12]。南北朝时期，未能身殉旧朝者不在少数，颜之推亦未能免俗。虽然他在入仕北齐后，对自己的行为时感愧怍，写有“未获殉陵墓，独生良足耻”[13]、“小臣耻其独死，实有愧于胡颜”[14]等词句，显露出内心的愧疚与沉痛，但比起以绝食殉南齐的祖父颜见远，显然是大为逊色的。另一方面，颜之推对于自己“一生而三化”[15]的行为也作过辩解。其一，他在《家训·文章》中提到：“不屈二姓，夷、齐之节也；何事非君，伊、箕之义也。自春秋以来，家有奔亡，国有吞灭，君臣固无常分矣。”其二，《终制》篇中也说：“计吾兄弟，不当仕进。但以门衰，骨肉单弱，五服之内，傍无一人，播越他乡，无复资荫；使汝等沉沦厮役，以为先世之耻；故靦冒人间，不敢坠失。兼以北方政教严切，全无隐退者故也。”由此不难看出颜之推思想中的复杂性与矛盾性，以及他的行为与当时的时代风气的密切关系。因而对于颜之推的“一生而三化”，后人似不必过于苛责。

自从《颜氏家训》问世以来，由于历代士大夫的极力推崇，佛教徒的广为征引，以及历代藏书家和颜氏后裔的一再翻刻重印，此书佳评如潮。同时，由于训诂学家颜师古、书法大家颜真卿、以身殉国的颜杲卿等颜氏后裔不同凡响的才学与操守，在某种程度上印证了《颜氏家训》的垂训之力，以至不断有人提议："凡为人子弟者，可家置一册，奉为明训，不独颜氏而已。"[16]一部本意只为"整齐门内，提撕子孙"的家训，如此长盛不衰，无疑表明该书适应了封建社会中儒家知识分子注重家庭教育的需要。即使以现代人的眼光来看，《颜氏家训》也仍然是一部颇有价值的著作。这主要表现在：

其一，书中所提出的治家教子之方和为人处世之道，有许多在今天仍能给我们以有益的借鉴。作者注重以儒家的伦理道德规范教育子孙，其中固然有不少消极过时的内容，但也包含有许多体现中华民族传统美德的积极因素，值得我们借鉴继承和发扬光大。例如：重视对子女的早期教育，提出"当及婴稚，识人颜色，知人喜怒，便加教诲"（《教子》）；强调"人生小幼，精神专利，长成已后，思虑散逸，固须早教，勿失机也"（《勉学》）；鼓励子女要靠勤学自立于世，而不能依靠祖上的荫庇养尊处优，赞赏"积财千万，不如薄伎在身"（《勉学》）；反复告诫子孙要学以致用，珍惜光阴，博览机要，反对"闭门读书，师心自是"、"但能言之，不能行之"的空疏学风（《勉学》）；重视对儿孙道德品质的培养，告诫子孙不可为仕进而谄事权贵(《教子》)；主张婚配最注重的是配偶的“清白”，反对“卖女纳财，买妇输绢，比量父祖，计较锱铢”(《治家》)；对以钱财、女宠通关节谋爵禄的行为表示极大的蔑视(《省事》)；强调为人要言行一致、表里如一，讥讽“不修身而求令名于世者，犹貌甚恶而责妍影于镜”(《名实》)；力主丧事从简，“当松棺二寸，衣帽已外，一不得自随”(《终制》)，等等。毫无疑问，上述见解都是颇有现实意义的，是值得今人借鉴参考的。

其次，书中对于当时社会生活的各个方面多有生动详尽的记述，有助于了解南北朝时的社会现状和风土人情。颜之推的一生，正值南北分裂、割据的时代。政治上的分裂，造成南北文化的隔阂，当时的许多学者往往囿于一地之见。而颜之推则不同。他先后仕宦于南朝的梁和北朝的齐、周以及天下一统后的隋朝，有机会游历南北各地，耳闻目睹各地风物，了解各地不同的文化背景，见到各种传本的经书典籍，因而他的学问于广博的同时，还能融南北文化于一炉。仅《颜氏家训》中明确提及的颜之推所到之处，就有荆州、江州、扬州、益州、赵州、雍州等地，足迹所至，相当于今日之湖北、江西、江苏、四川、河北、陕西等数省。这无疑大大开阔了他的眼界，丰富了他的见识，并且反映到《颜氏家训》的记述中。这些生动详尽的记述，大体上可以分成三类：一类是对南北朝社会现状的反映，特别是揭露和批判了当时的一些丑恶现象。如《勉学》篇描写了梁朝贵族子弟不学无术，平时养尊处优，望若神仙，及离乱之后，即陷于穷途末路的狼狈情状。同篇又讽刺了“博士买驴，书券三纸，未有驴字”的迂腐俗儒；《教子》篇刻画了北齐一位士大夫教子谄事权贵的卑劣面目；《治家》篇则写了一位远亲弃杀女婴的惨酷场景；《名实》篇针砭某“贵人”服丧期间以巴豆涂脸，致脸上长疮，以沽名钓誉的丑恶嘴脸；《涉务》篇嘲讽了指马为虎的建康令王复；《省事》篇揭露了北齐末年以钱财女色通关节谋私利的末世颓风。凡此种种，多为正史所不载，从而弥补了正史的不足，成为了解和研究南北朝历史的宝贵资料，后人藉此得以窥见当时社会的世风习尚。一类是对南北风俗习尚优劣差异的比较和评述，主要集中在《风操》篇中。诸如对冬至岁首的礼俗、称名与称号的不同、临别饯送、丧哭等，均作了详细的评析。此外，《治家》篇写了南北妇女在家庭中地位的差异，《文章》篇比较了南北文制的区别，等等。这些记述对于我们了解当时南方和北方的不同民情风俗，是不可多得的生动教材。还有一类，是颜之推在南北各地的所见所闻。如《风操》篇记述了江南的“试儿”习俗；《养生》篇写了梁朝庾肩吾常服槐实，至年七十余，仍能“目看细字，须发犹黑”；《归心》篇记载江南有“二万斛船”，河北有“千人毡帐”，又介绍梁朝有人

“常以鸡卵白和沐，云使发光”；《杂艺》篇描述了“投壶”、“弹棋”的游戏，等等。通过这些记述，可以使人对当时的社会生活有更加具体形象的认识。

其三，书中《音辞》、《书证》、《文章》等篇目，为后人研究古代的经书典籍、文字音韵、文学理论，提供了丰富的资料。颜之推作为“当时南北两朝最通博最有思想的学者，经历南北两朝，深知南北政治、俗尚的弊病，洞悉南学北学的短长，当时所有大小知识，他几乎都钻研过，并且提出自己的见解”[17]。其中，文字、训诂、声韵、校勘更是他最为擅长的学问。颜之推不仅注意到地域不同而造成的语言差异，而且也注意到因时代不同而使古今声韵有所变化。这在当时是一个卓识，对后世影响也很大。隋代对声韵学深有研究的陆法言所撰《切韵》一书，其中就有不少是采纳了颜之推的观点。

《书证》篇录有颜之推对经、史典籍以及各种字书、韵书的考证四十七条，考辨古书文字词义，纠正古书中的错讹，颇多精到之处。颜之推博览群书，见多识广，故于训诂方面，不仅能引证文献，而且能以方言口语和实物(如碑刻等文物)进行印证，大大增加了其学术观点的说服力。

此外，《文章》篇集中体现了颜之推的文学理论思想，在中国古代文学批评史上占有一定地位；《杂艺》篇分论书法、绘画、卜筮、算术、医药、音乐、游艺等诸多方面，也具有珍贵的学术资料价值。

当然，我们在肯定《颜氏家训》一书价值的同时，也应该看到，此书作为封建时代文人训诫子孙的家庭教育读本，不可避免地含有对今天而言已经不适宜的消极内容。诸如根深蒂固的男尊女卑、歧视妇女的观念，侈谈因果、宣扬迷信，以及浓重的明哲保身、全身免祸的思想，都是在阅读时应予注意的。作为颜氏后裔的颜嗣慎曾在明万历刻本跋中说："观者诚能择其善者，而各教于家，则训之为义，不特曰颜氏而已。"清康熙年间，朱轼也在评点本序中指出："使读者黜其不可为训而宝其为训，则侍郎之为功于后学不少矣。"前人对《颜氏家训》所持的这种"择其善者而从之"的态度，也是值得我们借鉴和发扬的。

《颜氏家训》成书以后，历代刻本很多，但直至清代乾隆年间，始有赵曦明为之作注，随后又有卢文弨"就赵氏注本增补"，刻入《抱经堂丛书》中。近代以来，王利器所撰《颜氏家训集解》（上海古籍出版社 1980 年 7 月第 1 版，中华书局 1993 年 12 月增补本第 1 版），以卢氏《抱经堂丛书》本为底本，并以南宋刻本及多种明、清刻本进行校勘，广泛搜集了清代学者钱大昕等人的解说，还补充了不少自己的看法，是迄今对《颜氏家训》一书研究之最完备者。我们对《颜氏家训》的译注，即是在王利器《颜氏家训集解》的基础上进行的。原文沿用《集解》，仅对个别异体字作了改动；注释则广泛参考了《集解》所列诸家解说，斟酌权衡后择善而从，间亦补充我们自己的看法；译文力求既忠实于原著，又通俗易懂。这个译注本也许还说不上尽善尽美，但我们希望能有助于广大读者阅读和理解《颜氏家训》这部有着广泛而深远影响的著作。

庄辉明　章义和

【注释】

〔1〕《明万历甲戌颜嗣慎刻本序》。

〔2〕颜之推历官南北朝，宦海浮沉，当以黄门侍郎最为清显。故此书虽始撰于北齐，持续十余年，至隋平陈之后成书，仍署“北齐黄门侍郎颜之推撰”。参见王利器《颜氏家训集解·叙录》。

〔3〕晁公武《郡斋读书志》。

〔4〕明嘉靖甲申傅太平刻本序。

〔5〕清乾隆五十四年卢文弨刻《抱经堂丛书》本跋。

〔6〕颜之推《观我生赋》自注。

〔7〕《梁书·文学传》。

〔8〕《北齐书·颜之推传》。

〔9〕《北齐书·颜之推传》。

〔10〕清康熙五十八年朱轼评点本序。

〔11〕赵翼《廿二史札记》“江左世族无功臣”条。

〔12〕赵翼《陔余丛考》卷十七“六朝忠臣无殉节者”。

〔13〕《古意》诗。

〔14〕《观我生赋》。

〔15〕《观我生赋》。

〔16〕王铚《读书丛残》。

〔17〕范文澜《中国通史简编》修订本第二编第六章第三节，人民出版社1964年8月版。

目　录

卷第一

序致　教子　兄弟　后娶　治家

序致第一[1]

【题解】

本篇以言简意赅的文字交代了写作宗旨，以青少年时期的亲身经历和感受，开宗明义地阐述了自己的见解。作者赞同“同言而信，信其所亲；同命而行，行其所服”的观点，提出要充分利用长辈与儿孙间的关系，现身说法，娓娓道来，以期更易收到良好效果。作者极重视从小接受良好教育，认为“习若自然，卒难洗荡”，一旦形成了不良习惯，成年以后即使想改也难。这些看法，无疑是很有见地的。

1.1　夫圣贤之书，教人诚孝[2]，慎言检迹[3]，立身扬名，亦已备矣。魏、晋已来[4]，所著诸子[5]，理重事复，递相模斆[6]，犹屋下架屋，床上施床耳[7]。吾今所以复为此者，非敢轨物范世也[8]，业以整齐门内[9]，提撕子孙[10]。夫同言而信，信其所亲；同命而行，行其所服[11]。禁童子之暴谑[12]，则师友之诫不如傅婢之指挥[13]；止凡人之斗阋[14]，则尧舜之道不如寡妻之诲谕[15]。吾望此书为汝曹之所信，犹贤于傅婢寡妻耳。

【注释】

〔1〕序致第一：介绍和评述著作意图和经过的文章，称“序”、“序文”或“序言”。六朝以前的作品，序多在全书之末，但也有置于全书之首的，颜氏此书即是。

〔2〕诚孝：即忠孝。隋人避隋文帝父杨忠之讳，凡遇“忠”字均改为“诚”字。本书成于隋文帝在位期间，故全书文字均避文帝家讳。

〔3〕检迹：指行为自持，不放纵。《乐府诗集》卷六十七张华《游猎篇》有“伯阳为我诫，检迹投清轨”之句，可见其为六朝及隋时习用语。

〔4〕已：古通“以”。下文同。

〔5〕诸子：原指先秦诸子，本书指魏、晋以来阐发儒家学说的著述。

〔6〕斅(xiào)：与“效”同。模斅，即模拟，仿效。

〔7〕屋下架屋，床上施床：六朝及隋唐时习用语，常用作比喻毫无必要的重复。《世说新语·文学》：“庾仲初作《扬都赋》成……谢太傅云：‘不得尔，此是屋下架屋耳。’”隋薛道衡《大将军赵芬碑铭并序》：“不复架屋施床。”此语后渐省作“叠床架屋”。

〔8〕轨物范世：规范世人的言行。轨，指车子两轮之间的距离，古有定制。引申为规矩、法度；物，指人，公众。卢文弨曰：“车有轨辙，器有模范，喻可为世人仪型也。”

〔9〕业：《资治通鉴》卷一四七《梁纪三》：“国子博士封轨，素以方直自业。”胡三省注：“业，事也。以方直为事。”颜文之“业”，意与此同。

〔10〕提撕：提引，扯拉。即耳提面命，形容教诲殷切。

〔11〕“同言”四句：《淮南子·缪称训》：“同言而民信，

信在言前也。同令而民化，诚在令外也。”此当为颜氏所本。

〔12〕谑：谓谑浪，即戏谑不敬。

〔13〕傅婢：即侍婢。《后汉书·吕布传》：“私与傅婢情通。”《三国志·魏书·吕布传》则作“与卓侍婢私通”，即其证。

〔14〕斗阋(xì)：指兄弟之间的争吵。

〔15〕寡妻：嫡妻，正妻。《诗·大雅·思齐》：“刑于寡妻，至于兄弟，以御于家邦。”毛亨《传》：“寡妻，适(嫡)妻也。”卢文弨曰：“寡者，少也，故云适(嫡)妻。”

【译文】

古代圣贤的著作，是教诲人们忠诚孝顺，言语谨慎，行为检点，建功立业，扬传美名，道理已经说得很完备了。自魏、晋以来，各家学派撰写的阐述圣贤思想的著作，事理重复，相互模仿，就像屋下建屋、床上叠床一样多余。现在我之所以仍然要写此书，并不敢以此为世人树立行为的规范，只是为了整饬自家门风、教诲后辈儿孙而已。同样一句话，有的人就信服，因为说话者是他们所亲近的人；同样一个吩咐，有的人就遵行，因为吩咐者是他们所敬服的人。要禁止儿童的过分顽皮，那么老师、朋友的告诫，就不如侍婢的劝阻命令；要制止兄弟之间的争斗，那么尧舜的教导，还不及自家妻子的规劝诱导。我希望这本书能被你们信服，总要胜过侍婢对孩童、妻子对丈夫所起的作用吧。

1.2　吾家风教〔1〕，素为整密。昔在龆龀〔2〕，便蒙诱诲；每从两兄[3]，晓夕温清[4]，规行矩步[5]，安辞定色[6]，锵锵翼翼[7]，若朝严君焉[8]。赐以优言，问所好尚，励短引长，莫不恳笃。年始九岁，便丁荼蓼[9]，家涂离散[10]，百口索然[11]。慈兄鞠养，苦辛备至；有仁无威，导示不切。虽读《礼》、《传》[12]，微爱属文[13]，颇为凡人之所陶染，肆欲轻言，不修边幅[14]。年十八九，少知砥砺[15]，习若自然[16]，卒难洗荡。二十已后，大过稀焉；每常心共口敌[17]，性与情竞[18]，夜觉晓非，今悔昨失[19]，自怜无教，以至于斯。追思平昔之指[20]，铭肌镂骨[21]，非徒古书之诫，经目过耳也。故留此二十篇，以为汝曹后车耳[22]。

【注释】

〔1〕风教：风、教，同义。《毛诗序》："风，风也，教也，风以动之，教以化之。"

〔2〕龆龀(tiáo chèn)：龆与龀，均谓儿童换牙。指童年时代。

〔3〕两兄：《南史·颜协传》："子之仪、之推。"又《颜氏家庙碑》(唐颜真卿撰)中有名之善者，为之推之弟。颜真卿《颜含大宗碑铭》亦云："之仪弟之推，之推弟之善。"则之推仅有一兄。陈直推测："或之仪有弟早卒，故称两兄耳。"

〔4〕温清(qìng)："冬温夏清"的略语。温，谓温被使暖；清，谓扇席使凉。古代子女奉养父母之道。《礼记·曲礼上》："凡为人子之礼，冬温而夏清。"

〔5〕规：圆规。　矩：曲尺，古代画方形的用具。规行矩步，比喻行为合乎法度。

〔6〕安辞定色：《礼记·曲礼上》："安定辞。"又《礼记·冠义》："礼义之始，在于正容体，齐颜色，顺辞令。"此句本此。

〔7〕锵锵翼翼：《广雅·释训》："锵锵，走也。翼翼，敬也，又和也。"

〔8〕严君：《易·家人》："家人有严君焉，父母之谓也。"后专以称父亲。

〔9〕丁：当，遭逢。　荼蓼(tú liǎo)：《诗·周颂·良耜》毛亨《传》以为"荼蓼，苦菜"，引申为苦辛。此处则以苦辛喻丧失父亲，家境困难。

〔10〕涂：通"途"，道路。家涂，犹本书《终制》篇之言家道。

〔11〕百口：指全家。古时大家庭人口、亲属众多，故以百口称之。　索然：离散、零落貌。

〔12〕《礼》、《传》：指《周礼》与《春秋左氏传》。《北齐书·颜之推传》称颜氏"世善《周官》、《左氏》，之推早传家业"。

〔13〕属(zhǔ)文：意谓联字造句，使之相属而成为文章，即作文、写文章。

〔14〕边幅：布帛的边缘。借以比喻人的仪表、衣着、作风。

〔15〕少：与"稍"同。　砥砺：本指磨刀石。引申为磨砺、磨炼。

〔16〕习若自然：《大戴礼·保傅》："少成若天性，习贯之为常。"又《汉书·贾谊传》："孔子曰：'少成若天性，习贯如自然。'"此句本此。

〔17〕心共口敌：嵇康《家诫》："若志之所之，则口与心誓，守死无二，耻躬不逮，期于必济。"卢文弨曰："心共

口敌，谓口易放言，而心制之，使不出也。”俱谓心口相制。

〔18〕性与情竞：谓理智与感情的互相冲突。

〔19〕今悔昨失：《淮南子·原道》高诱注：“月悔朔，今悔昨。”此句本此。

〔20〕指：通“旨”，即意旨、意向。

〔21〕铭、镂：均为雕刻之意。铭肌镂骨，形容感受深刻，永远不忘。

〔22〕后车：后继之车。

【译文】

咱们家的门风家教，向来整饬缜密。昔日还在孩童时代，我就受到长辈的诱导教诲；时常跟从两位兄长，早晚侍奉双亲，冬天温被，夏日扇凉，一举一动都规规矩矩，言语平和，神色安详，举止方正，严肃恭谨，就像在给父母大人请安时一样。长辈们经常勉励我，询问我的爱好，鼓励我改正短处，发扬优点，无不恳切诚笃。在我刚满九岁时，就遭逢父亲去世，家道从此中衰，人丁零落离散。慈爱的兄长抚养我长大，历尽了千辛万苦；但兄长仁慈却没有威严，对我的督责教导就不够严厉。我虽然读了《周礼》、《左传》，也有点喜欢写文章，但是由于与世俗平庸之人交往而受到熏染，放纵自己的私欲，随意说话，也不修边幅。到了十八九岁，我才稍微懂得要磨砺节操品行，但习惯成自然，终于还是难以根治不良习惯。二十岁以后，大的过错很少有了，经常是嘴上在信口开河时，心里便警觉起来加以制止，理智与情感往往互相冲突，夜里觉察到白天的过错，今天追悔昨日的失误，自己哀怜没有得到良好的教育，以致落到这种境地。追想自己平素所立的志向，真是刻骨铭心，那就绝不只是把古书中的告诫，仅仅耳闻目睹而已。所以，我留下这二十篇文章，用来作为你们的后车之戒。

教子第二

【题解】

重视对子女的教育，主张从早期教育甚至胎教入手，培养子女的良好习性，是中华民族的优良传统。然而不可否认的是，对子女的一味溺爱，以及对子女的未能一视同仁，往往酿成败德破家的苦果。颜之推从正反两方面反复举例，旨在说明教育子女的重要性以及方法、目的。作者主张“教妇初来，教儿婴孩”，反对“无教而有爱”，强调对子女的教育要严格，应有正确的目的，不可为了仕进而谄事权贵。作者的教育思想固然有着时代的烙印，却也不乏可资借鉴的价值。

2.1 上智不教而成，下愚虽教无益，中庸之人，不教不知也〔1〕。古者，圣王有胎教之法〔2〕：怀子三月，出居别宫，目不邪视，耳不妄听，音声滋味，以礼节之〔3〕。书之玉版〔4〕，藏诸金匮〔5〕。生子咳𠷀〔6〕，师保固明孝仁礼义〔7〕，导习之矣。凡庶纵不能尔〔8〕，当及婴稚，识人颜色，知人喜怒，便加教诲，使为则为，使止则止。比及数岁，可省笞罚。

父母威严而有慈，则子女畏慎而生孝矣。吾见世间，无教而有爱，每不能然；饮食运为[9]，恣其所欲，宜诫翻奖，应呵反笑，至有识知，谓法当尔。骄慢已习，方复制之，捶挞至死而无威，忿怒日隆而增怨，逮于成长，终为败德。孔子云“少成若天性，习惯如自然”是也[10]。俗谚曰：“教妇初来，教儿婴孩。”诚哉斯语！

【注释】

〔1〕“上智”四句：《论语·阳货》：“唯上智与下愚不移。”《后汉书·杨终传》：“(杨)终以书戒马廖云：‘上智下愚，谓之不移；中庸之人，要在教化。’”即此文所本。中庸，这里指中等之材。贾谊《过秦论》：“材能不及中庸。”

〔2〕胎教：古人认为胎儿在母体中能够受孕妇言行的感化，所以孕妇必须谨守礼仪，给胎儿以良好的影响，此即“胎教”。

〔3〕“目不邪视”四句：《大戴礼·保傅》卢辩注：“大任孕文王，目不视恶色，耳不听淫声，口不起恶言，故君子谓大任为能胎教也。”

〔4〕玉版：古代用以刻字的玉片。

〔5〕金匮：亦作“金柜”，即铜制的柜子。用以收藏文献或文物。

〔6〕咳喂：一本作“孩提”。《孟子·尽心上》：“孩提之童。”赵岐注：“孩提，二三岁之间，在襁褓，知孩笑，可提抱者也。”

〔7〕师保：古代担负教导皇室贵族子弟职责的官员，有师有保，统称师保。

〔8〕凡庶：寻常百姓，普通人。

〔9〕运为：卢文弨曰："运为，即云为。《管子·戒篇》注：'云，运也。'"云为，即言行。

〔10〕"孔子云"二句：参1.2注〔16〕。　少成：自幼养成的习惯。　天性：与生俱来的本性。

【译文】

智力超群的人，不用教育就能成才；智力低下的人，即使教育也毫无用处；才智平常的人，不教育就不明事理。古时候，圣明的君王施行胎教之法：妃嫔怀孕到三个月时，就要迁居到别的宫室，目不邪视，耳不妄听，音乐、饮食都按照礼的要求加以节制。这种胎教之法都刻写在玉版上，珍藏在铜柜里。太子出生，尚在襁褓之中，太师、太保就阐明孝仁礼义的道理，以此对他引导教育。平民百姓纵然不能这样，也应当在孩子刚刚懂得看别人的脸色、辨识别人的喜怒的时候，就加以教诲。让他去做，他才去做；让他不做，他就不做。这样，等他长到数岁的时候，就可以少挨笞杖的责罚了。做父母的既威严又慈爱，那么子女就会敬畏谨慎，并由此而生出孝心。我看世上有些父母，对子女不加以教诲，而只是一味溺爱，往往不能如此；他们对子女的饮食起居、言行举止，任其为所欲为，本该训诫的，反而加以奖励；本该呵责的，反而一笑了之，等到孩子懂事以后，还以为按照道理本当如此。子女骄横轻慢的习性已经养成了，这时才去管教、制止，即使将他们鞭抽棍打至死，也难以树立父母的威信。父母的火气一天天增加，子女对父母的怨恨也越来越深。这样的子女长大成人以后，终将是道德败坏。

孔子说“少成若天性，习惯如自然”，是很对的。俗话说：“教育媳妇要从刚进门的时候开始，教育孩子要从婴儿的时候开始。”这话确实很有道理。

2.2 凡人不能教子女者，亦非欲陷其罪恶；但重于呵怒〔1〕，伤其颜色，不忍楚挞惨其肌肤耳〔2〕。当以疾病为谕〔3〕，安得不用汤药针艾救之哉〔4〕？又宜思勤督训者，可愿苛虐于骨肉乎〔5〕？诚不得已也。

【注释】

〔1〕重：难。

〔2〕楚：荆条，古时用作刑杖。

〔3〕谕：一作“喻”。

〔4〕艾：多年生草本植物。中医学以其叶入药，也作为灸法治病的燃料。

〔5〕可愿：岂愿。

【译文】

凡是不能教育子女的人，也并非是想让子女去犯罪作恶，只是难于严厉地呵责怒骂，怕伤了子女的脸面；不忍心用荆条抽打，怕子女皮肉受苦罢了。这应当用治病来打比方，子女生了病，做父母的怎么能不用汤药针灸去救治他们呢？也应该想想那些勤于督促训导子女的父母，他们难道愿意苛责虐待自己的亲生骨肉吗？实在是不得已啊。

2.3　王大司马母魏夫人〔1〕，性甚严正；王在湓城时〔2〕，为三千人将，年逾四十，少不如意，犹捶挞之，故能成其勋业。梁元帝时〔3〕，有一学士，聪敏有才，为父所宠，失于教义：一言之是，遍于行路〔4〕，终年誉之；一行之非，揜藏文饰〔5〕，冀其自改。年登婚宦〔6〕，暴慢日滋，竟以言语不择，为周逖抽肠衅鼓云〔7〕。

【注释】

〔1〕王大司马：即王僧辩，字君才，南朝梁人，历任征东将军、江州刺史、车骑大将军等职。及贞阳侯萧渊明即位，王僧辩被授以大司马，领太子太傅、扬州牧。事见《梁书·王僧辩传》。　魏夫人：即王僧辩之母。《梁书·王僧辩传》称其"性甚安和，善于绥接……及僧辩克复旧京，功盖天下，夫人恒自谦损，不以富贵骄物。朝野咸共称之，谓为明哲妇人也"。

〔2〕湓城：也称湓口，为湓水入长江之处，故址在今江西九江西。

〔3〕梁元帝：即萧绎，字世诚，小字七符，梁武帝萧衍第七子。承圣元年(552)即位于江陵，承圣三年(554)十一月，江陵被西魏军攻破，梁元帝被俘，十二月被杀。事见《梁书·元帝纪》。

〔4〕行路：路上的行人。

〔5〕揜(yǎn)：通"掩"。掩盖，遮蔽。

〔6〕婚宦：即本书《后娶》篇所谓"宦学婚嫁"，为六朝时习用语。谓结婚和作官，此处指成年。

〔7〕周逖：卢文弨曰："周逖无考，唯《陈书》有《周

迪传》。”梁元帝时，周迪官拜持节通直散骑常侍、壮武将军、高州刺史，封临汝县侯。始与周敷相结交，后将其骗害之。　衅：古代新制器物成，杀牲以祭，以其血涂缝隙，称作衅。

【译文】

大司马王僧辩的母亲魏老夫人，秉性非常严厉方正；王僧辩在湓城时，是统率三千士卒的将领，而且已年过四十，然而只要稍微不如母亲的意，老夫人还要用棍棒教训他。正因为如此，王僧辩才能成就功业。梁元帝的时候，有一位学士，人很聪明，也很有才气，从小就深得父亲的宠爱，但却疏于管教：一句话说对了，他父亲就巴不得让过往行人无不知晓，一年到头赞不绝口；一件事做错了，他父亲又百般为他遮掩粉饰，指望他能自己改正。这位学士成年以后，残暴傲慢的习气一天比一天厉害，终因说话不知检点，被周逖杀掉，肠子也被抽出，血则被用来涂战鼓。

2.4　父子之严，不可以狎；骨肉之爱，不可以简。简则慈孝不接，狎则怠慢生焉。由命士以上，父子异宫〔1〕，此不狎之道也；抑搔痒痛〔2〕，悬衾箧枕〔3〕，此不简之教也。或问曰：“陈亢喜闻君子之远其子〔4〕，何谓也?”对曰：“有是也。盖君子之不亲教其子也，《诗》有讽刺之辞〔5〕，《礼》有嫌疑之诫〔6〕，《书》有悖乱之事〔7〕，《春秋》有邪僻之讥〔8〕，《易》有备物之象〔9〕，皆非父子之可通言，故不亲授耳[10]。"

【注释】

〔1〕"由命士"二句:《礼记·内则》:"由命士以上,父子皆异宫。"命士:《汉书·食货志上》:"学以居位曰士。"则古代称读书而做官者为士,命士指受有爵命的士。

〔2〕抑搔痒痛:《礼记·内则》:"妇事舅姑,如事父母。……及所,下气怡声,问衣燠寒,疾痛苛痒,而敬抑搔之。"抑搔,按摩抓挠。

〔3〕悬衾箧枕:《礼记·内则》孔颖达疏云:"悬其所卧之衾,以箧贮所卧之枕。"意即在长辈起床后,晚辈应替他们收拾卧具,把被子捆好悬挂起来,把枕头放入箱子。衾(qīn),被子;箧(qiè),小箱子。

〔4〕陈亢(gāng):即陈子禽,孔子弟子。

〔5〕《诗》:即《诗经》。

〔6〕"《礼》有"句:《礼记·曲礼上》:"男女不杂坐,不同椸枷,不同巾栉,不亲授。嫂叔不通问。"又云:"寡妇之子,非有见焉,弗与为友。"颜氏所谓"嫌疑之诫"当即指此。

〔7〕《书》:即《尚书》。

〔8〕《春秋》:编年体史书,相传为孔子依据鲁国史官所编《春秋》加以整理修订而成。

〔9〕《易》:即《周易》,也称《易经》,相传系周人所作。 备物:备办各种器物。

〔10〕不亲授:《白虎通·辟雍》:"父所以不自教子何?为其渫渎也。又授受之道,当极说阴阳夫妇变化之事,不可以父子相教也。"洪业则曰:"窃恐颜于《诗》,殆指《墙有茨》等篇;于《书》,殆指'淫酗肆虐'、'刳剔孕妇'等句;于《春秋》,殆指'夫人逊于齐'之类;于《易》,殆

指‘男女构精，万物化生’等解也。”此二说可供参考。

【译文】

父亲对孩子要有威严，不能轻忽狎昵；骨肉之间要相亲相爱，不能怠惰简慢。如果怠惰简慢的话，就无法做到父慈子孝；如果轻忽狎昵，就会生出放肆不敬之心。古书上讲，从有爵命的士以上的人，他们父子都是分室居住的，这就是防止轻忽狎昵的途径；为病痛不适的长辈按摩抓挠，替长辈铺床叠被，收拾卧具，这就是避免怠惰简慢的道理。有人要问：“陈亢听说了孔子疏远儿子的事，感到很高兴，这是为什么呢?”我的回答是：“这是有道理的。君子不亲自教授自己的孩子，是因为《诗经》中有讽刺骂人的言辞；《礼记》中有回避嫌疑的告诫，《尚书》中有违礼悖乱的记载，《春秋》中有对淫邪行为的讥讽，《周易》中有包容阴阳万物的卦象，这些内容都不是父子之间可以直接谈论的，所以君子就不亲自教授自己的孩子了。”

2.5　齐武成帝子琅邪王〔1〕，太子母弟也，生而聪慧，帝及后并笃爱之，衣服饮食，与东宫相准〔2〕。帝每面称之曰：“此黠儿也〔3〕，当有所成。”及太子即位〔4〕，王居别宫，礼数优僭〔5〕，不与诸王等；太后犹谓不足，常以为言。年十许岁〔6〕，骄恣无节，器服玩好，必拟乘舆〔7〕；尝朝南殿，见典御进新冰〔8〕，钩盾献早李〔9〕，还索不得，遂大怒，询曰[10]:“至尊已有[11],我何意无[12]?”不知分齐[13],率皆如此。识者多有叔段、州吁之讥[14]。后嫌宰相[15],遂矫诏斩之[16],又惧有救,乃勒麾下军士,防守殿门;既无反心,受劳而罢,后竟坐此幽薨[17]。

【注释】

〔1〕齐武成帝:即北齐皇帝高湛,太宁元年(561)即位,河清四年(565)禅位太子,称太上皇帝,天统四年(568)死,谥号武成皇帝。　琅邪王:指高湛第三子高俨,初封东平王,高湛死后,改封琅邪王。

〔2〕东宫:太子所居之宫,也用以指太子。　准:比照。

〔3〕黠(xiá):聪慧,狡猾。

〔4〕太子:古代称预定继承皇位的皇子。此处指高俨之兄北齐后主高纬。天统元年(565)四月即位,隆化元年(576)十二月禅位皇太子。

〔5〕礼数:古代按名位而分的礼仪等级制度。

〔6〕年十许岁:六朝人称数目时,多在数下加“许”字,系不定之词,犹如今言“左右”。下文《治家》、《风操》、《慕贤》、《勉学》等篇均有相同用法。

〔7〕乘舆:指帝王所乘坐的车子,也用作帝王的代称。

〔8〕典御:主管帝王饮食的官员。

〔9〕钩盾:主管皇家园林等事项的官署。

〔10〕诟(gòu):同“诟”,即骂人。

〔11〕至尊:至高无上的地位。古代多指皇位,并因此而用为皇帝的代称。

〔12〕何意:为什么,何故。

〔13〕分齐(jì):分际,分寸。

〔14〕叔段：即春秋初年郑庄公之弟太叔段，亦作共叔段，自幼即因其母的偏宠纵容而骄横不法，终至发动叛乱，被郑庄公平定。事见《左传·隐公元年》。　州吁：春秋初年卫庄公之子，深得其父宠幸，骄纵凶残，杀其兄卫桓公自立，但不久也被杀。事见《左传·隐公三、四年》。

〔15〕宰相：古代对君主负责总揽政务的官员。此处指北齐宠臣和士开。和士开深得武成帝高湛宠幸，且与胡太后淫乱。齐后主高纬即位后，和士开被授为尚书令、录尚书事。琅邪王高俨厌恶其放肆，于武平二年(571)将其诛杀。

〔16〕矫诏：假借皇帝的名义发布诏令。

〔17〕坐：特指办罪的因由。　幽：隐秘，秘密。　薨(hōng)：周代诸侯死亡的称呼，后代王侯之死亦用此称。

【译文】

北齐武成帝的儿子琅邪王高俨，是太子高纬的同母弟弟，他天资聪颖，武成帝和皇后都十分宠爱他，饮食和穿着跟太子没有两样。武成帝经常当着他的面称赞说："这是个机灵聪慧的孩子，日后必会大有成就。"等到太子即位，琅邪王移居于别的宫殿，太后给予他的礼数特别优待超越了本分，与其他诸王都不一样。但太后仍然觉得不够，时常唠叨这件事。到琅邪王十岁左右的时候，骄纵放肆，毫无节制，凡是器用服饰、珍奇玩物，必定要与当皇帝的哥哥相比。他曾经到南殿朝拜，看见近侍典御、钩盾向皇帝进献新出的冰块和早熟的李子，回去后就派人索要，未能如愿，就大发脾气，怒骂道："皇上已有的东西，为什么我就没份?"一点都不懂得分寸，他的行为差不多都是这样。有识之士大多讥讽他像共叔段、州吁一样不懂得君臣之礼。后来，琅邪王因为嫌恶宰相，就假传圣旨将他杀掉，又担心会有人前来相救，竟指挥手下军士把守殿门。他并无反叛之心，受到安抚以后就撤了兵，但后来终究还是因为此事而被秘密地处死。

2.6　人之爱子，罕亦能均；自古及今，此弊多矣。贤俊者自可赏爱，顽鲁者亦当矜怜，有偏宠者，虽欲以厚之，更所以祸之。共叔之死〔1〕，母实为之。赵王之戮，父实使之〔2〕。刘表之倾宗覆族〔3〕，袁绍之地裂兵亡〔4〕，可为灵龟明鉴也。

【注释】

〔1〕共叔：即太叔段，因其逃亡至共，故又称共叔段。参见2.5注〔14〕。

〔2〕“赵王”二句：赵王，即汉高祖刘邦之子刘如意，其母为刘邦宠妃戚夫人，如意也因此倍受刘邦宠爱。戚夫人日夜向刘邦哭泣，想以如意取代吕后所生的太子。刘邦心动，有意改立如意为太子，终因吕后反对而未成。刘邦死后，吕后即毒死赵王如意，并残忍地将戚夫人折磨而死。事见《史记·吕后本纪》。

〔3〕刘表：东汉末年将领。字景升，官至镇南将军、荆州牧。刘表有子二人，次子刘琮娶刘表后妻蔡氏的侄女为妻，蔡氏因此而偏宠刘琮而厌恶刘表的长子刘琦，屡向刘表说刘琦坏话，竟使刘表信从。刘琦深感自危，即请求外出任职。后刘表生病，蔡氏将回来探视的刘琦拒之门外，并乘机立刘琮为继承人，致使兄弟反目。刘表死后，刘琦逃往江南，刘琮向大兵压境的曹操投降。事见《后汉书·刘表传》。

〔4〕袁绍：东汉末年将领。字本初，出身于四世三公的大官僚家庭，在割据混战中，据有冀、青、幽、并四州之地，一度成为地多兵广的割据势力。袁绍有三子，即袁谭、袁熙、袁尚。袁绍后妻刘氏偏宠袁尚，致其兄弟不和。袁绍在官渡之战中为曹操所败，发病而死，未及确定继承人。其部下因袁谭为长子，有意拥立他；而亲近袁尚者则假传袁绍遗命，立袁尚为继承人。终使兄弟反目，互以兵戎相见，被曹操各个击破，尽占其地。事见《后汉书·袁绍传》。

【译文】

人们疼爱自己的孩子，却很少能够做到一视同仁，从古到今，这方面的弊端太多了。贤能俊秀的孩子固然值得赏识和喜爱，顽劣愚钝的孩子也应该予以同情和怜惜。那些有偏宠之心的人，虽然本意是想厚待自己偏爱的孩子，却反而是以此害了他。共叔段的死，实际上是他母亲造成的；而赵王如意的被杀，则是他的父皇促成的。刘表的宗族倾覆，袁绍的兵败地失，都可以作为灵应的龟兆和明亮的镜子，为后人提供借鉴。

2.7　齐朝有一士大夫〔1〕，尝谓吾曰：“我有一儿，年已十七，颇晓书疏〔2〕，教其鲜卑语及弹琵琶〔3〕，稍欲通解，以此伏事公卿〔4〕，无不宠爱，亦要事也。”吾时俛而不答〔5〕。异哉，此人之教子也！若由此业，自致卿相，亦不愿汝曹为之。

【注释】

〔1〕齐朝:指北齐。东魏武定八年(550)五月,高洋废东魏孝静帝自立,国号齐,史称北齐。齐幼主承光元年(577),被北周攻灭。

〔2〕书疏:指文书信函。

〔3〕“教其”句:北齐创建者高氏颇尚鲜卑习俗,且北齐显贵多为鲜卑族,其族喜弹琵琶。当时能说鲜卑语、善弹琵琶者颇受重用,以此当作做官的门径。

〔4〕伏事:即服事。

〔5〕俛:同“俯”。

【译文】

齐朝有一位士大夫曾经对我说:“我有一个儿子,已经十七岁了,很懂得书写记事,教他说鲜卑语、弹琵琶,也逐渐地通晓理解了。用这些特长去服事公卿大夫,没有一个不宠爱他的,这也是一桩紧要的大事啊。”我当时低头不答。这位士大夫教育儿子的方法,实在让人惊讶!假如像这样取媚于人,即使能够官至宰相,我也不愿意你们去做的。

兄弟第三

【题解】

夫妇、父子、兄弟之间的关系，历来被认为是人伦之中最为重要的三种关系，其中尤以父子、兄弟关系，由于血缘纽带的联结，在宗法制度长期延续的古代中国，更是受到特别的重视。上篇既已说了父子关系，本篇即专谈兄弟关系。颜之推认为，兄弟之间骨肉情深，“分形连气”，理应互相友爱，特别是做弟弟的理应像对待父亲那样敬事兄长。他对兄弟各自娶妻成家后就关系逐渐疏远的现象颇有微词，认为是夫妇关系削弱了兄弟之情，这使人想起了“兄弟如手足，夫妻如衣服”的俗谚。显然，这是歧视妇女的传统观点在作者意识中的反映。

3.1 夫有人民而后有夫妇，有夫妇而后有父子，有父子而后有兄弟：一家之亲，此三而已矣。自兹以往，至于九族[1]，皆本于三亲焉，故于人伦为重者也，不可不笃。兄弟者，分形连气之人也[2]，方其幼也，父母左提右挈[3]，前襟后裾[4]，食则同案[5]，衣则传服[6]，学则连业[7]，游则共方[8]，虽有悖乱之人，不能不相爱也。及其壮也，各妻其妻，各子其子，虽有笃厚之人，不能不少衰也。娣姒之比兄弟[9]，则疏薄矣；今使疏薄之人，而节量亲厚之恩[10]，犹方底而圆盖，必不合矣。惟友悌深至[11]，不为旁人之所移者[12]，免夫！

【注释】

〔1〕九族：指本身以上的父、祖、曾祖、高祖和以下的子、孙、曾孙、玄孙。也有包括异姓亲属而言的，如孔颖达疏引夏侯、欧阳氏说，以父族四、母族三、妻族二为“九族”。

〔2〕分形连气：指形体虽别而气息相通。形容父母与子女关系密切，后也用于兄弟之间。语出《吕氏春秋·精通》：“故父母之于子也，子之于父母也，一体而两分，同气而异息。”

〔3〕左提右挈：《汉书·张耳传》：“以两贤王左提右挈。”颜师古注：“提挈，言相扶持也。”

〔4〕襟：古代指衣的交领，后指衣服的前幅。 裾(jū)：衣服的后摆。

〔5〕案：古代一种放食器的盘，下有短足数寸，以便席地就食。

〔6〕传服：指孩子的衣服，如大孩不能穿则留给小孩穿。

〔7〕业：指书写经籍的大版。古人写书用方版，书写经典的大版即称业，故先生用以传弟子叫“授业”，弟子从而承之叫“受业”。连业，谓哥哥曾用过的经籍，其弟又接着使用。

〔8〕方：规律，秩序，引申为约定的地方。

〔9〕娣姒(dì sì)：兄弟之妻的互称。

〔10〕节量：限量。为六朝人习用语。
〔11〕友：兄弟相敬爱。　悌(tì)：敬爱兄长。
〔12〕旁人：此处指兄弟之妻。

【译文】

有了人类然后才有夫妇，有了夫妇然后才有父子，有了父子然后才有兄弟：一个家庭中的亲人，就是这三种关系而已。由此延伸，直至产生出九族的亲属，都是源于这三种至亲关系，所以对于人伦关系来说，这三种至亲关系是最为重要的，绝不可以轻慢这种亲情。所谓兄弟，那是形体各异而气血相通的人。当他们年幼的时候，父母左手拉着哥哥，右手牵着弟弟；哥哥拉着父母的前襟，弟弟拽住父母的后摆；哥哥穿过的衣服传给弟弟，哥哥读过的课本弟弟接着用，吃饭共用一个案盘，游玩同在一个地方，虽然有悖礼胡来的人，兄弟间却不能不相亲相爱。待到他们长大以后，各自娶了妻子，各自也有了孩子，即使是忠诚厚道的人，兄弟间的感情也不能不逐渐减弱。妯娌与兄弟相比，关系就疏远淡薄得多了。现在让疏远淡薄的人来限量制约兄弟间浓厚的亲情，这就好比方底的容器却有一个圆盖一样，必定是合不拢的。只有相互敬爱、情深意切、不会受旁人的影响而改变的兄弟，才能避免上述情况。

3.2　二亲既殁[1]，兄弟相顾，当如形之与影，声之与响；爱先人之遗体[2]，惜己身之分气[3]，非兄弟何念哉[4]？兄弟之际，异于他人，望深则易怨，地亲则易弭[5]。譬犹居室，一穴则塞之，一隙则涂之，则无颓毁之虑；如雀鼠之不恤[6]，风雨之不防[7]，壁陷楹沦[8]，无可救矣。仆妾之为雀鼠，妻子之为风雨，甚哉！

【注释】

〔1〕殁(mò)：死亡。

〔2〕先人：指祖先，包括已死的父亲。　遗体：古代人称子女的身体为父母所生，故称子女的身体为父母的“遗体”。

〔3〕分气：指分得父母血气。

〔4〕念：爱怜的意思。

〔5〕地亲：地近情亲。

〔6〕雀鼠：谓麻雀和老鼠。此句源出于《诗·召南·行露》：“谁谓雀无角，何以穿我屋？谁谓女无家，何以速我狱？虽速我狱，室家不足。谁谓鼠无牙，何以穿我墉？谁谓女无家，何以速我讼？虽速我讼，亦不女从。”

〔7〕“风雨”句：《诗·豳风·鸱鸮》：“予室翘翘，风雨所漂摇。”此句本此。

〔8〕楹：厅堂前部的柱子。　沦：沦落，塌陷。

【译文】

双亲去世以后，兄弟间互相照应，应当像形体与它的影子、声音与它的回响一样密切。爱惜先人所给予的躯体，珍惜自己从父母那里分得的血气，除了兄弟，还有谁值得如此爱怜呢？兄弟之间的关系，有别于他人，彼此期望过高，就容易生出怨恨；而关系亲近，就容易消除怨恨。就好比一间居室，破了一个洞就立即堵上，裂了一条缝就及时封住，这样就不会有房子倒塌的担心了。如果对雀鼠的危害毫不担忧，对风雨的侵蚀不加提防，那么墙壁就会倒塌，楹柱就会摧折，就无法再补救了。侍妾好像雀鼠，妻子好像风雨，可其危害却更可怕啊！

3.3　兄弟不睦，则子侄不爱〔1〕；子侄不爱，则群从疏薄〔2〕；群从疏薄，则僮仆为仇敌矣〔3〕。如此，则行路皆踖其面而蹈其心〔4〕，谁救之哉？人或交天下之士，皆有欢爱，而失敬于兄者，何其能多而不能少也！人或将数万之师，得其死力，而失恩于弟者，何其能疏而不能亲也！

【注释】

〔1〕子侄：卢文弨曰："子侄，谓兄弟之子也。"

〔2〕群从：指族中子弟。

〔3〕僮仆：即奴仆，多从事家庭杂役。

〔4〕行路：见 2.3 注〔4〕。　踖(jí)：践踏。　蹈：踩。

【译文】

如果兄弟之间不和睦，那么子侄之间就不会互相友爱；子侄之间不友爱，那么族中子弟就会疏远淡薄；族中子弟疏远淡薄，那么僮仆之间就会互相视如仇敌了。这样的话，过往的陌生人都可以随意地欺侮他们，又有谁会来救助他们呢？有的人也许能够结交天下之士，与他们都能友好相处，关系融洽，而对于自己的兄长却缺乏敬意。为什么对那么多人能够做到，而对少数的人却不行呢！也有的人或许可以统率数万人的军队，能使部属拼死效力，而对自己的弟弟却薄情寡恩。为什么对关系疏远的人可以做到，而对关系亲密的人反倒不行呢！

3.4　娣姒者，多争之地也，使骨肉居之〔1〕，亦不若各归四海，感霜露而相思〔2〕，伫日月之相望也〔3〕。况以行路之人，处多争之地，能无间者鲜矣。所以然者，以其当公务而执私情〔4〕，处重责而怀薄义也；若能恕己而行〔5〕，换子而抚〔6〕，则此患不生矣。

【注释】

〔1〕骨肉：比喻至亲，此处指兄弟。

〔2〕“感霜露”句：源出《诗·秦风·蒹葭》：“蒹葭苍苍，白露为霜；所谓伊人，在水一方。”

〔3〕“伫日月”句：伫(zhù)，企盼，期待。

〔4〕公务：此处指大家庭内部的集体事务。

〔5〕恕己：谓扩充自己的仁爱之心。

〔6〕换子而抚：相互交换孩子抚养。此处指视兄弟的孩子如自己的孩子。

【译文】

妯娌之间，很容易产生纠纷，与其让情同手足的兄弟陷入这种是非之地，还不如让他们各奔东西。分离之后，他们反而会因感叹霜露的降临而相互思念，企盼像各在一方的日月那样等到相望之时。何况妯娌本是陌路之人，处在容易发生纠纷的环境里，互相之间能够不产生嫌隙的，实在太少了。之所以会这样，是因为各自在面对大家庭的事务时都出以私情，肩负着重大责任却心怀各自微不足道的恩义。如果能够本着仁爱之心去做，把兄弟的孩子看成自己的孩子一样，那么这种弊病就不会产生了。

3.5　人之事兄，不可同于事父〔1〕，何怨爱弟不及爱子乎？是反照而不明也。沛国刘琎，尝与兄瓛连栋隔壁〔2〕，瓛呼之数声不应，良久方答；瓛怪问之，乃曰："向来未着衣帽故也〔3〕。"以此事兄，可以免矣。

【注释】

〔1〕不可同于事父：《少仪外传》上、《通录》二均作"不可不同于事父"，《温公家范》七作"不同于事父"。但林思进曰："《尔雅·释言》：'猷，肯，可也。'　'肯'、'可'互训，此'可'字正作'肯'字用。"则原意自通。

〔2〕"沛国"二句：瓛，刘瓛(huán)，南齐学者，字子珪，沛国相(今安徽濉溪西北)人，笃志好学，博通训义，循循善诱。其弟刘琎(jīn)，字子璥，方轨正直，儒雅不及其兄，而文采过之。事见《南齐书·刘瓛传》。　沛国：地名，治今安徽濉溪西北。

〔3〕向来：犹今日言"刚才"。

【译文】

有的人不肯同侍奉父亲一样敬事兄长，又何必埋怨兄长怜爱弟弟不如怜爱自己的儿子呢？这反而证明了自己缺乏自知之明。沛国的刘琎曾经与哥哥刘瓛住在一起，居室只隔着一堵墙壁。有一次刘瓛呼叫刘琎，连叫几声都没有应答，过了好一会才听见刘琎答应。刘瓛感到奇怪，问他原因，刘琎答道："因为刚才没有穿戴好衣帽的缘故。"以这样的态度敬事兄长，就不用担心哥哥怜爱弟弟不如怜爱自己的儿子了。

3.6　江陵王玄绍〔1〕，弟孝英、子敏，兄弟三人，特相爱友〔2〕，所得甘旨新异，非共聚食，必不先尝，孜孜色貌〔3〕，相见如不足者。及西台陷没〔4〕，玄绍以形体魁梧，为兵所围，二弟争共抱持，各求代死，终不得解，遂并命尔〔5〕。

【注释】

〔1〕江陵：县名，在今湖北省。南朝梁元帝初，为荆州治所。　王玄绍：人名，其事迹不详。

〔2〕爱友：指兄弟友爱。

〔3〕孜孜：勤勉；不懈怠。

〔4〕西台：此处指江陵。

〔5〕并命：汉魏至南北朝人习用语。谓相从而死。

【译文】

江陵的王玄绍与弟弟王孝英、王子敏，兄弟三人非常友爱。得到美味或新鲜稀奇的食物，除非兄弟三人聚在一起享用，否则绝对不会一个人先去品尝。兄弟三人勤勉尽力都在神态上显露出来，相见时总感到在一起的日子还不够似的。及至西台被攻陷，王玄绍因为体形魁梧，被敌兵围困，两个弟弟争着去抱住他，都要替他去死，但最终未能消解灾难，与兄长一同被害。

后娶第四

【题解】

丧妻之后再娶，也称续弦，本来是很正常的事情，然而却历来受到人们特别的关注，视作必须慎之又慎的严重问题。这种严重性并不在于续弦者本人，而在于后妻进门以后，一旦处置不当，便会导致家庭内部产生许多尖锐矛盾，诸如原本亲密的父子关系遭离间，前妻的孩子遭虐待，前妻的孩子与后妻的孩子之间发生争斗，等等。也许是历史上这样的教训太多了，因而颜之推在本篇中大谈后娶之害，对续弦大不以为然，并且把续弦后家庭成员间发生矛盾的根源，归结到后母身上，这是极不公正的。与此同时，他一面极不赞成续弦，一面却又对纳妾颇为赞赏，认为妾媵“限以大分，故稀斗阋之耻”。似乎只要用纳妾来取代续弦，家庭内的问题便会迎刃而解。这无疑又一次表现出他歧视女性的态度。当然，在以男性为中心的古代社会中，颜之推持有此种态度是不足为奇的。

4.1 吉甫〔1〕，贤父也；伯奇〔2〕，孝子也。以贤父御孝子[3]，合得终于天性[4]，而后妻间之，伯奇遂放。曾参妇死[5]，谓其子曰："吾不及吉甫，汝不及伯奇。"王骏丧妻[6]，亦谓人曰："我不及曾参，子不如华、元[7]。"并终身不娶，此等足以为诫。其后，假继惨虐孤遗[8]，离间骨肉，伤心断肠者，何可胜数。慎之哉！慎之哉！

【注释】

〔1〕吉甫：即西周宣王时重臣尹吉甫，兮氏，名甲，字伯吉甫，尹是官名。曾率军反攻猃狁，又奉命在成周（今河南洛阳）负责征收南淮夷等族的贡赋。

〔2〕伯奇：相传为尹吉甫长子。其母早亡，后母欲以己子伯封为继承人，即谮伯奇对己有邪念，吉甫怒而放逐伯奇。伯奇事亲至孝，自伤无罪而遭放逐，乃作琴曲《履霜操》以述怀。吉甫闻而感悟，遂射杀后妻。见《太平御览》引《列女传》。但伯奇放逐之说，诸家所传，众说不一，上述仅其一而已。

〔3〕御：控制，约束以为用。

〔4〕天性：即天命，指上天的意旨或上天安排的命运。

〔5〕曾参：即曾子。春秋末年鲁国人，字子舆。孔子学生，以孝著称。《大戴礼记》中记载有他的言行。

〔6〕王骏：西汉成帝时大臣。据《汉书·王吉传》记载：王骏丧妻后不再娶，有人问他，骏答曰："德非曾参，子非华、元，亦何敢娶。"

〔7〕华、元：指曾参的两个儿子曾华、曾元。《说苑·敬慎》："曾子疾病，曾元抱首，曾华抱足。"

〔8〕假继：谓假母、继母。假者，谓其非亲生之母也。

【译文】

尹吉甫是贤明的父亲，伯奇则是孝顺的儿子，由贤明的父亲来管教约束孝顺的儿子，应该是能够享尽天伦之乐的。然而由于吉甫的后妻从中挑拨离间，伯奇竟被逐出家门。曾参在妻子死后，对儿子说："我不如吉甫贤明，你们也不如伯奇孝顺。"王骏在丧妻之后，也对别人说："我比不上曾参，我的儿子也比不上曾华、曾元。"曾参、王骏二人都终身没有再娶，这些事例是足以让人引为鉴戒的。从那以后，后母残忍地虐待前妻留下的孩子，离间父子骨肉的关系，让人伤心断肠的事，数都数不过来。对续弦之事，要慎重啊！要慎重啊！

4.2　江左不讳庶孽〔1〕，丧室之后，多以妾媵终家事〔2〕；疥癣蚊虻〔3〕，或未能免，限以大分〔4〕，故稀斗阋之耻〔5〕。河北鄙于侧出〔6〕，不预人流〔7〕，是以必须重娶，至于三四，母年有少于子者。后母之弟，与前妇之兄〔8〕，衣服饮食，爰及婚宦，至于士庶贵贱之隔〔9〕，俗以为常。身没之后，辞讼盈公门，谤辱彰道路，子诬母为妾〔10〕，弟黜兄为佣〔11〕，播扬先人之辞迹〔12〕，暴露祖考之长短〔13〕，以求直己者，往往而有。悲夫！自古奸臣佞妾，以一言陷人者众矣！况夫妇之义，晓夕移之，婢仆求容，助相说引〔14〕，积年累月，安有孝子乎？此不可不畏。

【注释】

〔1〕江左：又名江东。长江在芜湖、南京间作西南南、东北北流向，故习惯上称自此以下的长江南岸地区为江东。古人在地理上以东为左，以西为右，故江东又名江左。东晋及南朝宋、齐、梁、陈各代的根据地都在江左，故当时人又称这五朝及其统治下的全部地区为江左。　庶孽：封建社会称妾所生之子女为庶孽。

〔2〕妾媵(yìng)：古时诸侯之女出嫁，从嫁的宗室之妹及侄女，称为妾媵。后泛指正妻以外的婢妾。　终：结束。此处指继续掌管之意。

〔3〕"疥癣"句：卢文弨曰："疥癣比痈疽之患轻，蚊虻比蛇蝎之害小，以言纵有所失，不甚大也。"疥癣之疾在外，比起腹心之疾，危害甚微。

〔4〕大分：名分，本分。

〔5〕斗阋：见1.1注〔14〕。

〔6〕河北：泛指黄河以北的地区。　侧出：指妾所生的子女，带有鄙视之意。古时重嫡而轻庶，贱庶出之子。

〔7〕人流：指有某种社会地位的同类人。

〔8〕弟、兄：卢文弨曰："此弟与兄，皆指其子言。"

〔9〕士庶：指士族和庶族。士族是东汉以后在各地形成的大姓豪族，在政治、经济各方面享有特权；庶族则是与士族相对而言的寒门。六朝风气，士庶天隔，等级分明，庶族不能像士族一样任清贵之官，也不能与士族通婚。

〔10〕子：此处指前妻之子。　母：此指后母。

〔11〕弟：此指后母之子。　兄：此指前妻之子。

〔12〕辞迹：犹遗言。

〔13〕祖考：泛指已去世的父祖辈。　长短：长处和短处。亦偏指短处和错误之处。

〔14〕说(shuì)引：即诱引。

【译文】

江东的人不顾忌妾媵所生的孩子，妻子死后，大多让妾媵主持家务。这样做，虽然家中鸡毛蒜皮的小纠葛或许不能避免，但由于妾媵的名分所限制，因此很少发生兄弟争斗的家门之耻。河北地区的人则鄙视妾媵所生的孩子，不给他们平等的社会地位，因而在丧妻后必须再娶，以至有人先后娶了三四次，后母的年纪甚至比前妻的儿子还小。后母所生的儿子与前妻所生的儿子，从衣服饮食到婚娶做官，竟至于会有像士庶贵贱那样的差别，而世俗对此也习以为常。在父亲死后，家庭内部的诉讼就闹到了公堂，彼此间公开诽谤辱骂，前妻之子诬蔑后母是小妾，后母之子则贬斥前妻之子为佣仆，他们四处传扬亡父的遗言，暴露祖先的短处，以求得别人认为自己正直。这样的事到处都有。可悲啊！自古以来，奸诈的臣子、谄媚的小妾，用一句话就将人陷害的事情太多了！何况凭着夫妻的情义，后妻可以日夜进谗言来改变丈夫的态度，婢女僮仆为了讨主人欢心，也在一边帮着劝说引诱。这样长年累月，哪里还会有孝子呢？这不能不使人感到可怕。

4.3　凡庸之性，后夫多宠前夫之孤，后妻必虐前妻之子；非唯妇人怀嫉妒之情[1]，丈夫有沈惑之僻[2]，亦事势使之然也。前夫之孤，不敢与我子争家，提携鞠养，积习生爱，故宠之；前妻之子，每居己生之上，宦学婚嫁[3]，莫不为防焉，故虐之。

异姓宠则父母被怨[4]，继亲虐则兄弟为仇[5]，家有此者，皆门户之祸也。

【注释】

〔1〕“非唯”句：《北齐书·元孝友传》载，元孝友曾奏表曰：“凡今之人，通无准节。父母嫁女，则教以妒，姑姊逢迎，必相劝以忌。以制夫为妇德，以能妒为女工。”与此句所言相合，可见当时风气。

〔2〕沈(chén)惑：亦作“沉惑”，犹迷惑。 僻：通“癖”。嗜好。

〔3〕宦学：宦为仕宦，学为学业。

〔4〕异姓：指前夫之子。自古以来，子女习惯上从父姓，故前夫之子多与继父异姓。

〔5〕继亲：指继母。

【译文】

按照一般人的秉性，后夫大多宠爱前夫留下的孩子，而后妻则必定虐待前妻遗下的孩子。这并非只是因为妇人怀有嫉妒之心，而男人具有迷惑之癖的缘故，也是事物发展的情势使得他们这样的。前夫的儿子不敢与自己的儿子争夺家业，尽心照顾抚养他，日积月累就会产生爱心，所以后夫就宠爱前夫之子；至于前妻的儿子，地位往往在自己的儿子之上，求学做官、婚姻嫁娶，没有一样不处处提防，所以后母就要虐待前妻的儿子。如果异姓的孩子受宠爱，父母就会遭到亲生子女的怨恨；继母虐待前妻的儿子，兄弟之间就会变成仇敌。哪家存在这种情况，都是家庭的祸患啊。

4.4　思鲁等从舅殷外臣[1]，博达之士也。有子基、谌，皆已成立[2]，而再娶王氏。基每拜见后母，感慕呜咽[3]，不能自持，家人莫忍仰视。王亦凄怆，不知所容，旬月求退，便以礼遣，此亦悔事也。

【注释】

〔1〕思鲁：颜子推长子。字孔归，隋朝司经校书，东宫学士。杭大宗《诸史然疑》云："颜子推二子：一思鲁，一敏楚。《家训》中屡言之。敏作愍。"　从舅：母亲的叔伯兄弟。即堂舅。

〔2〕成立：指成人，成长自立。

〔3〕感慕：感念思慕。感、慕二字均有思念之意。

【译文】

思鲁他们的堂舅殷外臣，是位博学通达之士。他有两个儿子，叫殷基、殷谌，都已长大成人，而殷外臣又续娶王氏为妻。殷基每次拜见后母时，都会因念及生母而伤心悲泣，不能控制自己的情绪，家里的人都不忍心抬头看他。王氏也很凄切悲伤，不知如何是好，不到一个月就请求退亲，殷外臣也只能按照礼节把她送回了娘家，这也是一件令人悔恨的事。

4.5　《后汉书》曰："安帝时，汝南薛包孟尝[1]，好学笃行，丧母，以至孝闻。及父娶后妻而憎包，分出之。包日夜号泣，不能去，至被殴杖。不得已，庐于舍外，旦入而洒埽[2]。父怒，又逐之，乃庐于里门[3]，昏晨不废[4]。积岁余，父母惭而还之。后行六年服，丧过乎哀[5]。既而弟子求分财异居[6]，包不能止，乃中分其财[7]：奴婢引其老者[8]，曰：'与我共事久，若不能使也。'田庐取其荒顿者[9]，曰：'吾少时所理[10]，意所恋也。'器物取其朽败者，曰：'我素所服食[11]，身口所安也。'弟子数破其产，还复赈给。建光中[12]，公车特征[13]，至拜侍中[14]。包性恬虚，称疾不起，以死自乞。有诏赐告归也[15]。"

【注释】

〔1〕汝南：郡名。汉高帝四年置。治所在上蔡(今河南上蔡西南)。其后治所屡迁，南朝宋时治上蔡县(今河南汝南)。此句从宋本，其余各本"包"下有"字"字。

〔2〕埽：同"掃"，即"扫"。

〔3〕里门：闾里的门。里为古代地方行政组织，自周代始，后代多因之，其制不一。同里的人家聚居一处，设有里门。

〔4〕昏晨：指定省(xǐng)之礼。

〔5〕丧过乎哀：按古代丧礼，父母死，子应行服(服丧)三年，薛包行服六年，故曰"丧过乎哀"。

〔6〕弟子：古代泛指为人弟与为人子者。此处指弟弟。

〔7〕中分：平均分配。

〔8〕引：取的意思。

〔9〕荒顿：犹荒废。

〔10〕理：王利器《集解》称："《后汉纪》十一、《御览》四一四引《汝南先贤传》作'治'。此盖传抄者避唐高

宗李治讳改。”

〔11〕服：古谓用为服。

〔12〕建光：东汉安帝年号。始于公元121年，止于次年。

〔13〕公车：汉代官署名。为卫尉的下属机构，设公车令一人，掌管宫廷司马门的警卫。天下上书及征召等事宜，经由此处受理。

〔14〕侍中：官名。始置于秦代，为丞相属官。后历代沿用，至南宋废。其职责为侍奉皇帝左右，赞导众事，顾问应对。

〔15〕赐告：汉代制度，官吏告病在家休养满三个月就要免职。若皇帝优待，特许其带着印绶和部属归家养病者，即称之为“赐告”。

【译文】

《后汉书》上说：“安帝的时候，汝南有个人叫薛包，字孟尝，他谦虚好学，行为诚笃，母亲已经去世，他因为极尽孝道而闻名。等到他的父亲娶了后妻，就憎恶薛包，将他分出去另住。薛包日夜号啕痛哭，不肯离开，竟至被用棍棒殴打。薛包不得已，就在屋外搭了个草棚栖身，天一亮就回家洒扫庭院。他父亲十分恼怒，又来驱逐他。薛包无奈，只得又在里门外搭个茅屋暂住，但从未忘记过每天早晚按时回家向父母请安。这样过了一年多，薛包的父母也感到惭愧，让他搬回家住。父母死后，薛包守孝六年，大大超过了丧礼的要求。不久，他的弟弟要求分割家产另外居住，薛包无法劝止，就将家产平均分配：奴婢，他要的是年老的，理由是：‘这些奴仆与我相处的时间很长，你使唤不了他们。’田地房屋，他要的是荒芜破败的，说：‘这些都是我年轻时经营过的，情感上对它们很依恋。’至于器具物品，他要的是其中那朽败了的，说：‘这些器物是我平时常用的，已经习惯了。’后来他的弟弟几次破产，薛包仍然反过来接济弟弟。建光年间，公车署特地单独征召薛包，并且授予他侍中的官职。可是薛包生性恬淡，借口身体有病不能起床，推辞不就，只求一死而已。朝廷只得下诏，准许他带着官职返回家乡养病。”

治家第五

【题解】

早在《礼记·大学》中，就有“欲治其国者，先齐其家”的格言。把齐家放在治国之前，视齐家为治国的前提，反映了历来的士大夫对理好家政的高度重视。颜之推也不例外。本篇就是专谈治家必须注意的种种事项，诸如父兄要注意以身作则；治家不能没有章法，但又必须宽严适度；既要躬俭节用，又要乐善好施；男女婚配要注重清白得当，贪荣求利反招羞耻；以及爱护图书，反对跳神弄鬼，等等，都是颜之推从历史和现实生活中得出的经验之谈，即使在今日也是值得肯定的。不过，他认为妇女主持家务就是操办酒食衣服，“国不可使预政，家不可使干蛊”，切不可“牝鸡晨鸣”；又把生养女儿过多视为家庭的拖累，仍然表现了男尊女卑的观念，则是不足取的。

5.1 夫风化者[1]，自上而行于下者也，自先而施于后者也[2]。是以父不慈则子不孝，兄不友则弟不恭，夫不义则妇不顺矣。父慈而子逆，兄友而弟傲，夫义而妇陵[3]，则天之凶民，乃刑戮之所摄[4]，非训导之所移也。

【注释】

〔1〕风(fèng)化：教育感化。

〔2〕施(yì)：延续；延伸。

〔3〕陵：侵犯；欺侮。

〔4〕摄：古“摄”字多借作“慑”。使畏惧。

【译文】

所谓教育感化，是从上面推行到下面，由前人延续到后人的。因此，如果父亲不慈爱，儿子就不会孝顺；兄长不友爱，弟弟就不会恭敬；丈夫不仁义，妻子也不会柔顺。如果父亲慈爱而儿子忤逆；兄长友爱而弟弟倨傲；丈夫仁义而妻子蛮横，那么这些人就是天生的恶人，只有用刑罚杀戮来使他们畏惧，而不是训诫引导所能改变得了的。

5.2　笞怒废于家，则竖子之过立见[1]；刑罚不中，则民无所措手足[2]。治家之宽猛，亦犹国焉。

【注释】

〔1〕“笞怒”二句：《吕氏春秋·荡兵》：“家无怒笞，则竖子婴儿之有过也立见。”竖子：未成年的孩童。　见：同“现”。

〔2〕“刑罚”二句：出自《论语·子路》。　中：合适，恰当。　措：安放。

【译文】

如果家庭内部废弃了鞭笞的体罚，那么孩子的过失立刻就会出现；如果刑罚施用不当，老百姓就会手足无措。治理家庭的宽严要适当，就像治理国家一样。

5.3　孔子曰："奢则不孙，俭则固；与其不孙也，宁固〔1〕。"又云："如有周公之才之美，使骄且吝，其余不足观也已〔2〕。"然则可俭而不可吝已。俭者，省约为礼之谓也；吝者，穷急不恤之谓也。今有施则奢，俭则吝；如能施而不奢，俭而不吝，可矣。

【注释】

〔1〕"奢则"四句：见《论语·述而》篇。孙，同"逊"。谦虚；恭顺。固，鄙陋。

〔2〕"如有"三句：见《论语·泰伯》篇。周公，西周初期政治家，姓姬名旦，周武王弟。因采邑在周(今陕西岐山北)，故称周公。曾助武王灭商，武王死后，又辅佐年幼的成王，平定反叛，厘定典章。后世多将他作为圣贤的典范。

【译文】

孔子说："奢侈就会显得不谦恭，俭朴则会显得鄙陋。与其不谦恭，宁可鄙陋。"孔子又说道："假如一个人有周公那样杰出的才能，但只要他既骄纵又吝啬，那么其他方面也就不值得一看了。"如此说来，为人可以节俭，却不可以吝啬。节俭，是节省俭约以合乎礼数的意思；而吝啬则是指对穷困危难的人也不予周济。如今有的人肯施舍，却又奢侈；也有人能节俭，却又吝啬。如果能做到肯施舍而不奢侈，能节俭而不吝啬，那就可以了。

5.4　生民之本，要当稼穑而食〔1〕，桑麻以衣。蔬果之畜，园场之所产；鸡豚之善〔2〕，埘圈之所生〔3〕。爰及栋宇器械，樵苏脂烛〔4〕，莫非种殖之物也〔5〕。至能守其业者，闭门而为生之具以足〔6〕，但家无盐井耳〔7〕。今北土风俗，率能躬俭节用，以赡衣食；江南奢侈，多不逮焉。

【注释】

〔1〕稼：种植，耕作。　穑(sè)：收获谷物。

〔2〕豚(tún)：小猪，也泛指猪。　善：通“膳”，饭食。

〔3〕埘(shí)：墙壁上挖洞做成的鸡窠。

〔4〕樵苏：充作燃料的柴草。　脂烛：古人用大麻的籽实灌以油脂，燃之照明，是为脂烛。

〔5〕殖：一作“植”，古通。

〔6〕以足：一作“已足”。

〔7〕盐井：为汲取含盐质的地下水用以煮盐而挖的井。我国四川、云南诸省甚多，所制盐称作井盐。

【译文】

百姓生存的根本，关键在于种植谷物以解决吃的问题，种桑纺麻以解决穿的问题。蔬菜水果的蓄积，依赖果园菜圃的生产；鸡肉、猪肉等佳肴美味，来源于鸡窝猪圈中所饲养的。以至房屋器具、柴草脂烛，没有一样不是种植生产出来的物品。至于那些能够守住家业的人，无须出门，维持生计的各种必需品也已齐备，只不过家中没有盐井罢了。如今北方的风俗，大多能做到力行俭省，以保障衣食之需；江南地区的风俗则奢侈浪费，在节俭持家方面大多不及北方。

5.5 梁孝元世〔1〕，有中书舍人〔2〕，治家失度，而过严刻，妻妾遂共货刺客〔3〕，伺醉而杀之。

【注释】

〔1〕梁孝元：即梁元帝萧绎。见2.3注〔3〕。

〔2〕中书舍人：官名。原称中书省通事舍人，为中书省属官，掌传宣诏命。初置于曹魏，晋及南朝历代沿置。至梁时除通事二字，直称中书舍人，任起草诏令之职，参与机密，权力日重。

〔3〕货：贿赂，买通。

【译文】

梁元帝的时候，有一位中书舍人，治家没有把握好尺度，过于严厉苛刻，结果他的妻妾就共谋买通刺客，趁他酒醉时把他给杀了。

5.6 世间名士〔1〕，但务宽仁；至于饮食饟馈〔2〕，僮仆减损，施惠然诺〔3〕，妻子节量〔4〕，狎侮宾客，侵耗乡党〔5〕：此亦为家之巨蠹矣〔6〕。

【注释】

〔1〕名士：旧时指以学术诗文等著称的知名士人。

〔2〕馕：与“饷”同。馕馈，即馈赠的食物。

〔3〕然诺：然、诺皆应对之词，表示应允、承诺。

〔4〕节量：见3.1注〔10〕。

〔5〕乡党：周制以一万二千五百家为乡，五百家为党。后因以“乡党”泛指乡里、乡亲。

〔6〕蠹(dù)：蛀虫。也用作比喻祸国害民的人和事。

【译文】

世上的一些名士，只是一味地追求宽厚仁爱，以至宴请客人和馈赠的食品，僮仆竟然也敢于克扣、减少；施舍给人的东西、承诺接济亲友的物品，也要受到妻子的控制，甚至还发生戏弄轻侮宾客、侵害邻里乡亲的事，这也是家中的一大祸害。

5.7 齐吏部侍郎房文烈〔1〕，未尝嗔怒，经霖雨绝粮〔2〕，遣婢籴米，因尔逃窜，三四许日，方复擒之。房徐曰：“举家无食，汝何处来？”竟无捶挞。尝寄人宅〔3〕，奴婢徹屋为薪略尽〔4〕，闻之颦蹙〔5〕，卒无一言。

【注释】

〔1〕吏部侍郎：官名。吏部掌管全国官吏的任免、考课、升降、调动等事务，长官为吏部尚书，吏部侍郎是其副手。房文烈：《北史·房景伯传》："景伯子文烈，位司徒左长史……性温柔，未尝嗔怒。"本段事见载于房文烈任吏部侍郎时。

〔2〕霖雨：连绵大雨。

〔3〕寄人宅：卢文弨曰："以宅寄人也。"

〔4〕徹：通"撤"，拆除。

〔5〕颦蹙(pín cù)：皱眉蹙额，形容忧愁不乐。

【译文】

北齐吏部侍郎房文烈，从不生气发怒。有一次因连遭大雨，家中断粮，房文烈便派一名婢女去买米。不料这个婢女竟乘此机会逃跑，过了三四天，才把她抓回来。房文烈语气和缓地说道："全家都没粮食吃了，你跑到哪里去了？"竟然没有捶打鞭挞这个婢女。房文烈曾经将房子借给别人居住，此人的奴婢拆了房子当柴烧，差不多要拆光了。房文烈听到这件事，也只是皱了皱眉头，终于没说一句话。

5.8　裴子野有疏亲故属饥寒不能自济者[1]，皆收养之；家素清贫，时逢水旱，二石米为薄粥，仅得遍焉，躬自同之[2]，常无厌色。邺下有一领军[3]，贪积已甚，家童八百[4]，誓满一千；朝夕每人肴膳，以十五钱为率，遇有客旅，更无以兼。后坐事伏法，籍其家产，麻鞋一屋，弊衣数库，其余财宝，不可胜言。南阳有人〔5〕，为生奥博〔6〕，性殊俭吝，冬至后女婿谒之，乃设一铜瓯酒〔7〕，数脔獐肉〔8〕；婿恨其单率，一举尽之。主人愕然，俛仰命益〔9〕，如此者再；退而责其女曰："某郎好酒〔10〕，故汝常贫。"及其死后，诸子争财，兄遂杀弟。

【注释】

〔1〕裴子野：南朝梁人。字几原，裴松之曾孙，历任诸暨县令、中书侍郎、鸿胪卿，以孝行著称。

〔2〕躬自：自己，亲自。

〔3〕邺下：即邺城，在今河北省临漳县西南。北齐建都于此。　领军：官名。东汉末曹操为丞相时始设，后更名中领军；魏晋时有领军将军，均统率禁军。南朝沿设，北朝略同。与护军将军或中护军同掌中央军队，为重要军事长官之一。李慈铭认为此领军即北齐领军大将军厍(shè)狄伏连。此人专事聚敛，性甚吝啬。事见《北齐书·慕容俨传》。

〔4〕家童：即家僮。旧时对私家奴仆的统称。

〔5〕南阳：郡名。治所在宛县(今河南省南阳市)。

〔6〕奥博：指深藏广蓄，积累富厚。

〔7〕瓯(ōu)：盆盂一类器皿。

〔8〕脔(luán)：切成块的肉。　獐：形体似鹿而稍大的动物，行动灵敏，善跳跃，其肉可食。

〔9〕俛仰：即俯仰。随宜周旋，应付。　益：增加。

〔10〕郎：六朝时人呼婿为郎。

【译文】

南朝梁时有个裴子野，他把远亲旧属中挨饿受冻而无力自救的人，全都加以收养。他家中一向清贫，当时又正遇上旱涝灾害，用二石米煮成稀粥，也只够每人都喝上一点。裴子野同大家一样喝稀粥，从来没有显示出厌烦的神色。邺城有一位领军，贪得无厌，家中已有僮仆八百人，他还发誓一定要达到一千人。每人一天的膳食费，以十五钱为标准，即使遇到有客人来，也不另外添加。后来他因犯罪而被处死刑，朝廷在抄没其财产时，光是麻鞋就有整整一屋子，朽坏的衣服堆满了几个库房，其余的财宝，多得说不清。南阳有个人，家业富足殷实，可是生性却特别俭省吝啬。有一年的冬至日，女婿前去拜望他，他只摆出一小铜盅酒和几块獐肉来招待。女婿怨恨他的草率而简省，把酒肉一下子就都吃光了。这个南阳人感到非常惊愕，只得应付着叫人添酒加菜，就这样先后添了两次。吃罢退下来后，他斥责女儿说："你丈夫贪杯好酒，所以你总是受穷。"等到他死后，几个儿子争夺家产，当哥哥的竟然把弟弟给杀了。

5.9 妇主中馈〔1〕，惟事酒食衣服之礼耳，国不可使预政，家不可使干蛊〔2〕；如有聪明才智，识达古今，正当辅佐君子〔3〕，助其不足，必无牝鸡晨鸣〔4〕，以致祸也。

【注释】

〔1〕中馈：指家中供膳诸事。

〔2〕干蛊（gǔ）：指儿子能担任父亲所不能担任的事业。这里泛指主事；办事。

〔3〕君子：古时妻子对丈夫的称谓。

〔4〕牝鸡：母鸡。牝鸡晨鸣，即牝鸡司晨，谓母鸡报晓，旧时贬喻女性掌权。

【译文】

妇人主持家务，只是负责操办有关酒食、衣服等方面的礼仪而已。一个国家，不能让妇人参与国事；一个家庭，也不能让妇人主持家政。如果她们具备聪明才智，又能洞悉古今，正应该辅佐自己的丈夫，以弥补其不足，一定不可以让她像母鸡在清晨打鸣报晓那样而招致灾祸。

5.10　江东妇女〔1〕，略无交游，其婚姻之家〔2〕，或十数年间，未相识者，惟以信命赠遗〔3〕，致殷勤焉。邺下风俗，专以妇持门户〔4〕，争讼曲直，造请逢迎，车乘填街衢，绮罗盈府寺〔5〕，代子求官，为夫诉屈。此乃恒、代之遗风乎〔6〕？南间贫素〔7〕，皆事外饰，车乘衣服，必贵齐整；家人妻子，不免饥寒。河北人事〔8〕，多由内政〔9〕，绮罗金翠，不可废阙，羸马悴奴〔10〕，仅充而已；倡和之礼〔11〕，或尔汝之〔12〕。

【注释】

〔1〕江东：见 4.2 注〔1〕。

〔2〕婚姻之家：指儿女亲家。

〔3〕信命：使者传送的命令或书信。谓使者为信，自魏

晋时已经流行。

〔4〕门户：家庭。持门户，即掌管家政，当家的意思。

〔5〕府寺：古代公卿的官舍。亦泛指高级官员的府邸或官署。

〔6〕恒、代之遗风：阎若璩《潜邱札记》："有以恒、代之遗风问者，余曰：拓跋魏都平城县，县在今大同府治东五里，故址犹存，县属代郡，郡属恒州，所云恒、代之遗风，谓是魏氏之旧俗耳。"魏氏即北魏，鲜卑族拓跋氏所建。

〔7〕南间：指南方地区。　贫素：清贫，寒素。

〔8〕人事：交际应酬。

〔9〕内政：家政，家内事务。此处借指主持家务的妻子。

〔10〕悴(cuì)：憔悴，瘦弱。

〔11〕倡和：这里指夫唱妇和。

〔12〕尔汝：言夫妇之间互相轻贱。

【译文】

江东的妇女，几乎很少与人交往，就连亲家之间，有的也十几年未曾见面，只是以派人问候、互赠礼品来表达各自的深情厚意。邺城的风俗，专以妇女主持家务。她们为辨明是非曲直而诉讼公堂，请客送礼，逢迎长官。只见妇女们乘坐的车马填街塞巷，穿绸着缎的妇女充盈着官家的府邸，有的是替儿子求官，有的是为丈夫叫屈。这大概是恒州、代郡一带的北魏鲜卑遗风吧？南方地区，即使是贫寒之家，也都很讲究外表的修饰，车马、衣服是一定要整齐的；可是家中的妻子儿女却免不了要忍饥受冻。河北地区的交际应酬，大多由妻子出面，因此，绫罗绸缎、金银珠翠，都是不可缺少的东西，而家中瘦弱不堪的马匹和憔悴疲惫的僮仆，则仅仅是凑数而已。至于夫妇之间融洽唱和之礼，恐怕也已被互相轻贱所取代了。

5.11 河北妇人，织纴组紃之事[1]，黼黻锦绣罗绮之工[2]，大优于江东也。

【注释】

〔1〕织纴(rèn)：指织作布帛之事。 组紃(xún)：丝绳带。这里指妇女从事的女红。

〔2〕黼黻(fǔ fú)：泛指礼服上所绣的华美花纹。 罗绮：罗和绮。多借指华贵的丝绸衣裳。

【译文】

河北地区的妇女，若论纺棉织布的本领，织锦绣花的技艺，比起江东妇女来，可就强多了。

5.12 太公曰："养女太多，一费也[1]。"陈蕃云[2]："盗不过五女之门[3]。"女之为累，亦以深矣。然天生蒸民[4]，先人传体，其如之何？世人多不举女[5]，贼行骨肉，岂当如此而望福于天乎？吾有疏亲，家饶妓媵[6]，诞育将及，便遣阍竖守之[7]。体有不安，窥窗倚户，若生女者，辄持将去[8]；母随号泣，使人不忍闻也。

【注释】

〔1〕“太公”三句：太公，指姜太公，即吕尚。姜姓，吕氏，名望，一说字子牙，西周初年官太师，也称师尚父。辅佐周武王灭商有功，封于齐，有太公之称。兵书《六韬》是战国时人依托于他的作品。此句所本，见《艺文类聚》卷三五引《六韬》：“太公曰：‘养女太多，四盗也。’”

〔2〕陈蕃：东汉末年大臣。字仲举，汝南平舆(今属河南)人。桓帝时，任太尉，与李膺等反对宦官专权，受太学生敬重，有“不畏强御陈仲举”之称。灵帝立，陈蕃为太傅，与外戚窦武密谋诛杀宦官，事败被杀。

〔3〕“盗不过”句：此句是说，如果家中有五个女儿，连盗贼也不愿光顾。因为光是五个女儿的嫁妆就会把这个家弄得一贫如洗。语见《后汉书·陈蕃传》。

〔4〕蒸民：众民；百姓。蒸，通“烝”，众，众多。

〔5〕举：抚养；生育。

〔6〕妓媵：姬妾，侍妾。妓，家妓，豪门大户家中所蓄养的歌妓。

〔7〕阍(hūn)竖：守门的僮仆。

〔8〕持：携带，挟制。持将去，指带走加以杀害。

【译文】

姜太公说：“女儿养得太多，实在是一种浪费。”陈蕃说：“连盗贼都不光顾有五个女儿的家庭。”可见抚养女儿带来的拖累，也实在是太沉重了。然而天生众民，女儿也是父母传下的骨肉，你拿她怎么办呢？世上的人大多不愿养育女儿，生了女儿就随意加以杀害，难道这样做了还能指望上天赐福吗？我有一个远亲，家中有许多姬妾，她们中有人产期将到时，他就派僮仆去监守。一旦产妇临近分娩，僮仆就从窗户里窥视，倚在门边等待。如果生下来的是女儿，就立即抱走。母亲随后追赶，嚎啕大哭，真让人不忍心听下去。

5.13 妇人之性，率宠子婿而虐儿妇。宠婿，则兄弟之怨生焉[1]；虐妇，则姊妹之谗行焉[2]。然则女之行留[3]，皆得罪于其家者，母实为之。至有谚云："落索阿姑餐[4]。"此其相报也[5]。家之常弊，可不诫哉！

【注释】

〔1〕兄弟：指女儿的兄弟。

〔2〕姊妹：指儿子的姊妹。

〔3〕行：出嫁。 留：滞留。

〔4〕落索：冷落，萧索。 阿姑：丈夫的母亲。

〔5〕相报：王利器《集解》引孔齐《至正杂记》论女扰母家去："夫妇皆人女，女必为人妇，久之即为人母，自受之，又自作之，其不悟为可叹也。"可作"相报"的注解。

【译文】

妇人的秉性，大都是宠爱女婿而虐待儿媳。宠爱女婿，就会使自己的儿子产生怨恨；虐待儿媳，则会使自己的女儿趁机进谗言。既然如此，那么女子不论出嫁还是滞留在家，都要得罪家人，这实在是母亲所造成的。以至有句谚语说："阿姑吃饭好冷落。"这是她自作自受的报应啊。这种家庭中经常存在的弊端，能不引为鉴戒吗！

5.14　婚姻素对[1]，靖侯成规[2]。近世嫁娶，遂有卖女纳财，买妇输绢，比量父祖，计较锱铢[3]，责多还少，市井无异[4]。或猥婿在门，或傲妇擅室，贪荣求利，反招羞耻，可不慎欤！

【注释】

〔1〕对：配偶。素对，清白的配偶。

〔2〕靖侯：即颜之推九世祖颜含。字宏都，琅邪莘(今山东曹县北)人。以参预讨伐苏峻有功，封西平县侯，官拜侍中。曾拒绝桓温的求婚。年九十三卒，谥曰靖侯。　成规：前人定下的规矩。

〔3〕锱铢：锱、铢均为古代极小的重量单位。连称比喻微小的事物或蝇头小利。

〔4〕市井：古代城邑中集中买卖货物的场所。亦指商人。

【译文】

男女婚嫁要选择清白的配偶，这是先祖靖侯留下的规矩。近年来，婚姻嫁娶中竟然有人卖女儿捞钱财，用财礼买媳妇，算计比较对方父祖辈的权势地位，斤斤计较对方财礼的多少，总想要索取多而付出少，与做买卖没什么两样。这些人家，要么招进了猥琐鄙劣的女婿，要么就是娶回了凶悍蛮横的媳妇。他们本来是想贪图虚荣和求利的，结果反而招致羞耻。对此不能不慎重啊！

5.15　借人典籍，皆须爱护，先有缺坏，就为补治，此亦士大夫百行之一也[1]。济阳江禄[2]，读书未竟，虽有急速〔3〕，必待卷束整齐〔4〕，然后得起，故无损败，人不厌其求假焉。或有狼籍几案〔5〕，分散部帙〔6〕，多为童幼婢妾之所点污〔7〕，风雨虫鼠之所毁伤，实为累德〔8〕。吾每读圣人之书，未尝不肃敬对之；其故纸有《五经》词义〔9〕，及贤达姓名〔10〕，不敢秽用也〔11〕。

【注释】

〔1〕百行：指各种善行。

〔2〕济阳：古县名，治所在今河南兰考东北。　江禄：南朝梁人。字彦遐，幼笃学，善写文章，位太子洗马，后为唐侯相。《南史》有传，附其高祖江夷传后。

〔3〕急速：指仓猝间发生的事。

〔4〕卷束：南北朝时尚无雕版印刷，其时典籍均抄写在绢帛上，然后卷成一束收藏，故谓之书卷。书之多卷者，则分别部居，各为一束。

〔5〕几案：桌子，案桌。

〔6〕部帙：书籍的部次卷帙。

〔7〕点：通“玷”。

〔8〕累德：对德行有损。累，连累，损害。

〔9〕《五经》：即五部儒家经典。始称于汉武帝时。指《诗经》、《尚书》、《仪礼》、《易经》、《春秋》。

〔10〕贤达：有才德、有声望的人。

〔11〕秽用：用于不洁的地方。如糊窗、覆瓿之类。

【译文】

借别人的书籍，都应该加以爱护。借来的书如果原先就有破损，那就替别人修补好，这也是士大夫应该做的善事之一啊。济阳有个江禄，他在书尚未读完时，即使突然遇到急事，也一定要把书卷整理妥帖，然后才起身。所以他看过的书都完好无损，人们都不讨厌他来借书。有的人把书乱七八糟地堆放在案桌上，书的部帙被弄得杂乱无序、四处散落，往往被孩童、侍妾、婢女弄脏，或遭风雨侵蚀，被虫鼠毁坏。这样做实在是有损于道德。我每次捧读圣人的书籍，从来没有不严肃恭敬地对待的。如果旧纸片上有《五经》词句和贤达的姓名，绝不敢拿来用在污秽肮脏的地方的。

5.16 吾家巫觋祷请[1]，绝于言议；符书章醮亦无祈焉[2]，并汝曹所见也。勿为妖妄之费。

【注释】

〔1〕巫觋(xí)：古代称女巫为巫，男巫为觋，合称“巫觋”。后亦泛指以装神弄鬼替人祈祷为职业的巫师。

〔2〕符书：旧时道士用作所谓驱鬼召神或治病延年的神秘文书。源起于东汉末期。　章醮(jiào)：拜表设祭。道教的一种祈祷形式。

【译文】

我们家对于请巫师求鬼神赐福消灾的事，是从来不予考虑的；对道士设坛醮祭，画符驱鬼，也是从不祈求的。这些都是你们所看到的。不要为此类装神弄鬼的妖妄之事浪费钱财。

卷第二

风操　慕贤

风操第六

【题解】

本篇所论，是士大夫的“风操”。所谓风操，指的是合乎规范、可资效法的操行，亦即风度、节操。颜之推所推崇的风度，显然不同于以任放为达的魏晋风度，而是以合乎规范为前提的。为此，自然就有必要将士大夫所应遵循的种种礼仪规范，作一番介绍和评说，以使后代子孙们有所了解、有所弃取，这便是作者撰写此篇的目的。士大夫们历来推崇“修身齐家治国平天下”。如果说前篇论的是“齐家”，那么本篇就是讲“修身”，就是要求子孙们加强自身修养，遵循礼仪规范。值得注意的是，颜之推看到了“世事变改”即时代变迁对礼仪规范的影响，特别是南北地域的不同而导致的风俗习尚的差异。这与他一生遍历南北，经受了社会变乱显然是密切相关的。

6.1　吾观《礼经》，圣人之教：箕帚匕箸〔1〕，咳唾唯诺〔2〕，执烛沃盥〔3〕，皆有节文〔4〕，亦为至矣。但既残缺，非复全书；其有所不载，及世事变改者，学达君子，自为节度〔5〕，相承行之，故世号士大夫风操。而家门颇有不同[6]，所见互称长短；然其阡陌[7]，亦自可知。昔在江南，目能视而见之，耳能听而闻之；蓬生麻中[8]，不劳翰墨[9]。汝曹生于戎马之间，视听之所不晓，故聊记录以传示子孙。

【注释】

〔1〕箕帚：畚箕和扫帚。亦指以箕帚扫地。

〔2〕咳唾：咳嗽吐唾液。 唯诺：应答。此句本于《礼记·内则》：在父母舅姑之所，"不敢哕噫、嚏咳、欠伸、跛倚、睇视，不敢唾洟"。又《礼记·曲礼上》："抠衣趋隅，必慎唯诺。"

〔3〕执烛：手持蜡烛。《礼记·少仪》："执烛不让，不辞，不歌。"古人饮酒之礼，宾主互让，相互辞谢，又各自歌咏以见意。执烛者不得兼为之。 沃盥(guàn)：浇水洗手。《礼记·内则》："进盥，少者奉槃，长者奉水，请沃盥；盥卒，授巾，问所欲而敬进之。"此指为长辈洗手应遵循的礼仪。

〔4〕节文：谓制定礼仪，使行之有度。

〔5〕节度：规则，法则。

〔6〕家门：犹今言家庭。

〔7〕阡陌：喻途径，门路。

〔8〕蓬生麻中：《大戴礼记·曾子制言上》："蓬生麻中，不扶自直。"

〔9〕"不劳"句：与上句文义不贯，王利器《集解》谓："抑或'翰墨'是'绳墨'之误，言蓬生麻中，不劳绳墨而自直，即不扶自直之意也。"译文从之。绳墨，木工画直线用的工具。

【译文】

我看《礼经》上讲的都是圣人的教诲：在长辈面前如何使用畚箕扫帚，进餐时如何使用匙子和筷子，咳嗽、吐痰应该注意什么，如何使应答得当，如何持烛照明、以礼待客，以及如何端盆送水侍奉长辈盥洗等等，这种种事项的礼仪，都有明确的规范，说得已经非常完备了。但是此书已经残缺，不再是完整的本子；而且有一些礼仪规范，书上并未记载，有些则需根据世事的变迁而作相应的调整，于是博学通达之士便自己拟定了规范，递相沿袭，予以施行，所以世人就称之为士大夫风度节操。然而各个家庭的情况颇有不同之处，对这些礼仪规范的看法也各有长短。不过，基本脉络也还是可以知道的。从前我在江南的时候，亲眼所见，亲耳所闻，早已耳濡目染，就像蓬蒿生长在大麻之中，用不着依靠绳墨也长得很直一样。你们生于兵荒马乱的年代，对这些礼仪规范自然是看不见也听不到的。所以我姑且将它们记录下来，用以传示子孙后代。

6.2 《礼》云：“见似目瞿，闻名心瞿[1]。”有所感触，恻怆心眼；若在从容平常之地，幸须申其情耳。必不可避，亦当忍之；犹如伯叔兄弟，酷类先人，可得终身肠断，与之绝耶？又：“临文不讳，庙中不讳，君所无私讳[2]。”益知闻名，须有消息[3]，不必期于颠沛而走也[4]。梁世谢举[5]，甚有声誉，闻讳必哭，为世所讥。又有臧逢世，臧严之子也[6]，笃学修行，不坠门风；孝元经牧江州[7]，遣往建昌督事[8]，郡县民庶，竞修笺书[9]，朝夕辐辏[10]，几案盈积，书有称“严寒”者，必对之流涕，不省取记[11]，多废公事，物情怨骇[12]，竟以不办而退[13]。此并过事也。

【注释】

〔1〕“见似”二句：瞿(jù)，惊貌；惊视貌。此二句语出《礼记·杂记下》：“免丧之外，行于道路，见似目瞿，闻名心瞿。”郑玄注：“似谓容貌似其父母，名与亲同。”

〔2〕“临文”三句：出自《礼记·曲礼上》。意指见诸文字时，不应因避家讳而改换文字，致使失去事物原貌；在宗庙里祭祀时，对被祭者的晚辈不用避讳；在君王面前也不应避自己先人的名讳。

〔3〕消息：斟酌。本书《文章》篇有“当务从容消息之”；《书证》篇有“考校是非，特需消息”，均作“斟酌”用。

〔4〕颠沛：困顿窘迫。此处形容闻先人名讳而避之唯恐不及的窘态。　走：谓避匿。

〔5〕谢举：南朝梁人。字言扬。出身名门，幼好学，善清言，与其兄谢览齐名。事见《梁书·谢举传》。

〔6〕臧严：南朝梁人。《梁书·文学传》：“臧严字彦威……幼有孝性，居父忧以毁闻。孤贫勤学，行止书卷不离于手。”其子臧逢世事迹，不见于史传，本书《勉学》篇称其精于《汉书》。

〔7〕孝元：即梁元帝萧绎。　江州：州名。梁朝时治所在湓口(今江西九江)。萧绎出任江州刺史时为大同六年(540)。事见《梁书·元帝纪》。

〔8〕建昌：梁时江州属县，属豫章郡。

〔9〕笺书：指书信。

〔10〕辐辏(còu)：集中，聚集。辐本是古时车轮中凑集于中心毂上的直木，类似今日自行车之车条。辏则指辐条内端聚集于毂上。

〔11〕省(xǐng)：察看。这里指观看，阅览。 记：公牍，信札。

〔12〕物情：人情。物有人义，如"待人接物"，人、物同义；"恐遭物议"，即众人之议也。

〔13〕不办：无能，不称职。

【译文】

《礼记》上说："见到容貌与自己已故父母相似的人，听到与自己已故父母相同的名字，都会惊惧不安。"这是因为心中有所感触，引发了深藏心底的悲伤。如果是在悠闲舒缓的平常地方碰到此类事，或许应该把这种情感宣泄出来。如果实在回避不了的，也应当忍一忍。比如自己的叔伯、兄弟，相貌酷似已故的父亲，难道你能因此而一辈子伤心断肠、永远断绝与他们的交往吗？《礼记》又说："读写文章时不用避讳；在宗庙祭祀时不用避讳；在国君面前说话时不避私讳。"这就使我们更加明白：在听到与已故父母相同的名字时，必须先斟酌一下自己该取何种态度，而没有必要狼狈不堪地急于趋避。梁朝有个谢举，很有声誉，但他一听到别人称呼自己父母的名字必定要哭，因此遭到世人的讥笑。还有一个臧逢世，是臧严的儿子，为人勤奋好学，修养品行，不败坏自家门风。梁元帝担任江州刺史的时候，派他到建昌督察公事。当地郡县的民众竞相给他写来书信，从早到晚聚集到官署，案桌上公牍和信札堆积如山。可是这位臧逢世在处理公务时，只要见到文书中有提及“严寒”二字的，他就要伤感流泪，无心审阅文牍，因此经常耽误公事。人们对此深感惊异和不满，臧逢世终因不称职而被罢免。上述二人的做法都太过分了。

6.3　近在扬都〔1〕，有一士人讳审，而与沈氏交结周厚〔2〕，沈与其书，名而不姓，此非人情也。

【注释】

〔1〕扬都：南北朝时习称建康(今江苏南京)为扬都。

〔2〕周厚：亲密深厚。

【译文】

近年在扬都，有一位读书人忌讳“审”字，他与一位姓沈的人交情深厚。姓沈的人给他写信，只署名字而不署姓氏，这就不合人之常情了。

6.4　凡避讳者，皆须得其同训以代换之〔1〕：桓公名白〔2〕，博有五皓之称〔3〕；厉王名长〔4〕，琴有修短之目〔5〕。不闻谓布帛为布皓，呼肾肠为肾修也〔6〕。梁武小名阿练〔7〕，子孙皆呼练为绢；乃谓销炼物为销绢物，恐乖其义。或有讳云者，呼纷纭为纷烟；有讳桐者，呼梧桐树为白铁树，便似戏笑耳。

【注释】

〔1〕同训：指同义词。　代换：指以同义词替换避讳字。卢文弨曰："如汉人以'国'代'邦'、以'满'代'盈'、以'常'代'恒'、以'开'代'启'之类是也。近世始以声相近之字代之。"

〔2〕桓公：指齐桓公。春秋时齐国君。姜姓，名小白。公元前685—前643年在位。

〔3〕博：即博戏。此句意思是：因为避齐桓公小白的名讳，所以把五白改称为五皓。皓与白同义。

〔4〕厉王：即汉高祖刘邦之子刘长，初封淮南王。文帝时，刘长因骄横不法遭贬斥，自杀而死，谥厉。其子刘安继为淮南王，招集文士撰《淮南子》，书中凡"长"字均作"修"。

〔5〕"琴有"句：王利器《集解》："琴有修短之说，别无所闻。寻《淮南子·齐俗》篇：'修胫者使之跖钁。'许慎注：'长胫以蹋插者使入深。'案《庄子·骈拇》篇：'是故凫胫虽短，续之则忧；鹤胫虽长，断之则悲。'是则胫以长短言之，维昔而然矣。'琴'疑当作'胫'，音近之误也。"译文从之。

〔6〕"不闻"二句：句中"帛"与"白"音同，"肠"与"长"音同，故颜之推有此讥。

〔7〕梁武：即南朝梁武帝萧衍。字叔达，小字练儿。公元479—482年在位。

【译文】

大凡要避讳的字，都必须用它的同义词来替代：齐桓公名叫小白，所以博戏中的"五白"就有了"五皓"的称呼；淮南厉王名长，于是"胫有长短"就被说成"胫有修短"。不过，还没有听说过把"布帛"说成"布皓"，把"肾肠"称作"肾修"的。梁武帝的小名叫阿练，他的子孙都把“练”说成“绢”；可是，如果把“销炼”物品说成“销绢”物品，恐怕就有悖于事义了。至于有那忌讳“云”字的人把“纷纭”说成“纷烟”；忌讳“桐”字的人把“梧桐树”称作“白铁树”，就更像是在开玩笑了。

6.5 周公名子曰禽〔1〕，孔子名儿曰鲤〔2〕，止在其身，自可无禁。至若卫侯、魏公子〔3〕、楚太子，皆名虮虱；长卿名犬子〔4〕，王修名狗子〔5〕，上有连及〔6〕，理未为通，古之所行，今之所笑也。北土多有名儿为驴驹、豚子者〔7〕，使其自称及兄弟所名，亦何忍哉？前汉有尹翁归〔8〕，后汉有郑翁归〔9〕，梁家亦有孔翁归〔10〕，又有顾翁宠；晋代有许思妣〔11〕、孟少孤〔12〕：如此名字，幸当避之。

【注释】

〔1〕禽：《史记·鲁周公世家》：“周公卒，子伯禽固已受前封，是为鲁公。”

〔2〕鲤：《史记·孔子世家》：“孔子生鲤，字伯鱼。伯鱼年五十，先孔子死。”

〔3〕魏公子：应为韩公子。《史记·韩世家》：襄王“十二年，太子婴死。公子咎、公子虮虱争为太子。时虮虱质于楚”。译文据此改。

〔4〕长卿：即西汉著名文学家司马相如。《史记·司马相如列传》：“司马相如者，蜀郡成都人也，字长卿。少时好读书，学击剑，故其亲名之曰犬子。”

〔5〕王修：东晋外戚。《晋书·王濛传》：王修“字敬仁，小字苟子。明秀有美称”。六朝时人往往以苟、狗通用。

〔6〕连及：牵连涉及。王利器《集解》引林思进之言曰：“如名狗子，则连及父为狗之类。”

〔7〕“北土”句：《魏书》卷九一有《周澹传》，其子名“驴驹”。又《释老志》有凉州军户“赵苟子”，北魏《李璧墓志》有“郑班豚”等，均为其证。

〔8〕尹翁归：西汉循吏，廉平清正。《汉书》有《尹翁归传》。

〔9〕郑翁归：其人不详。但《三国志·魏志·张既传》载曹魏时有张翁归。

〔10〕梁家：指南朝梁。　孔翁归：会稽人，工为诗。事见《梁书·文学传》。

〔11〕许思妣：许永，字思妣。见《世说新语·政事》。　妣：指母亲。后专指亡母。《礼记·曲礼下》：“生曰父，曰母，曰妻；死曰考，曰妣，曰嫔。”

〔12〕孟少孤：东晋名士。《晋书·隐逸传》：“孟陋字少孤，武昌人也。”

【译文】

周公给儿子取名叫禽，孔子给儿子取名叫鲤，这些名字只与被命名的人本身相关，自然无须禁止。至于像卫侯、韩公子、楚太子都取名为虮虱；司马相如又名犬子，王修名叫狗子，这就牵连涉及他们的父辈，情理上说不通了。古人所做的一些事情，现在的人就觉得可笑了。北方人常给儿子取名为驴驹、猪仔之类的，假如让他们这样自称，或者让他们的兄弟这样称呼，又怎么受得了呢？前汉有人叫尹翁归，后汉有人叫郑翁归，梁朝也有人叫孔翁归，还有人叫顾翁宠；

晋代又有人叫许思妣、孟少孤，像这一类名字，都应当尽力避免。

6.6 今人避讳，更急于古。凡名子者，当为孙地〔1〕。吾亲识中有讳襄、讳友、讳同、讳清、讳和、讳禹〔2〕，交疏造次〔3〕，一座百犯，闻者辛苦〔4〕，无憀赖矣〔5〕。

【注释】

〔1〕为孙地：为孙辈留余地。意谓给儿子取名的时候，就要想到以后的孙子，不要让孙子为名讳而难堪。

〔2〕亲识：六朝人习用语。即亲友。

〔3〕交疏：即交往不深；交情疏浅。此处指交情疏浅的人。　造次：仓猝。

〔4〕辛苦：辛酸悲苦。

〔5〕无憀(liáo)赖：无所依从。

【译文】

现代人的避讳，比古人更严格。人们在为儿子取名时，就应当设身处地为孙子着想。我的亲友中有讳“襄”字的、讳“友”字的、讳“同”字的、讳“清”字的、讳“和”字的、讳“禹”字的，交情疏浅的人一时仓猝，很容易触犯在座众人的忌讳，听到的人感到辛酸悲苦，弄得无所适从。

6.7 昔司马长卿慕蔺相如〔1〕，故名相如，顾元叹慕蔡邕[2]，故名雍，而后汉有朱伥字孙卿[3]，许暹字颜回[4]，梁世有庾晏婴[5]、祖孙登[6]，连古人姓为名字，亦鄙事也[7]。

【注释】

〔1〕司马长卿：即司马相如，长卿为其字。《史记·司马相如列传》："相如既学，慕蔺相如之为人，更名相如。"　蔺相如：战国时赵国大臣，有"完璧归赵"及"将相和"之美谈传世。事见《史记·廉颇蔺相如列传》。

〔2〕顾元叹：即顾雍，元叹为其字。《三国志·吴志·顾雍传》引《江表传》云："雍从伯喈学，专一清静，敏而易教。伯喈贵异之，谓曰：'卿必成致，今以吾名与卿。'故雍与伯喈同名，由此也。"　蔡邕：东汉文学家、书法家。字伯喈。通经史、音律、天文，善辞赋，工篆、隶，亦能画。《后汉书》有传。雍：与"邕"同。

〔3〕朱伥：《后汉书·顺帝纪》：永建元年二月丙戌，"长乐少府九江朱伥为司徒"。李贤注："朱伥字孙卿，寿春人也。"　孙卿：即荀卿（荀子），战国时著名思想家。汉朝人避汉宣帝（刘询）讳，故以"孙"代"荀"。

〔4〕许暹：其人事迹不详。　颜回：春秋末年鲁国人，名回，字子渊。孔子得意弟子。

〔5〕庾晏婴：南朝梁人。出身名门，为东晋司空庾冰六世孙。　晏婴：春秋时齐国大夫，字平仲，继父之后任齐卿，历仕灵公、庄公、景公三世，史称其善辞令，出使不辱君命。世传《晏子春秋》，系后人依托。

〔6〕祖孙登：南朝梁、陈之际人。与徐伯阳、贺循等人为文会之友，有诗歌辑入《文苑英华》、《乐府诗集》。事见《陈书·徐伯阳传》。　孙登：三国魏人。好读《易》，善啸，

隐居汲郡山中。事见《晋书·隐逸传》。又三国吴主孙权长子亦名孙登，孙权称吴王后，被立为王太子，后早夭。事见《三国志·吴志·孙权传》。

〔7〕鄙事：指鄙俗琐细之事。《论语·子罕》：“吾少也贱，故多能鄙事。”

【译文】

从前司马长卿钦慕蔺相如，所以就改名相如；顾元叹钦慕蔡邕，因此就改名为雍。而后汉的朱伥字孙卿，许暹字颜回；梁朝有庾晏婴、祖孙登，这些人竟然把古人连名带姓都用来作为自己的名字，也是一件庸俗浅薄的事啊。

6.8　昔刘文饶不忍骂奴为畜产〔1〕，今世愚人遂以相戏，或有指名为豚犊者：有识傍观，犹欲掩耳，况当之者乎！

【注释】

〔1〕刘文饶：即东汉人刘宽，字文饶。《后汉书·刘宽传》：“尝坐客，遣苍头市酒，迂久，大醉而还。客不堪之，骂曰：‘畜产。’宽须臾遣人视奴，疑必自杀。顾左右曰：‘此人也，骂言畜产，辱孰甚焉！故吾惧其死也。’”　畜产：骂人语，犹畜生。

【译文】

从前，刘文饶不忍心骂奴仆为畜生，而如今有些愚昧浅陋的人却用这类字眼相互开玩笑，有的人还称呼别人为猪仔、牛犊。有见识的旁观者尚且听不下去想把耳朵捂住，何况那当事人呢！

6.9　近在议曹〔1〕，共平章百官秩禄〔2〕，有一显贵，当世名臣，意嫌所议过厚。齐朝有一两士族文学之人〔3〕，谓此贵曰："今日天下大同〔4〕，须为百代典式，岂得尚作关中旧意〔5〕？明公定是陶朱公大儿耳〔6〕！"彼比欢笑，不以为嫌。

【注释】

〔1〕议曹：官署名，掌言职。

〔2〕平章：评处，商酌。《北史·李彪传》："平章古今，商略人物。"义与此同。

〔3〕齐朝：指北齐。　文学：官名。汉代于州郡及王国置文学，或称文学掾，或称文学史，为后世教官所由来。三国魏武帝置太子文学，魏晋以后有文学从事。

〔4〕大同：指国家统一。此处指隋统一天下，结束南北对峙局面。

〔5〕关中：古地区名。所指范围大小不一，一般称函谷关以西地区为关中。隋朝定都大兴(今陕西西安)，也属关中地区。　旧意：周一良曰："作某意犹言作某想法，南北朝习用之。《陈书·徐陵传》：'今衣冠礼乐，日富年华，何可犹作旧意，非理望也。'"隋统一天下，故云大同，虽都长安，即为新朝，故说"岂得尚作关中旧意"。

〔6〕陶朱公：即春秋时越国大夫范蠡。据《史记·越王勾践世家》记载，越为吴所败时曾赴吴为质二年，回越后助越王勾践刻苦图强，灭亡了吴国。后游齐国，居于陶(今山

东定陶西北)，自号陶朱公，以经商致富。范蠡次子在楚国杀人被囚，范的长子携巨金前去营救，因吝啬钱财而致其弟被杀。　明公：古代对有名位者的尊称。汉、魏、六朝人多以“明”字加于称谓之上，以示尊重，如明公、明府、明使君等。

【译文】

近日我在议曹与众人一起商讨关于百官的俸禄问题，有一位显贵，是当今名臣，他对众人所议的百官俸禄过于优厚表示不满。有一两位原齐朝的士族文学侍从，便对这位显贵说：“现在天下统一了，我们应该为后世树立一个典范，怎么能依然沿袭以前的关中旧规呢？明公如此吝啬，一定是陶朱公的大儿子吧！”说罢彼此欢笑，竟然不嫌忌这种戏谑。

6.10　昔侯霸之子孙，称其祖父曰家公〔1〕；陈思王称其父为家父〔2〕，母为家母；潘尼称其祖曰家祖〔3〕：古人之所行，今人之所笑也。今南北风俗，言其祖及二亲，无云家者；田里猥人〔4〕，方有此言耳。凡与人言，言已世父〔5〕，以次第称之，不云家者，以尊于父〔6〕，不敢家也。凡言姑姊妹女子子〔7〕：已嫁，则以夫氏称之；在室〔8〕，则以次第称之。言礼成他族〔9〕，不得云家也。子孙不得称家者，轻略之也。蔡邕书集〔10〕，呼其姑姊为家姑家姊〔11〕；班固书集〔12〕，亦云家孙：今并不行也。

【注释】

〔1〕“昔侯霸”二句：侯霸，东汉大臣。字君房，河南密县人。矜严有威仪，笃志好学，东汉初，为尚书令。他熟知旧制，收录遗文，条奏前代法令制度，多被采行。后官至大司徒。《后汉书》有传。据卢文弨所言，此二句中“孙”、“祖”二字误衍。译文从之。《后汉书·王丹传》载侯霸子昱称其父为“家公”。

〔2〕陈思王：指曹操之子曹植。字子建，封陈王，谥思，世称陈思王。因富于才学，早年曾得曹操宠爱，一度欲立为太子。及曹丕、曹叡相继为帝，备受猜忌，郁郁而死。善诗及辞赋、散文，原有集，已散佚。《三国志》有传。

〔3〕潘尼：晋代文学家。字正叔，潘岳之侄。性静退不竞，唯以勤学著述为事。事附于《晋书·潘岳传》。

〔4〕猥人：鄙俗之人。

〔5〕世父：伯父。《仪礼·丧服》：“世父母。”《正义》：“伯父言世者，以其继世者也。”

〔6〕尊：辈分、地位高或年纪大。此处指年长。

〔7〕女子子：女儿。

〔8〕在室：古时女子未嫁，或已嫁而离异，回到父母家居住，均称在室。后一般称女子未结婚为“在室”。

〔9〕礼成他族：指女子出嫁到婆家。

〔10〕蔡邕：见6.7注〔2〕。蔡邕著诗、赋、碑、诔、铭、赞等百余篇，原有《蔡中郎集》，已佚，后人有辑本。

〔11〕“呼其”句：卢文弨曰：“今《蔡集》未见有此语。”

〔12〕班固：东汉史学家。字孟坚。继承其父班彪之业，续撰《汉书》。后因事被捕，死于狱中。著有《典引》、《宾戏》、《应讥》及诗、赋、铭、颂等，后人辑有《班兰台集》。

【译文】

从前，侯霸的儿子称自己的父亲为家公；陈思王曹植称自己的父亲为家父，称母亲为家母；潘尼称自己的祖父为家祖。古人的这种做法，现在的人就觉得很可笑了。如今南北各地的风俗，提到祖父及双亲，没有人称作“家”某某的；只有那些村野鄙俗之人，才会有这样的称呼。凡是与别人说话，提及自己的伯父，只是按照父辈排行顺序称呼，而不冠以“家”字，是因为伯父比父亲年长，不敢称“家”。凡是提及自己的姑表姊妹，已经出嫁的，就以她丈夫的姓氏称呼；没有出嫁的，就以长幼排行顺序称呼。这是说女子一经行了婚嫁之礼，就成了夫家的人，不能再称作“家”了。对于子孙，也不可以称“家”，以示对他们的轻忽。蔡邕在文集中称呼他的姑、姊为家姑、家姊；班固在文集中也有家孙的称呼，这种称呼如今都不时行了。

6.11　凡与人言，称彼祖父母、世父母、父母及长姑〔1〕，皆加尊字，自叔父母已下〔2〕，则加贤字，尊卑之差也。王羲之书〔3〕，称彼之母与自称己母同，不云尊字，今所非也。

【注释】

〔1〕长(zhǎng)姑：父亲的姐姐。

〔2〕已：亦作“以”。

〔3〕王羲之：东晋著名书法家。字逸少，出身名门。官至右军将军、会稽内史，人称“王右军”。工书法，博采众长，精研体势，而成妍美流便的新体。事见《晋书·王羲之传》。

【译文】

凡是与人交谈，称呼对方的祖父母、伯父母、父母以及长姑，都要加个“尊”字；自叔父母以下，则在称呼前加个“贤”字，这是为了表示尊卑的差别。王羲之在书信中，称呼别人的母亲和称呼自己的母亲时一样，前面不加“尊”字，如今认为这样做是不对的。

6.12　南人冬至岁首〔1〕，不诣丧家；若不修书，则过节束带以申慰〔2〕。北人至岁之日〔3〕，重行吊礼；礼无明文，则吾不取。南人宾至不迎，相见捧手而不揖〔4〕，送客下席而已〔5〕；北人迎送并至门，相见则揖，皆古之道也，吾善其迎揖。

【注释】

〔1〕冬至：二十四节气之一。古人视冬至为节气的起点，极为看重。《史记·律书》：“气始于冬至，周而复始。”《东京梦华录·冬至》：“十一月冬至，京师最重此节，虽至贫者，一年之间，积累假借，至此日更易新衣，备办饮食，享祀先祖。官放关扑，庆贺往来，一如年节。”　岁首：这里指农历新年。

〔2〕束带：整饰衣服。表示端庄、恭敬。

〔3〕至岁：即冬至、岁首二节的缩略语。

〔4〕捧手：拱手以表示敬意。　揖：俯身。

〔5〕下席：离开席位，表示恭敬。

【译文】

南方人在冬至和岁首这两个节日，不到办丧事的人家去；如果不写信的话，就等过了冬至、岁首，再整饰衣冠前去吊唁，以表示慰问。北方人在冬至、岁首这两个节日，特别重视行吊唁之礼，这种做法在礼仪上没有明文规定，因而我觉得不可取。南方人在有客到来时不去门外迎接，宾主相见时只是拱手而不欠身，送客时也仅仅离开座席而已；北方人迎送客人都到门口，宾主相见时行礼作揖，这些都是古人所遵行的，我很赞赏这种迎送的礼节。

6.13 昔者，王侯自称孤、寡、不穀〔1〕，自兹以降，虽孔子圣师，与门人言皆称名也。后虽有臣、仆之称〔2〕，行者盖亦寡焉。江南轻重〔3〕，各有谓号〔4〕，具诸《书仪》〔5〕；北人多称名者，乃古之遗风，吾善其称名焉。

【注释】

〔1〕孤、寡、不穀：均为古代帝王诸侯的谦称。

〔2〕臣、仆：古人表示谦卑的自称。

〔3〕轻重：指尊卑贵贱。亦指尊卑贵贱之人。

〔4〕谓号：称号。号，名、字以外的称谓。

〔5〕《书仪》：旧时士大夫私家关于书札体式、典礼仪注的著作，通名书仪。《隋书·经籍志》、《新五代史》和《崇文总目》著录有关的著作甚多，现仅存宋代司马光的《书仪》。

【译文】

以前，帝王、诸侯都自称为孤、寡、不穀，自此以后，即使是孔子这样的至圣先师，与他的门徒们谈话时也直呼自己的名字。后来虽然有人自称为臣、仆，但这样做的人大约也并不多。江南之人不论尊卑贵贱，都各有称号，这都记载在《书仪》中。北方人则大多以名自称，这是古代的遗风，我赞许他们直呼自己名字的做法。

6.14　言及先人，理当感慕，古者之所易，今人之所难。江南人事不获已，须言阀阅[1]，必以文翰[2]，罕有面论者。北人无何便尔话说[3]，及相访问。如此之事，不可加于人也。人加诸己，则当避之。名位未高，如为勋贵所逼[4]，隐忍方便[5]，速报取了；勿使烦重，感辱祖父。若没[6]，言须及者，则敛容肃坐，称大门中，世父、叔父则称从兄弟门中，兄弟则称亡者子某门中[7]，各以其尊卑轻重为容色之节，皆变于常。若与君言，虽变于色，犹云亡祖亡伯亡叔也。吾见名士，亦有呼其亡兄弟为兄子弟子门中者，亦未为安贴也。北土风俗，都不行此。太山羊侃[8]，梁初入南；吾近至邺，其兄子肃访侃委曲[9]，吾答之云："卿从门中在梁，如此如此。"肃曰："是我亲第七亡叔，非从也。"祖孝徵在坐[10]，先知江南风俗，乃谓之云："贤从弟门中，何故不解？"

【注释】

〔1〕不获已：犹言不得已，无奈。　阀阅：古时仕宦人家自序功状而在门前竖立的柱子，在左曰阀，在右曰阅。后即以阀阅指功绩和经历，又泛指门第、家世。

〔2〕文翰：公文信札。

〔3〕无何：犹言无故。刘淇《助字辨略》二“诸无何，并是无故之辞。无故犹云无端，俗云没来由是也。”

〔4〕勋贵：功臣权贵。

〔5〕隐忍：克制忍耐。　方便：随机乘便。

〔6〕没(mò)：通“殁”，死亡。

〔7〕门中：称族中死者。大门中，对人称自己已故的祖父和父亲。

〔8〕太山：即泰山。郡名。始置于楚、汉之际，因境内泰山而得名。治所在博县(今山东泰安东南)，后又移治奉高(今泰安东北)。北魏时移治博平(今泰安东南)。北齐改为东平郡。　羊侃：字祖忻，泰山梁甫人。大通三年(529)自北魏归梁，授徐州刺史，累迁都官尚书。《梁书》有传。

〔9〕肃：羊侃侄。东魏武定末，曾任仪同开府东阁祭酒。　委曲：事情的原委，底细。

〔10〕祖孝徵：即祖珽，字孝徵。北齐官吏，累迁至秘书监，深得亲宠。天性聪明，事无难学，文章之外，又善音律，解四夷语及阴阳占候，医药之术尤是所长。事见《北齐书·祖珽传》。

【译文】

当提到亡父的时候，按理应当感念亡父的恩情，这对古人来说是很容易的事情，而现在的人却觉得很难。江南人除非万不得已，必须谈论家世，也一定是用书信的形式，很少当面谈论的。北方人则没什么缘由便想找人聊天，就会互相访问。这种事情各人有各人的习惯，不可以强加于人。如果别人把这样的事强加于你，就应当尽力设法予以回避。如果自己的名声地位都不高，又遇到权贵逼迫而必须言及家世，你可以克制忍耐，随机应变，作一些简单的回答，尽快结束谈话，不要让这种谈话变得繁复，使自己的祖辈和父辈受到污辱。如果自己的祖父、父亲已经去世，在必须提及他们的时候，就要表情严肃，坐得端正，口称“大门中”；提及去世的伯父、叔父，就称“从兄弟门中”；提到已过世的兄弟，则称死者儿子“某某门中”，并且要根据他们身份的高低、地位的贵贱，来确定自己在表情流露上应该掌握的分寸，与平时的神情都要有所不同。如果与君王谈起自己已故的长辈，虽然也要表露出神色的变化，但还是称他们为亡祖、亡伯、亡叔。我看见一些名士，也有将已故的兄、弟称作兄子“某某门中”或弟子“某某门中”，这也是未必妥帖的。北方地区的风俗，都不这样称呼。泰山郡有个羊侃，在梁朝初年到了南方。最近我到过邺城，羊侃哥哥的儿子羊肃来向我询问羊侃的具体情况，我回答他说：“您的从门中在梁朝的情况如何如何。”羊肃说：“他是我的亲第七亡叔，不是堂叔。”当时祖孝徵也在座，他早就知道江南的风俗，就对羊肃说：“就是指贤从弟门中，您怎么不理解呢？”

6.15　古人皆呼伯父叔父，而今世多单呼伯叔[1]。从父兄弟姊妹已孤[2]，而对其前，呼其母为伯叔母，此不可避者也。兄弟之子已孤，与他人言，对孤者前，呼为兄子弟子，颇为不忍；北土人多呼为侄。案:《尔雅》、《丧服经》、《左传》，侄虽名通男女，并是对姑之称〔3〕。晋世已来，始呼叔侄；今呼为侄，于理为胜也。

【注释】

〔1〕单呼伯叔：黄叔琳曰：“叔伯乃行次通名，古人即以为字，五十以伯仲是也。去父母而称伯叔，乃晋以下轻薄之习。”赵曦明亦曰：“伯仲叔季，兄弟之次，故称诸父，必连父为称。”

〔2〕从父：伯父叔父之通称。

〔3〕“《尔雅》”三句：见《尔雅·释亲》：“女子谓晜弟之子为侄。”《左传·僖公十四年》：“侄其从姑。”《仪礼·丧服》：“侄者何也？谓吾姑者，吾谓之侄。” 《尔雅》，我国最早解释词义的专著。由汉初学者缀辑周、汉诸书旧文，递相增益而成。 《丧服经》，即《仪礼》中的《丧服》篇。《仪礼》为儒家经典之一，系春秋、战国时一部分礼制的汇编。旧说为周公或孔子订定，近人据书中丧葬制度，结合考古出土器物进行研究，认为成书当在战国初期至中叶间。 《左传》，亦称《春秋左氏传》或《左氏春秋》，亦为儒家经典之一。既是古代史学名著，也是文学名著。

【译文】

古代的人都称呼伯父、叔父，现在的人大多只单称伯、叔。如果伯父、叔父的子女丧父后，那么在他们面前说话的时候，称他们的母亲为伯母、叔母，这是无法回避的。如果兄弟的儿子丧父，你在当着他们的面与别人说话时，直称他们为兄之子或弟之子，也是很不忍心的；北方人大多称呼他们为“侄”。据考证：在《尔雅》、《丧服经》、《左传》等书中，“侄”的称呼虽说男女都可以通用，但都是相对于姑姑而言。晋代以来，才开始有叔侄的称呼；现在统称为“侄”，从情理上说是更恰当的。

6.16　别易会难〔1〕，古人所重；江南饯送，下泣言离。有王子侯〔2〕，梁武帝弟，出为东郡〔3〕，与武帝别，帝曰：“我年已老，与汝分张〔4〕，甚以恻怆。”数行泪下。侯遂密云〔5〕，赧然而出〔6〕。坐此被责，飘飖舟渚，一百许日，卒不得去。北间风俗，不屑此事，歧路言离，欢笑分首〔7〕。然人性自有少涕泪者，肠虽欲绝，目犹烂然〔8〕；如此之人，不可强责。

【注释】

〔1〕别易会难：陆机《答贾谧》诗云：“分索则易，携手实难。”曹丕《燕歌行》：“别日何易会日难。”嵇康《与阮德如》诗：“别易会良难。”当为此句所本。

〔2〕王子侯：天子及诸王的儿子所封列侯。始见于西汉武帝用主父偃建议，实行“推恩令”后。《汉书》有《王子侯表》。

〔3〕东郡：建康以东之郡，如吴郡、会稽之类。

〔4〕分张：犹言分别。为六朝人习用语。《宋书·王微传》：“昔仕京师，分张六旬耳。”又庾信《伤心赋》：“兄弟

则五郡分张，父子则三州离散。”

〔5〕密云：言无泪。其意取自《易·小畜·象》：“密云不雨。”指强作悲凄之态而无泪。

〔6〕赧(nǎn)然：惭愧脸红貌。

〔7〕分首：即分手。古时首、手同音通用。

〔8〕烂然：目光炯炯貌。

【译文】

别时容易见时难，所以古人很看重离别之情。江南地区在为人饯行送别时，谈到分离就掉眼泪。梁朝有位王子侯，是梁武帝的弟弟，他在前往东边的州郡任职之前，去向梁武帝告别。梁武帝说：“我年纪已经老了，与你分别，非常感伤。”说完，两行眼泪就流了下来。王子侯也显出悲凄的样子，却挤不出眼泪，只得面有愧色地红着脸离开了皇宫。他因为这件事而受到指责，舟船在停泊处飘荡了一百多天，终于还是不能离开。北方的风俗，就不屑于离别的凄切，在岔道口说起别离，欢笑着分手。当然，有的人天生就很少流泪，即使悲痛得肠断欲绝，双眼依然炯炯有神。对这样的人，就不能勉强和指责他。

6.17　凡亲属名称，皆须粉墨〔1〕，不可滥也。无风教者〔2〕，其父已孤，呼外祖父母与祖父母同，使人为其不喜闻也。虽质于面，皆当加外以别之；父母之世叔父〔3〕，皆当加其次第以别之；父母之世叔母，皆当加其姓以别之；父母之群从世叔父母及从祖父母，皆当加其爵位若姓以别之[4]。河北士人，皆呼外祖父母为家公家母[5]；江南田里间亦言之。以家代外，非吾所识。

【注释】

〔1〕粉墨：本指白和黑。亦指区分黑白，分辨清楚。

〔2〕风教：见1.2注〔1〕。

〔3〕世叔父：世父与叔父。世父，指伯父。

〔4〕爵位：爵号，官位。旧时社会地位和经济地位的标志。

〔5〕家公家母：《北齐书·南阳王绰传》：“绰兄弟皆呼父为兄兄，呼嫡母为家家。”梁章钜《称谓录》二：“北人称母为家家，故谓母之父母为家公家母。”

【译文】

凡是亲属的称呼，都必须分辨清楚，不可随意滥用。那些缺乏教养的人，在祖父母去世以后，称呼外祖父、外祖母与称呼祖父、祖母相同，让人听了不高兴。即使是当着外祖父、外祖母的面，也应当在称呼上加个“外”字以示区别；称呼父母亲的伯父、叔父，都应当加上他们的长幼顺序来予以区别；称呼父母亲的伯母、叔母，都应当加上她们的姓氏来予以区别；称呼父母亲的堂伯父、堂伯母、堂叔父、堂叔母以及堂祖父、堂祖母，都应当加上他们的爵位或者姓氏来予以区别。河北的士人，都称呼外祖父、外祖母为家公、家母；江南乡间偶尔也有这种叫法。用“家”字代替了“外”字，这其中的缘故我就弄不懂了。

6.18　凡宗亲世数〔1〕，有从父〔2〕，有从祖〔3〕，有族祖〔4〕。江南风俗，自兹已往，高秩者〔5〕，通呼为尊，同昭穆者〔6〕，虽百世犹称兄弟；若对他人称之，皆云族人〔7〕。河北士人，虽三二十世，犹呼为从伯从叔。梁武帝尝问一中土人曰〔8〕："卿北人，何故不知有族？"答云："骨肉易疏，不忍言族耳。"当时虽为敏对，于礼未通。

【注释】

〔1〕宗亲：《史记·五宗世家》："同母者为宗亲。"此处引申为同宗之义。

〔2〕从父：伯父、叔父的统称。

〔3〕从祖：父亲的堂伯、堂叔。

〔4〕族祖：祖父的堂伯、堂叔。

〔5〕秩：官秩，即官吏的俸禄。引申为官吏的职位或品级。

〔6〕昭穆：古代宗法制度，宗庙或宗庙中神主的排列次序，始祖居中，以下父子(祖、父)递为昭穆，左为昭，右为穆。《周礼·春官·小宗伯》郑玄注："父曰昭，子曰穆。"亦指同一祖宗。

〔7〕族人：同宗族的人。

〔8〕中土：即中原。

【译文】

同宗亲属的世系辈分，有从父，有从祖，有族祖。江南的风俗，是由此而延伸，对官职高的，通称为尊；同一个祖宗而辈分相同的人，即使相隔百代也还是称作兄弟；如果是对外人称呼自己宗族的人，则均称作族人。河北的士人，虽然隔了二三十代，仍然称作从伯、从叔。梁武帝曾经问一个中原士人："你是北方人，为什么不知道有族人的称呼？"中原士人回答说："同宗骨肉之间的关系容易疏远，所以我不忍心用'族'这个称呼。"这在当时虽然算得上是一种机敏的回答，但从礼仪上却是讲不通的。

6.19　吾尝问周弘让曰〔1〕："父母中外姊妹〔2〕，何以称之？"周曰："亦呼为丈人〔3〕。"自古未见丈人之称施于妇人也〔4〕。吾亲表所行，若父属者，为某姓姑；母属者，为某姓姨。中外丈人之妇，猥俗呼为丈母〔5〕，士大夫谓之王母、谢母云〔6〕。而《陆机集》有《与长沙顾母书》〔7〕，乃其从叔母也，今所不行。

【注释】

〔1〕周弘让：陈朝官吏。性闲素，博学多通，天嘉初年，领太常卿光禄大夫。事附《陈书·周弘正传》。

〔2〕中外：一称中表，即内外之意。姑之子为外兄弟，舅之子为内兄弟，故有中外之称。

〔3〕丈人：对亲戚长辈的通称。

〔4〕"自古"句：此句颜氏有失详察。王充《论衡·气寿》曰："人形一丈，正形也。名男子为丈夫，尊公妪为丈人。"可见当时丈人亦可用以称妇女。

〔5〕丈母：称父辈的妻子。

〔6〕王母、谢母：此处王、谢，并非实指，即泛指王姓母、谢姓母之意。但王、谢为六朝大姓，从中亦可见其影响。

〔7〕陆机：西晋文学家。字士衡，吴郡吴人。少有异才，文章盖世。其父陆抗为吴将帅。吴灭后，陆机兄弟入洛阳，文才倾动一时，渐受信用。后参与八王之乱，兵败被谗，为司马颖所杀。原有文集，已散佚，后人辑有《陆士衡集》。

【译文】

我曾经问周弘让："父母亲的中表姊妹，应该怎么称呼？"周弘让回答说："也把她们称作丈人。"自古以来没有见过把丈人的称呼用在妇人身上的。我的亲表们是这样称呼的：如果是父亲的中表姐妹，就称她为某姓姑；如果是母亲的中表姊妹，就称她为某姓姨。中表长辈的妻子，俚俗称为丈母，而士大夫则称她们为王母、谢母等等。《陆机集》中有《与长沙顾母书》，其中的顾母就是陆机的从叔母，这种称呼现在已经不通行了。

6.20　齐朝士子，皆呼祖仆射为祖公〔1〕，全不嫌有所涉也〔2〕，乃有对面以相戏者。

【注释】

〔1〕祖仆射：即北齐大臣祖珽。见6.14注〔10〕。　仆射(yè)：职官名。起于秦代。东汉尚书仆射为尚书令副手，职权渐重；到末年便分置左、右仆射。魏晋以后令、仆同居宰相之任，有"朝端"、"朝右"等称呼。

〔2〕“全不”句：卢文弨曰：“案，祖父称公，今连祖姓称公，故云嫌有所涉；然则称姓家者，亦不可云家公。”

【译文】

齐朝的士大夫们，都称仆射祖珽为“祖公”，一点都不忌讳这样称呼会牵扯到对自家祖父的称呼，甚至还有人当着祖珽的面用这种称呼相取笑的。

6.21 古者，名以正体，字以表德〔1〕，名终则讳之〔2〕，字乃可以为孙氏〔3〕。孔子弟子记事者，皆称仲尼〔4〕；吕后微时〔5〕，尝字高祖为季〔6〕；至汉爰种，字其叔父曰丝〔7〕；王丹与侯霸子语，字霸为君房〔8〕；江南至今不讳字也。河北士人全不辨之，名亦呼为字，字固呼为字。尚书王元景兄弟〔9〕，皆号名人，其父名云，字罗汉〔10〕，一皆讳之，其余不足怪也。

【注释】

〔1〕“名以”二句：体，通“礼”。南朝宋鲍照《河清颂》：“体由学染，俗以教迁。”正礼，即端正礼仪。 表德：表明德行。陆游《老学庵笔记》二：“字所以表其人之德。”

〔2〕“名终”句：见《左传·桓公六年》。即《礼记·曲礼》所谓“卒哭乃讳”。

〔3〕氏：上古贵族表明宗族的称号，为姓的分支，用以区别子孙之所出。汉魏以后，姓与氏合。《左传·隐公八年》载，公子展之孙无骇卒，公命以其字为展氏，即孙辈以祖父

字为氏一例。

〔4〕仲尼：孔子名丘，字仲尼。

〔5〕吕后：汉高祖刘邦的妻子，名雉。其子惠帝懦弱，政柄操于吕后之手。惠帝死后，吕后更临朝称制八年。《史记》、《汉书》均有纪。

〔6〕“尝字”句：《史记·高祖本纪》：“姓刘氏，字季。……高祖即自疑，亡匿，隐于芒、砀山泽岩石之间。吕后与人俱求，常得之。高祖怪问之，吕后曰：‘季所居上常有云气，故从往常得季。’”

〔7〕“至汉”二句：爰种，西汉大臣爰盎之侄。爰盎字丝，因数度直谏，徙为吴相。临行时，爰种谓盎曰：“吴王骄日久，国多奸，今丝欲刻治，彼不上书告君，则利剑刺君矣。”事见《汉书·爰盎传》。

〔8〕“王丹”二句：王丹，东汉官吏。字仲回，历任太子少傅、太子太傅。 侯霸：见6.10注〔1〕。《后汉书·王丹传》：“时大司徒侯霸欲与交友，及丹被征，遣子昱候于道。昱迎拜车下，丹下答之。昱曰：‘家公欲与君结交，何为见拜?’丹曰：‘君房有是言，丹未之许也。’”

〔9〕王元景：即北齐官吏王昕。字元景，北海剧(今山东寿光南)人。少笃学读书，杨愔重其德业，除银青光禄大夫，判祠部尚书事。其弟王晞，字叔朗，小名沙弥，幼而孝谨，好学不倦。《北齐书》有王元景兄弟传。

〔10〕“其父”二句：《魏书·王宪传》：宪子嶷，嶷子云，字罗汉，颇有风尚，累迁至兖州刺史。在州坐受所部财货，御史纠劾，付廷尉，遇赦免，卒赠豫州刺史，谥曰文昭。生王元景兄弟。

【译文】

古时候，名用来端正礼仪，字则用来表明品德。

名在死后要对之避讳，字却可以作为孙子的氏。孔子的弟子在记录孔子的言行时，都称他为“仲尼”；吕后微贱的时候，曾经以汉高祖刘邦的字称呼他为“季”；到汉代的爰种，也以他叔父的字称作“丝”；王丹与侯霸的儿子交谈时，也称侯霸的字“君房”。江南至今仍然不避讳称字。北方的士大夫对名和字完全不加区别，名也称作字，字固然也称作字了。尚书王元景兄弟俩，都被称作名人，他们的父亲名云，字罗汉，他俩对父亲的名和字一概加以避讳，其他的人诸多避讳，也就不足为怪了。

6.22 《礼·间传》云〔1〕：“斩缞之哭〔2〕，若往而不反；齐缞之哭〔3〕，若往而反；大功之哭〔4〕，三曲而偯〔5〕；小功缌麻〔6〕，哀容可也，此哀之发于声音也。”《孝经》云〔7〕：“哭不偯〔8〕。”皆论哭有轻重质文之声也〔9〕。礼以哭有言者为号；然则哭亦有辞也。江南丧哭，时有哀诉之言耳；山东重丧〔10〕，则唯呼苍天，期功以下〔11〕，则唯呼痛深，便是号而不哭。

【注释】

〔1〕《间传》：《礼记》篇名。郑玄《目录》云：“以其记丧服之间轻重所宜也。”

〔2〕斩缞(cuī)：旧时五种丧服之中最重的一种。斩即不缝缉，以极粗之生麻布制成，衣旁及下摆均不缝边。服制三年。子及未嫁女为父母，媳为公婆，承重孙为祖父母，妻妾

为夫，均服斩衰。

〔3〕齐缞：旧时五种丧服之一。次于斩缞。以熟麻布制成，以其缝缉衣之下摆，故曰齐缞。服期有三年的，为继母、慈母；有一年的，如孙为祖父母，丈夫为妻；有五月的，如为曾祖父母；有三月的，如为高祖父母。

〔4〕大功：旧时五种丧服之一。以熟布制成，较齐缞为细，较小功为粗。期为九月。堂兄弟、未婚的堂姊妹、已婚的姑、姊妹、侄女及众孙、众子妇、侄妇等之丧.均服大功。已婚女为伯父、叔父、兄弟、侄、未婚姑、姊妹、侄女等服丧，也服大功。

〔5〕偯(yǐ)：拖长哭的余声。《仪礼·间传》郑玄注："三曲，一举声而三折也；偯，声余从容也。"

〔6〕小功：旧时五种丧服之一。以熟布制成，比大功为细，较缌麻为粗。服期五月。凡本宗为曾祖父母、伯叔祖父母、堂伯叔祖父母，未嫁祖姑、堂姑，已嫁堂姊妹，兄弟之妻，从堂兄弟及未嫁从堂姊妹；外亲为外祖父母、母舅、母姨等，均服之。　缌(sī)麻：旧时五种丧服中最轻的一种。用细麻布制成，服期三月。凡本宗为高祖父母、曾伯叔祖父母、族伯叔父母、族兄弟及未嫁族姊妹，外亲为表兄弟、岳父母等，均服之。

〔7〕《孝经》：儒家经典之一。十八章。作者各说不一，以孔门后学所作之说较为合理。论述孝道，宣传宗法思想。汉代列为七经之一。

〔8〕哭不偯：《孝经·丧亲章》："孝子之丧亲也，哭不偯，礼无容，言不文，服美不安，闻乐不乐，食旨不甘，此哀戚之情也。"唐玄宗注："气竭而息，声不委曲。"

〔9〕质文：质朴与华美。

〔10〕山东：《资治通鉴》卷一二一《宋纪三》胡三省注："此山东谓太行、恒山以东，即河北之地。"　重丧：指须披戴斩缞丧服的丧事。

〔11〕期(jī)功：期即期服，即齐缞为期一年的丧服。功即大功、小功。

【译文】

《礼记·间传》说："穿戴斩缞的丧服居丧时，一声痛哭便至气竭，好像再也回不过气来似的；穿戴齐缞的丧服居丧时，要哭得死去活来；穿戴大功丧服居丧时，要哭得一声三折，余音犹存；穿戴小功、缌麻丧服居丧时，只要表现出悲哀的神情就可以了。这就是哀痛之情通过声音表现出来的不同情况。"《孝经》说："孝子痛失双亲，哭声不拖余音。"这些话都论述了哀哭之声有轻有重、有质朴、有文饰等等区别。丧礼中把边哭边哀诉者称作号，如此则哀哭也可以带有言辞了。江南人在居丧哀哭时，经常夹杂有哀诉的言语；北方人在服重丧时，只知叫呼苍天，而在服期功以下之丧时，则只是叫呼悲痛深重，这便是号而不哭。

6.23 江南凡遭重丧，若相知者，同在城邑，三日不吊则绝之；除丧〔1〕，虽相遇则避之，怨其不己悯也。有故及道遥者，致书可也；无书亦如之。北俗则不尔。江南凡吊者，主人之外，不识者不执手〔2〕；识轻服而不识主人〔3〕，则不于会所而吊〔4〕，他日修名诣其家〔5〕。

【注释】

〔1〕除丧：除去丧服，改换吉服。

〔2〕“不识”句：旧时丧仪，吊客见到死者家属时，只与其中的相识者握手，不相识者则不握手。但对丧主，则不论识不识都握手。不与主人握手，是失礼的举动。

〔3〕轻服：五种丧服中较轻的几种，如大功、小功、缌麻。

〔4〕会所：聚会场所。此处指治丧之处。

〔5〕修名：书写名刺。名，即名刺，犹今之名片。古时未有纸，削竹木以写上名字，拜访通名时用。后改用纸，仍沿称名刺。

【译文】

在江南地区，凡遭逢重丧，如果是相互了解的知心朋友，又住在同一个城邑，三日之内不来吊唁，丧家就会与他断绝交往；即使在丧期过后，丧家与他在路上相遇，也会避开他，因为心中怨恨他不怜悯自己。如果另有缘故或者路途遥远而不能前来吊唁的话，写封信表示安慰也可以；假如不写信，丧家也照样与他们断绝交往。北方的风俗则不是这样。江南地区凡来吊唁的人，除了丧主之外，不与不相识的人握手；如果只认识披戴较轻丧服的人而不认识丧主，就不必到治丧现场吊唁，改日书写好名刺再到丧家表示慰问就行了。

6.24　阴阳说云[1]：“辰为水墓，又为土墓，故不得哭[2]。”王充《论衡》云：“辰日不哭，哭必重丧[3]。”今无教者，辰日有丧，不问轻重，举家清谧[4]，不敢发声，以辞吊客。道书又曰：“晦歌朔哭[5]，皆当有罪，天夺其算[6]。”丧家朔望[7]，哀感弥深，宁当惜寿，又不哭也？亦不谕。

【注释】

〔1〕阴阳说：《群书类编故事》卷二“说”作“家”。阴阳家，战国时提倡阴阳五行说的一个学派。《汉书·艺文志》列为“九流”之一。主要宣扬“五德终始”和“五德转移”学说。

〔2〕“辰为”三句：《五行大义》卷二《论生死所》：“辰是水墓，水为其妻，于义为合，遂葬于辰。……辰为水土墓，故辰日不哭，以辰日重丧故也。”赵曦明曰：“水土俱长生于申，故墓俱在辰。”

〔3〕王充：东汉时哲学家。字仲任，会稽上虞(今属浙江)人。少游洛阳太学，曾师事班彪，好博览而不守章句。历任郡功曹、治中等官，后罢职居家，从事著述。《论衡》为其代表作。全书三十卷，二十多万字。此所引二句，见《论衡·辨祟》篇。辰日不哭之说，至唐犹未衰。辰日即朔日，这一天日、月交会。

〔4〕清谧(mì)：清静。《尔雅·释诂》：“谧，静也。”

〔5〕晦：阴历每月的最后一日。　朔：阴历每月初一。

〔6〕算：寿命。

〔7〕望：阴历每月十五日。

【译文】

阴阳家说：“辰日是水墓，又是土墓，因此不可以哭丧。”王充的《论衡》说：“辰日不能哭丧，要是哭丧一定会再死人。”现在有些缺乏教养的人，辰日遇到丧事，就不分轻丧还是重丧，全家都静悄悄的，不敢发出哭声，并且谢绝前来吊丧的宾客。道家的书上说："晦日唱歌，朔日哭泣，都是有罪的，上天会减损他的寿命。"丧家在朔日和望日，哀痛的感情特别深切，难道只为了珍惜自己的寿命，就不哭泣了吗？这真叫人莫名其妙。

6.25　偏傍之书〔1〕，死有归杀〔2〕。子孙逃窜，莫肯在家；画瓦书符〔3〕，作诸厌胜〔4〕；丧出之日，门前然火〔5〕，户外列灰〔6〕，祓送家鬼〔7〕，章断注连〔8〕：凡如此比，不近有情，乃儒雅之罪人，弹议所当加也〔9〕。

【注释】

〔1〕偏傍之书：谓非正书，即旁门左道之书。

〔2〕归杀：亦作归煞、回煞。旧时迷信谓人死后若干日灵魂回家一次叫"归煞"。由此而有避煞、逃煞、防煞的风俗。

〔3〕画瓦：旧时在瓦片上画图像以镇邪。

〔4〕厌胜：古代的一种巫术，谓能以诅咒制胜，压服人或物。

〔5〕"门前"句：然，"燃"的古字。卢文弨曰："门前然火，今江以南，亦有此风。"

〔6〕"户外"句：门外布灰，以观死者魂魄之迹。洪迈《夷坚乙志》卷十九《韩氏放鬼》条则称："江、浙之俗信巫鬼，相传人死则其魄复还，以其日测之，某日当至，则尽室出避于外，名为避煞。命壮仆或僧守庐，布灰于地，明日视其迹，云受生为人为异物矣。"

〔7〕祓(fú)：古代习俗，为除灾去邪而举行仪式。　家

鬼：《岭外代答》卷十："家鬼者，言祖考也。"

〔8〕"章断"句：上奏章以求断绝死者之殃延续及旁人。注连，连属，接连不断。

〔9〕弹(tán)议：批评议论。

【译文】

旁门左道之书说：人死之后，灵魂会在某日回家一次。这一天，家中子孙们都逃避在外，谁都不肯留在家里；又说：用画瓦和书符的办法可以镇邪，用诅咒可以制妖；还说：出殡的那一天，门前要燃火，屋外要铺灰，还要举行仪式来送走家鬼，写奏章向上天祈求断绝死者的殃祸延及家人。诸如此类的做法，都不近情理，是儒术的罪人，应当对之进行批评。

6.26　已孤，而履岁及长至之节[1]，无父，拜母、祖父母、世叔父母、姑、兄、姊，则皆泣；无母，拜父、外祖父母、舅、姨、兄、姊，亦如之：此人情也。

【注释】

〔1〕履岁：一年之始，指元旦。　长至：这里指冬至。《太平御览》卷二八引崔浩《女仪》："近古妇人，常以冬至日上履袜于舅姑，履长至之义也。"

【译文】

父亲或母亲去世以后，在元旦及冬至这两个节日里，如果去世的是父亲，就要拜见母亲、祖父母、伯叔父母、姑母、兄长、姐姐，拜时都要哭泣；如果去世的是母亲，就要去拜见父亲、外祖父母、舅父、姨母、兄长、姐姐，也一样要哭泣：这是人之常情啊。

6.27　江左朝臣，子孙初释服[1]，朝见二宫[2]，皆当泣涕；二宫为之改容。颇有肤色充泽，无哀感者，梁武薄其为人，多被抑退。裴政出服[3]，问讯武帝[4]，贬瘦枯槁，涕泗滂沱[5]，武帝目送之曰："裴之礼不死也[6]。"

【注释】

〔1〕释服：指丧期已满，除去丧服。下文"出服"义同。

〔2〕二宫：指皇帝和太子。

〔3〕裴政：字德表，河东闻喜(今属山西)人。自幼聪明，博闻强记，达于从政。先仕南朝萧梁，任给事黄门侍郎。江陵失陷后，解送北周，授刑部下大夫。至隋朝建立，渐迁为襄阳总管，令行禁止，称为神明。著有《承圣实录》一卷。《北史》有传。

〔4〕问讯：僧尼等向人曲躬合掌致敬，谓之问讯。因梁武帝信佛，故裴政以僧礼相见。

〔5〕"涕泗"句：《诗经·陈风·泽陂》："涕泗滂沱。"形容泪如雨下。涕，眼泪；泗，鼻涕。

〔6〕裴之礼：裴政之父。字子义。母忧居丧，唯食麦饭。其父裴邃庙在光宅寺西，堂宇弘敞，松柏郁茂；范云庙在三

桥，蓬蒿不翦。梁武帝南郊，途经二庙，顾而叹曰："范为已死，裴为更生。"事见《南史·裴邃传》。

【译文】

江南的朝廷大臣去世后，他们的子孙在除去丧服之初，如果去朝觐天子和太子，都应该哭泣流泪；天子和太子也会为之动容。也颇有些肤色丰润，毫无哀痛表情的人，梁武帝鄙薄他们的为人，往往将他们贬退降谪。裴政除去丧服后，按照僧侣的礼节朝觐梁武帝，他面容消瘦憔悴，涕泪横流。梁武帝目送着他离去，说道："裴之礼没有死啊。"

6.28　二亲既没，所居斋寝[1]，子与妇弗忍入焉。北朝顿丘李构[2]，母刘氏，夫人亡后，所住之堂，终身锁闭，弗忍开入也。夫人，宋广州刺史纂之孙女[3]，故构犹染江南风教。其父奖[4]，为扬州刺史，镇寿春，遇害。构尝与王松年[5]、祖孝徵数人同集谈宴。孝徵善画，遇有纸笔，图写为人。顷之，因割鹿尾[6]，戏截画人以示构，而无他意。构怆然动色，便起就马而去。举坐惊骇，莫测其情。祖君寻悟，方深反侧[7]，当时罕有能感此者。吴郡陆襄[8]，父闲被刑，襄终身布衣蔬饭，虽姜菜有切割，皆不忍食；居家惟以掐摘供厨。江宁姚子笃[9]，母以烧死，终身不忍啖炙。豫章熊康父以醉而为奴所杀[10]，终身不复尝酒。然礼缘人情，恩由义断，亲以噎死，亦当不可绝食也。

【注释】

〔1〕斋寝：斋戒时居住的旁屋。

〔2〕北朝：南北朝时，北魏、东魏、西魏、北齐、北周立国北方，史称北朝，以与立国南方、迭相更替的南朝相对。　顿丘：郡名。西晋时置，治所在顿丘(今河南清丰西南)。北齐废。　李构：即下文李奖之子。字祖基，少以方正见称。袭爵武邑郡公，北齐初，降爵为县侯，位终太府卿。常以雅道自居，甚为名流所重。其事见于《北史·李崇传》。

〔3〕宋：南朝刘宋。创立者刘裕于公元420年代晋建宋，仍以建康(今江苏南京)为都。刘宋历八帝、六十年，于公元479年被南齐取代。　广州：三国吴孙休永安七年(264)分交州立，治所在番禺(今广州市)。　刺史：官名。汉武帝时始置，本为监察官性质，东汉末掌握一州之军政大权。三国至南北朝各州多置，权力很大。　纂：即刘宋广州刺史刘纂。

〔4〕奖：李奖，字遵穆。容貌魁伟，有当世才度。历任吏部郎中、相州刺史。元颢入洛，以奖兼尚书右仆射，慰劳徐州。羽林及城人不承颢旨，害奖，传首洛阳。孝武帝初，诏赠冀州刺史。颜子推称其为扬州刺史，有误。

〔5〕王松年：北齐官吏。少知名，文襄帝高澄临并州，辟为主簿。孝昭帝擢拜给事黄门侍郎，深得信任。武成帝时加散骑常侍。死后赠吏部尚书、并州刺史。《北齐书》有传。

〔6〕鹿尾：鹿的尾巴。古时珍贵食品。段成式《酉阳杂俎·酒食》："邺中鹿尾，乃酒肴之最。"

〔7〕反侧：形容不安。《诗经·关雎》朱熹集传："反者辗之过，侧者转之留，皆卧不安席之意。"

〔8〕吴郡：郡名。治所在吴县(今江苏苏州市)。 陆襄：曾任梁度支尚书，弱冠遭家祸，释服犹若居忧，终身蔬食布衣，不听音乐，口不言杀害。事见《南史·陆慧晓传》。

〔9〕江宁：县名。今属江苏省。姚子笃：事迹不详。

〔10〕豫章：郡名。治所在今江西南昌市。 熊康：事迹不详。

【译文】

双亲去世以后，他们生前斋戒时居住的旁屋，儿子与媳妇就不忍心进去了。北朝顿丘郡的李构，在他母亲刘氏去世后，就把她生前所住的堂屋一直紧锁着，李构至死都不忍心开门进屋。刘氏是刘宋时广州刺史刘纂的孙女，所以李构仍然受到了江南风俗的熏陶。李构的父亲李奖，是扬州刺史，他在镇守寿春时被人杀害。李构曾经与王松年、祖孝徵等人聚在一起宴饮闲谈。祖孝徵擅长画画，正巧有纸笔，就画了个人。过了一会，祖孝徵就割下宴席上的鹿尾，随手开玩笑地把人像截断，拿给李构看，并没有别的意思。谁知李构却哀痛得脸色大变，立即起身跃马而去。所有在座的人都惊诧不已，不知道其中的原因。祖孝徵很快就醒悟过来，这才深感惶恐不安。然而当时却很少有人能够感受到这一点。吴郡的陆襄，他的父亲陆闲被斩首，因此陆襄终身穿布衣吃蔬食，即使是姜菜，如果被刀切过，他都不忍心食用；平时在家也只用指掐手摘的蔬菜供厨房之用。江宁的姚子笃，因为母亲是被大火烧死的，所以他终身都不忍心吃烤熟的肉食。豫章郡的熊康，父亲因酒醉而被奴仆杀害，所以他终身不再尝酒。然而礼节是因为人的感情需要而设立的，报答恩情也要根据事理来决断。假如双亲是因为吃饭而噎死的，子女总不见得因此就绝食吧。

6.29 《礼经》：父之遗书，母之杯圈，感其手口之泽，不忍读用〔1〕。政为常所讲习〔2〕，雠校缮写〔3〕，及偏加服用〔4〕，有迹可思者耳。若寻常坟典〔5〕，为生什物〔6〕，安可悉废之乎？既不读用，无容散逸，惟当缄保〔7〕，以留后世耳。

【注释】

〔1〕“《礼经》”五句：《礼记·玉藻》：“父没而不能读父之书，手泽存焉尔；母没而杯圈不能饮焉，口泽之气存焉尔。” 杯圈：亦作杯棬，一种木质的饮器。孔颖达疏：“杯圈，妇人所用，故母言杯圈。” 泽：湿润，滋润。手口之泽，指手汗和口气的滋润。

〔2〕政：通“正”。

〔3〕雠(chóu)校：校对。谓一人持本，一人读之，若怨家相对，有误必举，不肯少恕。清何焯《义门读书记·文选》：“一人刊误为校，二人对校为雠。后人嫌雠字，易其名为校对，对即雠也。”

〔4〕偏：副词，表程度。最，很，特别。 服用：即使用。古人谓用曰服。《易·系辞》：“服牛乘马。”

〔5〕坟典：三坟、五典的并称，后转为古代典籍的通称。孔安国《尚书序》：“伏牺、神农、黄帝之书，谓之《三坟》，言大道也；少昊、颛顼、高辛、唐、虞之书，谓之《五典》，言常道也。”

〔6〕什物：各种物品器具。多指日常生活用品。

〔7〕缄(jiān)保：犹封存。

【译文】

《礼经》上说：父亲遗留下来的书籍，母亲生前用过的杯子，子女有感于上面存留着父母的手汗与口气，就不忍心阅读和使用。正是因为这些书籍是他们生前经常用来讲习的，亲手校对誊写过的，或是特别常用的，上面留有他们使用过的痕迹，所以会触发思念之情。如果只是一般的书籍，以及各种生活日用品，怎么可能全都废弃不用呢？父母的遗物既然不阅读和使用，又不允许随意散失亡逸，那就只能封存起来，留传给后代了。

6.30　思鲁等第四舅母，亲吴郡张建女也，有第五妹，三岁丧母。灵床上屏风〔1〕，平生旧物，屋漏沾湿，出曝晒之，女子一见，伏床流涕。家人怪其不起，乃往抱持，荐席淹渍〔2〕，精神伤怛，不能饮食。将以问医，医诊脉云："肠断矣〔3〕！"因尔便吐血，数日而亡。中外怜之，莫不悲叹。

【注释】

〔1〕灵床：即灵座，供奉亡者灵位的几筵。

〔2〕荐席：铺在地上坐的垫席。古时制度，筵铺在下面，席加在上面。《周礼·春官·序官》贾公彦疏："筵长席短，筵铺陈于下，席在上，为人所坐藉。"

〔3〕肠：指内心，情怀。肠断形容极度悲痛。

【译文】

思鲁兄弟几个的四舅母，是吴郡张建的亲生女儿，她有个五妹，三岁时母亲就去世了。灵床上摆设的屏风，是她母亲生前使用的旧物。因房屋漏雨，沾湿了屏风，被人拿出去曝晒，那女孩一见屏风，就伏在床上痛哭流涕。家里人见她一直不起来，觉得奇怪，就过去抱她起身，只见垫席已被泪水浸湿。她神情悲伤，不能饮食。家里人带她去看医生，医生诊脉以后说道："她已经伤心断肠了！"女孩因此吐血，没几天就死了。家人和外人都很怜惜她，没有不悲伤感叹的。

6.31 《礼》云："忌日不乐〔1〕。"正以感慕罔极，恻怆无聊，故不接外宾，不理众务耳。必能悲惨自居，何限于深藏也？世人或端坐奥室〔2〕，不妨言笑，盛营甘美，厚供斋食〔3〕；迫有急卒〔4〕，密戚至交，尽无相见之理：盖不知礼意乎！

【注释】

〔1〕忌日：旧指父母去世的日子，因禁忌饮酒作乐，故称。《礼记·祭义》："君子有终身之丧，忌日之谓也。"郑玄注："忌日，亲亡之日。"

〔2〕奥室：内室，深宅。

〔3〕斋食：古人斋戒时所用的饭食。

〔4〕卒(cù)：通"猝"。

【译文】

《礼记》上说："忌日不宴饮作乐。"正是因为有说不尽的感伤和思慕，悲痛哀伤，郁闷不乐，所以忌日不接待宾客，也不处理日常事务。如果确能做到悲伤自处，又何必把自己深藏起来呢？世上有的人虽然端坐于深宅之中，却并不妨碍他谈天说笑，还精心准备了美味佳肴，斋食非常丰盛。可是一旦有急事仓促发生，或有至亲好友到来，却全都没有出来相见的理由：这似乎是不懂礼节吧！

6.32　魏世王修母以社日亡〔1〕；来岁社日，修感念哀甚，邻里闻之，为之罢社。今二亲丧亡，偶值伏腊分至之节〔2〕，及月小晦后〔3〕，忌之外，所经此日，犹应感慕，异于余辰，不预饮宴、闻声乐及行游也。

【注释】

〔1〕魏世：指三国时期的曹魏。　王修：字叔治，北海营陵(今山东淄博市临淄北)人。七岁丧母。此段所述之事见《三国志·魏书·王修传》。　社日：古时祭祀社神(即土地神)的日子。一般在立春、立秋后第五个戊日。立春后为春社，立秋后为秋社。

〔2〕伏腊：古代两种祭祀的名称。伏祭在夏季伏日，腊祭在农历十二月。　分：春分、秋分。　至：夏至、冬至。

〔3〕月小晦后：六朝时除忌日外，更有忌月之说。王利器《集解》引郑珍之言曰："而又有此月中忌前晦前、忌后晦后各三日之说。……黄门此云'月小晦后'，正谓忌月之

晦前后三日，月小则廿七八九也；此与伏腊分至，皆在忌日之外。”

【译文】

曹魏王修的母亲是在社日这天去世的。第二年社日，王修感怀思念母亲，非常悲痛。邻里乡亲听说此事以后，为此而停止了社日的活动。现在，父母双亲去世的日子，如果恰好正碰上伏祭、腊祭、春分、秋分、夏至、冬至这些节日，以及忌日前后三天、忌月晦日的前后三天，这些日子虽然都在忌日之外，但仍应当对去世的父母感怀思慕，而与其他日子有所区别。在这些日子里，应该做到不参加宴饮、不听音乐以及不出门游玩。

6.33 刘绦、缓、绥，兄弟并为名器〔1〕，其父名昭〔2〕，一生不为照字，惟依《尔雅》火旁作召耳〔3〕。然凡文与正讳相犯，当自可避；其有同音异字，不可悉然。“劉”字之下，即有昭音〔4〕。吕尚之儿〔5〕，如不为上；赵壹之子〔6〕，傥不作一：便是下笔即妨，是书皆触也〔7〕。

【注释】

〔1〕名器：知名之器。古人称人才为器，故以喻栋梁之才。

〔2〕刘昭：南朝梁人。字宣卿，平原高唐(今山东禹城西南)人。曾集《后汉》同异，以注范书。卒于剡县令。子

绍，字言明。通《三礼》，曾任尚书祠部郎，不久去职，不复仕。绍弟缓，字含度。历官湘东王记室；时西府盛集文学，缓居其首。但《梁书·文学传》及《南史·刘昭传》均不载昭有子绥，赵曦明、郑珍、王利器等均谓系传抄者误衍“绥”字。译文从之。

〔3〕“惟依”句：《尔雅·释虫》：“萤火即炤。”《荀子·儒效》：“炤炤兮其用知之明也。”杨倞注：“炤与照同。”

〔4〕“劉字”二句：“劉”字的下半部分为“釗”，即与“昭”同音。

〔5〕吕尚：即姜太公。见5.12注〔1〕。

〔6〕赵壹：东汉辞赋家。字无叔，汉阳西县(今甘肃天水西南)人。曾作《刺世疾邪赋》，抨击势族豪强的专横肆虐。原有文集，已失传。《后汉书》有其传。

〔7〕是：刘淇《助字辨略》卷三：“是书之是，犹凡也，言凡是书札，皆触忌讳也。今谓处处曰是处，犹云到处也。”

【译文】

刘绍、刘缓、刘绥，兄弟都是名人，他们的父亲名昭，因而他们一辈子不写“照”字，只是依照《尔雅》，用火旁加召来替代。然而，凡是文字与人的正名相同，自然应当避讳；但如果是同音异字，就不可以全都回避了。“劉”字的下半部分，就有“昭”的发音。吕尚的儿子如果不能写“上”字，赵壹的儿子如果不能写“一”字，那便会一下笔就有妨碍，凡是书札全都触犯忌讳了。

6.34　尝有甲设宴席，请乙为宾；而旦于公庭见乙之子[1]，问之曰："尊侯早晚顾宅[2]？"乙子称其父已往，时以为笑[3]。如此比例[4]，触类慎之，不可陷于轻脱。

【注释】

〔1〕公庭：朝廷，公室。

〔2〕尊侯：对他人父亲的尊称。　早晚：犹言何时。为六朝人习用语。

〔3〕时以为笑：林思进曰："盖笑其不审早晚，不顾望而对，遽云已往，所谓'陷于轻脱'，此耳。"刘盼遂亦曰："此甲问乙子，乙将以何时可以枉过，乙子不悟，答以其父已往，遂成笑柄。盖六朝、唐人通以早晚二字为问时日远近之辞……"

〔4〕比例：可以比照的类似事例。

【译文】

曾经有某甲安排宴席，拟请某乙作客。当他早上在朝堂见到某乙的儿子时，就问道："令尊何时可以光顾寒舍？"某乙的儿子回答说他父亲已经去了，一时被当作笑话。遇上诸如此类的事情，一定要慎重对待，千万不可陷于轻佻、草率。

6.35　江南风俗，儿生一期[1]，为制新衣，盥浴装饰，男则用弓矢纸笔，女则刀尺针缕，并加饮食之物，及珍宝服玩，置之儿前，观其发意所取，以验贪廉愚智，名之为试儿[2]。亲表聚集，致宴享焉。自兹已后，二亲若在，每至此日，常有酒食之事耳。无教之徒，虽已孤露〔3〕，其日皆为供顿〔4〕，酣畅声乐，不知有所感伤。梁孝元年少之时，每八月六日载诞之辰〔5〕，常设斋讲〔6〕；自阮修容薨殁之后〔7〕，此事亦绝。

【注释】

〔1〕期(jī)：此处指一周年。

〔2〕试儿：亦称“试周”、“抓周”。江南旧俗，于小儿周岁时进行，以为可据此预测其一生性情和志趣。

〔3〕孤露：孤单无所荫庇。指丧父、丧母或父母双亡。

〔4〕供顿：设宴待客。

〔5〕载诞之辰：即生日。载，开始。《诗·大雅·皇矣》“载锡之光”郑玄笺：“载，始也。”

〔6〕斋讲：宣讲佛法的集会。

〔7〕阮修容：梁武帝的嫔妃，梁元帝的母亲。《梁书·皇后传》：“高祖阮修容，讳令嬴，本姓石，会稽余姚人也。齐始安王遥光纳焉。遥光败，入东昏宫。建康城平，高祖纳为彩女。天监七年八月，生世祖。寻拜为修容，常随世祖出蕃。大同六年六月，薨于江州内寝。”　修容：古时宫内女官名。为九嫔之一。始置于三国曹魏。

【译文】

江南的风俗，孩子生下来满一周岁，就为他缝制新衣服，为他梳洗打扮，如果是男孩，就用弓箭、纸笔；如果是女孩，就用剪刀、尺子、针线，再加上食物以及珍宝、玩具等等，把这些物品放在孩子的面前，观察他(她)想要抓取什么东西，以此来检验孩子将来是贪浊还是廉洁，是愚蠢还是聪明，称之为“试儿”。这一天，亲戚们都聚集在一起，主人则设宴招待他们。从这以后，如果双亲还健在，每到这一天，就要置办酒宴。那些没有教养的人，虽然父母已经去世，到了这一天，依然摆设酒宴，尽兴痛饮，纵情声乐，而不知道应该有所感伤。梁元帝年轻的时候，每到八月六日生日这一天，总要举行宣讲佛法的集会。自从他母亲阮修容去世以后，这种事也就中止了。

6.36　人有忧疾，则呼天地父母〔1〕，自古而然。今世讳避，触途急切〔2〕。而江东士庶，痛则称祢〔3〕。祢是父之庙号，父在无容称庙，父殁何容辄呼？《苍颉篇》有倄字〔4〕，《训诂》云：“痛而謼也〔5〕，音羽罪反〔6〕。”今北人痛则呼之。《声类》音于耒反〔7〕，今南人痛或呼之。此二音随其乡俗，并可行也。

【注释】

〔1〕“人有”二句：《史记·屈原列传》：“夫天者，人之始也；父母者，人之本也。人穷则反本，故劳苦倦极，未尝不呼天也；疾痛惨怛，未尝不呼父母也。”

〔2〕“今世”二句：卢文弨曰：“言今世以呼天呼父母为触忌也，盖嫌于有怨恨祝诅之意，故不可也。”　触途：亦作触处。到处，各处，极言其多。

〔3〕祢：(nǐ)：已死之父在宗庙中立主之称。《公羊传·

隐公元年》何休注："生称父，死称考，入庙称祢。"

〔4〕《苍颉篇》：古代字书名。秦李斯撰《苍颉篇》，赵高撰《爰历篇》，胡毋敬撰《博学篇》，是为《三苍》，汉时亦合称《苍颉篇》。大抵四字为句，两句一韵，便于诵读，当时以教学童识字，今已不传。

〔5〕謼(hū)：同"呼"。

〔6〕羽罪反：反，指反切，是我国古代注音方法。反切上字与所切之字声母相同，反切下字与所切之字韵母和声调相同。即上字取声，下字取韵和调。羽罪反，即取"羽"字之声、"罪"字之韵和调，反切出字的读音。

〔7〕《声类》：书名。《隋书·经籍志》："《声类》十卷，魏左校令李登撰。"

【译文】

人有忧患疾病，就呼喊天地父母，自古以来就是这样。现在的人讲究避讳，处处比古人更加迫切。而江东的士大夫和平民百姓，悲痛的时候就呼叫"祢"。"祢"是已故父亲的庙号，父亲健在时不允许称呼庙号，父亲去世后又怎么能随意称呼他的庙号呢？《苍颉篇》有个"倄"字，《训诂》解释说："这是悲痛时呼叫的声音，发音是羽罪反。"现在北方人感到痛苦时就呼叫这个声音。《声类》则将"倄"字注为于耒反，现在南方人感到痛苦时也有呼叫这个音的。这两种读音依照人们各自的乡俗，都是可行的。

6.37 梁世被系劾者〔1〕，子孙弟侄，皆诣阙三日〔2〕，露跣陈谢〔3〕；子孙有官，自陈解职。子则草屩粗衣[4]，蓬头垢面，周章道路[5]，要候执事[6]，叩头流血，申诉冤枉。若配徒隶[7]，诸子并立草庵于所署门[8]，不敢宁宅[9]，动经旬日，官司驱遣[10]，然后始退。江南诸宪司弹人事，事虽不重[11]，而以教义见辱者，或被轻系而身死狱户者，皆为怨雠，子孙三世不交通矣。到洽为御史中丞[12]，初欲弹刘孝绰[13]，其兄溉先与刘善[14]，苦谏不得，乃诣刘涕泣告别而去。

【注释】

〔1〕系劾：囚禁论罪。

〔2〕诣阙：谓赴朝堂。诣，前往。

〔3〕露：露髻。即不戴帽子而露出发髻。　跣：跣足，不穿鞋履。

〔4〕屩(juē)：鞋。

〔5〕周章：惊恐不安之意。

〔6〕要(yāo)候：中途等候，迎候。要，亦作“邀”。

〔7〕徒隶：刑徒奴隶，服劳役的犯人。

〔8〕草庵：小草舍。《风俗通·愆礼》：“丧者、讼者，露首草舍。”则涉讼者露首草舍的风气从东汉时已是如此。

〔9〕宁宅：安居。

〔10〕官司：官府。多指政府的主管部门。

〔11〕“江南”二句：卢文弨曰：“两‘事’字似衍其一。”　宪司：魏晋以来御史的别称。

〔12〕到洽：南朝梁官吏。字茂沿，彭城武原(今江苏邳县西北)人。普通六年(525)迁御史中丞，弹纠无所顾望，号为劲直，当时肃清。事见《梁书·到洽传》。　御史中丞：

官名。汉代为御史大夫的助理，纠察百僚，其权颇重。东汉以后不设御史大夫时，即以御史中丞为御史之长。

〔13〕刘孝绰：南朝梁官吏。字孝绰，彭城（治今江苏徐州）人。本名冉，小字阿士。与到溉友善，同游东宫，自以才优于洽，每于宴坐嗤鄙其文；洽衔之。及孝绰为廷尉正，携妾入官府，其母犹停私宅。到洽寻为御史中丞，遣令史案其事，遂劾奏之。梁武帝隐其恶，坐免官。事见《梁书·刘孝绰传》。

〔14〕溉：到洽兄。字茂灌，少孤贫，与弟洽俱聪敏，有才学。《梁书》有传。

【译文】

梁朝被拘囚论罪的官吏，他的子孙弟侄们都要连续三天前往朝廷谢罪，而且要不戴帽子，光着脚；如果子孙中有做官的，还要主动请求解除官职。他的儿子则穿上草鞋和粗布衣服，蓬头垢面，惶恐不安地在道路上迎候主事官员，叩头直至流血，为父亲申诉冤枉。如果被拘囚的人有了结论，被发配成为服苦役的罪犯，他的儿子们就一起在官署门前搭个小草棚栖身，而不敢安居家中，往往一住就是十多天，直到官府前来驱赶，才从草棚退离。江南地区的诸位御史拥有弹劾纠察官吏的权力，有的官员案情虽不严重，只是因为教义而受弹劾之辱，或者是稍微受些牵连而遭拘囚身死狱中，这些人家便与御史结下了冤仇，双方的子孙三代都不相交往。到洽当御史中丞的时候，最初想弹劾刘孝绰。他的哥哥到溉原先与刘孝绰关系友善，苦苦规劝到洽不要弹劾刘孝绰，却未能奏效，只得前往刘孝绰处，流着泪向他告别后黯然离去。

6.38　兵凶战危[1]，非安全之道。古者，天子丧服以临师，将军凿凶门而出[2]。父祖伯叔，若在军阵，贬损自居[3]，不宜奏乐宴会及婚冠吉庆事也[4]。若居围城之中，憔悴容色，除去饰玩，常为临深履薄之状焉[5]。父母疾笃，医虽贱虽少，则涕泣而拜之，以求哀也[6]。梁孝元在江州，尝有不豫[7]；世子方等亲拜中兵参军李猷焉[8]。

【注释】

〔1〕“兵凶”句：《汉书·晁错传》：“兵，凶器；战，危事也。以大为小，以强为弱，在俯仰之间耳。”

〔2〕凶门：古代将军出征时，凿一扇向北的门，由此出发，如办丧事一样，以示必死的决心，谓之“凶门”。《淮南子·兵略训》：“将已受斧钺……乃爪鬋，设明衣也，凿凶门而出。”

〔3〕贬损：贬抑。

〔4〕冠：冠礼。古代男子二十岁成年时举行结发加冠仪式的礼节。

〔5〕临深履薄：《诗经·小雅·小旻》：“如临深渊，如履薄冰。”喻谨慎戒惧。

〔6〕“医虽”三句：司马光《书仪》卷四：“盖以医者亲之存亡所系，岂可傲忽也。”

〔7〕不豫：天子有病的讳称。《礼记·曲礼》疏引《白虎通》曰：“天子病曰不豫，言不复豫政也。”

〔8〕方等：梁元帝长子，字实相。擅长绘画，随意点染，即成数人。后因战殁，年二十二，谥忠庄太子。元帝即位，改谥武烈世子。《梁书》有传。　世子：太子，即帝王和诸

侯的嫡长子。《白虎通·爵》篇云："所以名之为世子何，言欲其世世不绝也……明当世世父位也。"　中兵参军：官名。《隋书·百官志》："皇帝皇子府，置功曹史、录事、记室、中兵等参军。"

【译文】

兵器是凶器，作战是危事，都不是安全之道。古时候，天子身穿丧服亲临军队，将军则凿一扇凶门出发。如果某人的父亲、祖父、伯伯、叔叔在战场上，他就应该贬抑自己，自我约束，不宜参加奏乐、宴饮以及婚礼、冠礼等吉庆活动。如果长辈被围困在城邑之中，晚辈就应该是面容憔悴，把装饰品和玩赏之物除掉，时时显露出一种如临深渊、如履薄冰的谨慎戒惧神色。如果他的父母病重，需要请医生前来诊治时，即使医生的地位低，或者年纪轻，也应该流着泪行礼拜见，以此求得医生的怜悯。梁元帝在江州的时候，曾经得过重病，他的长子萧方等就亲自拜求过中兵参军李猷。

6.39　四海之人，结为兄弟，亦何容易。必有志均义敌，令终如始者〔1〕，方可议之。一尔之后〔2〕，命子拜伏，呼为丈人〔3〕，申父友之敬；身事彼亲，亦宜加礼。比见北人，甚轻此节，行路相逢，便定昆季〔4〕，望年观貌，不择是非，至有结父为兄、托子为弟者。

【注释】

〔1〕令终如始：犹善始善终，始终如一。

〔2〕一尔：一旦如此，一经这样。《资治通鉴》卷六九《魏纪一》胡三省注："一尔，犹言一如此也。"

〔3〕丈人：见6.19注〔3〕。

〔4〕昆季：兄弟。长为昆，幼为弟。

【译文】

四海异姓之人结拜为兄弟，这事谈何容易。必须是志同道合而又始终如一的人，才可以谈及此事。一旦结拜为兄弟之后，就要让自己的儿子向他伏地下拜，称他为丈人，以表达对父亲朋友的敬意；自己对结拜兄弟的父母亲，也应该以礼相待。近来我见到一些北方人，非常轻略此事，两个人陌路相逢，立刻就结拜为兄弟，只是问问年纪看看外貌，也不辨别一下是否妥当，以致竟有把父辈视为兄长，将子侄辈当成弟弟的事。

6.40　昔者，周公一沐三握发，一饭三吐餐〔1〕，以接白屋之士〔2〕，一日所见者七十余人〔3〕。晋文公以沐辞竖头须，致有图反之诮〔4〕。门不停宾，古所贵也。失教之家，阍寺无礼〔5〕，或以主君寝食嗔怒，拒客未通，江南深以为耻。黄门侍郎裴之礼〔6〕，号善为士大夫，有如此辈，对宾杖之；其门生僮仆〔7〕，接于他人，折旋俯仰〔8〕，辞色应对，莫不肃敬，与主无别也。

【注释】

〔1〕“周公”二句：《史记·鲁周公世家》：周公戒伯禽曰：“然我一沐三捉发，一饭三吐哺，起以待士，犹恐失天下之贤人。”形容求贤之心迫切。

〔2〕白屋之士：指平民。《汉书·萧望之传》：“今士见者皆先露索挟持，恐非周公相成王躬吐握之礼，致白屋之意。”颜师古注曰：“白屋，谓白盖之屋，以茅覆之，贱人所居。”

〔3〕“一日”句：《荀子·尧问》记周公曰：“吾所执贽而见者十人，还贽而相见者三十人，貌贽之士者百有余人，欲言而请毕事者千有余人。”又《金楼子·说蕃》：“周公旦则读书一百篇，夕则见士七十人也。”

〔4〕晋文公：春秋时晋国君。名重耳。公元前636—前628年在位。曾出奔在外十九年，返国即位后，整顿内政，增强军队，使国力强盛，又平定周的内乱，迎周襄王复位，以“尊王”相号召。并在践土(今河南荥阳东北)大会诸侯，成为霸主。　竖：童仆。　图反：想法反常。《左传·僖公二十四年》：“初，晋侯之竖头须，守藏者也，其出也，窃藏以逃，尽用以求纳之。及入，求见。公辞焉以沐。谓仆人曰：‘沐则心覆，心覆则图反，宜吾不得见也。居者为社稷之守，行者为羁绁之仆，其亦可矣，何必罪居者！国君而仇匹夫，惧者甚众矣。’仆人以告，公遽见之。”

〔5〕阍寺：本指职掌宫禁门户的阍人。此文用为一般守门人之称。

〔6〕黄门侍郎：职官名。《隋书·百官志》：“门下省置侍中给事、黄门侍郎各四人。”黄门之署，职任亲近。　裴之礼：南朝梁官吏。见6.27注〔6〕。

〔7〕门生：此指门下仆役。赵翼《陔馀丛考》：“六朝时所谓门生，则非门弟子也。其时仕宦者，许各募部曲，谓之义从；其在门下亲侍者，则谓之门生，如今门子之类耳。”

〔8〕折旋：曲行。古代行礼时的动作。　俯仰：举动，举止。

【译文】

从前，周公宁愿在洗头时三度挽起头发停下来，吃饭时三次吐出正在咀嚼的食物，去接待来访的贫贱贤士，曾经在一天之内接见了七十多人。而晋文公以正在洗头为借口，拒绝接见童仆头须，头须因此而讥诮他思维颠倒。不使宾客滞留在门前，是古人所看重的礼节。那些缺乏教养的人家，看门人也没有礼貌，有的看门人以主人正在睡觉、吃饭或发脾气为借口，将来访的客人拒之门外，不为客人通报，江南人认为此种做法很可耻。黄门侍郎裴之礼，被称作是能为人楷模的士大夫，他如果发现家中仆人慢待宾客，就会当着客人的面杖罚这个仆人。他家的门子、僮仆在接待宾客时，进退礼仪，言行举止，无不严肃恭敬，与主人没有一点区别。

慕贤第七

【题解】

“天下治乱系于用人”，这是宋代史学家范祖禹从研究历史中得出的一句至理名言。但这并非他的发明，更早者如西汉的韩婴，就在《韩诗外传》中给我们留下了“得贤则昌，失贤则亡”的告诫。世上一切竞争，归根到底，还是人才的竞争。这已为古往今来的历史特别是社会激烈变动时期的历史所反复证明。生于南北朝的颜之推，经历了许多的曲折，耳闻目睹了萧梁、北齐的治乱兴亡，对于贤才的重要性，自然有着深切的感受。本篇就是他以史为鉴，主张重视人才、善待人才思想的体现。颜之推强调人才难得，因而不可不“攀附景仰之”；对世人往往“贵耳贱目，重遥轻近”，或者鄙视轻贱者却“用其言，弃其身”的态度提出了尖锐的批评。他在文中以齐梁时代一些贤臣名将为例，所阐述的人才关系国家兴衰存亡的观点，显然是与我国古代重才敬贤的思想一脉相承的。

7.1 古人云：“千载一圣，犹旦暮也；五百年一贤，犹比髆也〔1〕。”言圣贤之难得，疏阔如此〔2〕。

傥遭不世明达君子〔3〕，安可不攀附景仰之乎？吾生于乱世，长于戎马，流离播越〔4〕，闻见已多；所值名贤，未尝不心醉魂迷向慕之也。人在少年，神情未定，所与款狎〔5〕，熏渍陶染，言笑举动，无心于学，潜移暗化，自然似之；何况操履艺能，较明易习者也〔6〕？是以与善人居，如入芝兰之室，久而自芳也；与恶人居，如入鲍鱼之肆，久而自臭也〔7〕。墨子悲于染丝〔8〕，是之谓矣。君子必慎交游焉。孔子曰："无友不如己者〔9〕。"颜、闵之徒〔10〕，何可世得！但优于我，便足贵之。

【注释】

〔1〕"千载"四句：卢文弨引《孟子外书·性善辨》："千年一圣，犹旦暮也。"《鬻子》第四："圣人在上，贤士百里而有一人，则犹无有也；王道衰微，暴乱在上，贤士千里而有一人，则犹比肩也。"类似的话，也见于《庄子·齐物论》、《吕氏春秋·观世》、《战国策·齐策》等书。　髆(bó)：肩胛。

〔2〕疏阔：久隔。

〔3〕不世：非一世所能有，罕见。

〔4〕播越：流离失所。

〔5〕款狎：亲昵。

〔6〕较明：明显。　也：读为"耶"，表疑问语气。

〔7〕"是以"六句：《说苑·杂言》："孔子曰：'与善人居，如入兰芷之室，久而不闻其香，则与之化矣；与恶人居，如入鲍鱼之肆，久而不闻其臭，亦与之化矣。'"　芝兰，芷和兰，皆香草。　鲍鱼，盐渍鱼，其气腥臭。

〔8〕“墨子”句：《墨子·所染》：“子墨子见染丝者而叹曰：‘染于苍则苍，染于黄则黄，所入者变，其色亦变，五入而已则为五色矣：故染不可不慎也。’”

〔9〕“无友”句：见《论语·学而》。无：同“毋”。

〔10〕颜、闵：指孔子的弟子颜回、闵损。颜回，字子渊，春秋鲁国人。闵损，字子骞，亦为鲁国人。

【译文】

古人说：“一千年出现一位圣人，就好像早晚之间那么快；五百年出现一位贤士，也好像一个接着一个那么多。”这是说圣贤之人非常难得，相隔邈远到如此地步。倘若遇上了世所罕见的明达君子，怎么能不去攀附景仰他呢？我生于乱世，在兵荒马乱中长大，四处漂泊流离，听到看到的够多了，但遇到有名望的贤人，未尝不心醉神迷地向往倾慕他。人在年轻的时候，精神性情尚未定型，与贤人亲密融洽地相处，受其熏陶濡染，一言一笑，一举一动，即使无心效仿，但在潜移默化中，自然就会与贤人有许多相似之处。何况操守和技能，是明显容易学习的东西呢？因此，与善人相处，如同进入满是芷兰香草的居室，时间久了，自己也会变得芬芳起来；与恶人相处，如同进入满是鲍鱼的店铺，时间久了，自己也变得腥臭起来。墨子有感于染丝而悲叹，说的也就是这个道理。君子结交朋友一定要慎重。孔子说：“不要跟不如自己的人交朋友。”像颜回、闵损那样的贤人，一辈子都难得遇上！只要比自己强，就值得敬重他了。

7.2　世人多蔽，贵耳贱目[1]，重遥轻近[2]。少长周旋[3]，如有贤哲，每相狎侮，不加礼敬；他乡异县[4]，微借风声[5]，延颈企踵[6]，甚于饥渴。校其长短，核其精粗，或彼不能如此矣。所以鲁人谓孔子为东家丘[7]，昔虞国宫之奇，少长于君，君狎之，不纳其谏，以至亡国[8]，不可不留心也。

【注释】

〔1〕“贵耳”句：张衡《东京赋》：“若客所谓，末学肤受，贵耳而贱目者也。”

〔2〕“重遥”句：《汉书·扬雄传》：“凡人贱近而贵远。”又《刘子·正赏》：“珍遥而鄙近，贵耳而贱目。”

〔3〕少长(shào zhǎng)：指从年少到长大。　周旋：谓辗转相追逐。

〔4〕“他乡”句：蔡邕《饮马长城窟行》：“他乡各异县，展转不可见。”

〔5〕风声：声望，声誉。

〔6〕“延颈”句：《汉书·萧望之传》：“天下之士，延颈企踵。”

〔7〕“所以”句：《后汉纪》卷二三：“宋子俊曰：‘鲁人谓仲尼东家丘，荡荡体大，民不能名。’”表明孔子家乡的鲁国人反倒对孔子缺乏敬意。

〔8〕“不纳”二句：春秋时期，晋献公在二十二年(前655)，继十九年首次借道之后，再次向虞国提出借道攻伐虢国。虞国大臣宫之奇以唇亡齿寒为喻，进谏虞公，力主拒绝晋国要求，虞公不听。晋国军队得以顺利通过虞国领土去攻灭了虢国。晋军班师途经虞国，又乘机灭掉了毫无防备的虞国。事见《左传·僖公五年》。　虞国：春秋时期小国。始

建于西周文王时期，姬姓。开国君主是古公亶父之子虞仲的后代。在今山西平陆北。公元前655年被晋袭击攻灭。

【译文】

世上的人大多有一种盲目性，即对传闻的事物很看重，对亲眼所见的事物却很轻视；对远方的人很重视，对近处的人则不当回事。从小在一起嬉戏长大的人，如果其中有贤士智者，人们往往对他轻侮怠慢，从不加以尊崇礼敬；而异地他乡的人，只凭借些许名声，就使许多人伸长了脖颈，踮起了脚跟，如饥似渴地去仰慕。其实，考察两者的长短，核实两者的优劣，也许远方的人还不如身边的人呢。所以，鲁国的人不把孔子视为圣人，而称他为"东家丘"。从前虞国的宫之奇，年纪比国君略大几岁，国君与他过于亲昵，因此不肯接受他的劝谏，以至亡了国，这个教训不可不加以注意。

7.3 用其言，弃其身，古人所耻〔1〕。凡有一言一行，取于人者，皆显称之，不可窃人之美，以为己力〔2〕；虽轻虽贱者，必归功焉。窃人之财，刑辟之所处〔3〕；窃人之美，鬼神之所责。

【注释】

〔1〕"用其言"三句：《左传·定公九年》："郑驷歂杀邓析而用其竹刑。君子谓子然于是乎不忠，用其道，不弃其人。"此三句即指此。

〔2〕"不可"二句：《左传·僖公二十四年》："窃人之

财，犹谓之盗；况贪天之功，以为己力乎?”

〔3〕刑辟(bì)：刑律。《左传·昭公六年》：“昔先王议事以制，不为刑辟，惧民之有争心也。”杨伯峻注：“刑辟即刑律。”

【译文】

采用了一个人的意见，却又嫌弃这个人，古人认为这是很可耻的。凡是一句话或一个行为，是从别人那里学来的，都应该公开加以称扬，而不能掠人之美，把它看作自己的功劳；即使这个人地位低下，身份卑贱，也应该归功于他。窃取别人的财物，要受到刑律的处置；窃取别人的功绩，则会受到鬼神的责罚。

7.4　梁孝元前在荆州〔1〕，有丁觇者〔2〕，洪亭民耳，颇善属文，殊工草隶；孝元书记，一皆使之。军府轻贱〔3〕，多未之重，耻令子弟以为楷法〔4〕，时云：“丁君十纸，不敌王褒数字〔5〕。”吾雅爱其手迹，常所宝持。孝元尝遣典签惠编送文章示萧祭酒〔6〕，祭酒问云：“君王比赐书翰〔7〕，及写诗笔〔8〕，殊为佳手，姓名为谁?那得都无声问〔9〕?”编以实答。子云叹曰：“此人后生无比，遂不为世所称，亦是奇事。”于是闻者少复刮目〔10〕。稍仕至尚书仪曹郎〔11〕，末为晋安王侍读〔12〕，随王东下。及西台陷殁〔13〕，简牍湮散，丁亦寻卒于扬州；前所轻者，后思一纸，不可得矣。

【注释】

〔1〕梁孝元：即梁元帝萧绎。见2.3注〔3〕。

〔2〕丁觇：张彦远《法书要录》："丁觇与智永同时人，善隶书，世称丁真永草。"可知丁为梁、陈之际著名书法家。

〔3〕军府：将帅的府署。萧绎即位前为湘东王，其时都督六州诸军事，故曰军府。

〔4〕楷法：谓习字者以为范本。

〔5〕王褒：字子渊，琅邪临沂(今属山东)人，工书法，为时所重。事见《周书·王褒传》。

〔6〕典签：官名。本为处理文书的小吏。南朝宋、齐时，由于监视出任方镇的宗室诸王和各州刺史，常由皇帝派亲信担任此职，号为"签帅"，实握州镇全权。梁以后渐废。祭酒：官名。汉代有博士祭酒，为博士之首。西晋改设国子祭酒，为国子监主管官。《隋书·百官志》："学府有祭酒一人。"萧祭酒：即萧子云。字景乔。南齐宗室。通文史，善草隶书。梁时累官至侍中、国子祭酒。为王褒的姑夫。

〔7〕比：近。

〔8〕诗笔：六朝人以诗、笔对言，笔指无韵之文。

〔9〕声问：即声闻，犹今言声誉。

〔10〕刮目：拭目。谓改变旧看法。

〔11〕尚书：官署名。即尚书省。东汉初置，称尚书台。南北朝时始称尚书省，下分各曹，为中央执行政务的总机构。　仪曹郎：职官名。掌吉凶礼制。《隋书·百官志》："尚书省置仪曹、虞曹等郎二十三人。"

〔12〕晋安王：即梁简文帝萧纲。字世缵，武帝子。天监五年(506)，封为晋安王。于太清三年(549)即位，大宝二年(551)为侯景所杀。　侍读：诸王属官。职掌为诸王讲读经史。

〔13〕西台：指江陵。见3.6注〔4〕。

【译文】

梁孝元帝过去在荆州时，那里有一位名叫丁觇的人，是洪亭人氏，很会写文章，尤其擅长草书和隶书；孝元帝的文书抄写工作，全都由他承担。军府中的人大多认为丁觇地位低下，瞧不起他，耻于让自己的子弟去临习他的书法，当时流行着这样一句话："丁君写上十张纸，抵不上王褒几个字。"我非常喜爱丁君的书法墨迹，常常把它们珍藏起来。孝元帝曾派典签惠编把文章送给祭酒萧子云看，萧子云问道："君王近来有书信赐我，还有他的诗歌文章，书法非常漂亮，那书写者真是一把好手，这个人叫什么名字？怎么会一点名声都没有呢？"惠编据实作了回答。萧子云感叹道："此人在年轻后生中无人能比，竟然不被世人所称道，也是一件怪事。"萧子云的话传出去后，听说此事的人才逐渐改变了对丁觇的看法。丁觇后来逐渐升迁到尚书仪曹郎，最后任晋安王侍读，随晋安王顺江东行。及至江陵陷落的时候，那些文书信札散失殆尽，丁觇不久也死于扬州。他那从前被人轻视的书法，后来的人再要想得到只字片纸，也不可能了。

7.5　侯景初入建业[1]，台门虽闭[2]，公私草扰[3]，各不自全。太子左卫率羊侃坐东掖门[4]，部分经略[5]，一宿皆办，遂得百余日抗拒凶逆。于时，城内四万许人，王公朝士，不下一百，便是恃侃一人安之，其相去如此。古人云："巢父、许由，让于天下；市道小人，争一钱之利[6]。"亦已悬矣[7]。

【注释】

〔1〕侯景：北魏怀朔镇(故址在今内蒙古固阳南)人。字万景。初为北魏尔朱荣部将，后归高欢。梁朝太清元年(547)，高欢死，景举兵叛降西魏，随即又降梁，受封河南王。次年因兵败而渡淮河南下，不久反叛，攻破梁都城建康，史称“侯景之乱”。梁元帝承圣元年(552)，侯景被梁将陈霸先、王僧辩等击败，出逃途中被部下所杀。事见《梁书·侯景传》。　建业：即今江苏南京。西晋末年因避晋愍帝司马邺讳，改名建康。南朝各代均以建康为都。

〔2〕台门：禁城的城门。《容斋随笔》五“台城少城”条：“晋、宋间谓朝廷禁近为台，故称禁城为台城，官军为台军，使者为台使。”

〔3〕草扰：仓促纷乱。

〔4〕羊侃：见6.14注〔8〕。　太子左卫率：官名。职掌东宫兵仗羽卫之政令，以总诸曹之事。　东掖门：台城正南为端门，其左右二门称东、西掖门。

〔5〕部分：部署处置。　经略：谋划。

〔6〕“巢父”四句：巢父，尧时隐士。以树为巢，寝其上，故时人号为巢父。　许由：字武仲。尧以天下让许由，由不受，巢父劝其隐遁。事见皇甫谧《高士传》。曹植《乐府歌》：“巢、许蔑四海，商贾争一钱。”《晋书·华谭传》：“昔许由、巢父让天子之贵；市道小人争半钱之利：此之相去，何啻九牛毛也！”

〔7〕悬：悬殊。

【译文】

侯景刚攻入建业城的时候，台城门虽然是紧闭着的，但台城内的官吏百姓一片混乱，人人自危。这时，太子左卫率羊侃坐镇东掖门，部署策划防守事务，一夜之间就已安排妥当，于是才得以争取到一百多天的时间来抵御凶恶的叛军。当时，台城内有四万人左右，其中王公、大臣不下一百，就是恃仗羊侃一人才得保平安的。他们之间的高下，差距是如此之大。古人说："巢父、许由把天下这样贵重的大利都推让掉了，而市侩小人却为一个小钱争夺不休。"两者之间的差别也太悬殊了。

7.6 齐文宣帝即位数年〔1〕，便沉湎纵恣，略无纲纪〔2〕；尚能委政尚书令杨遵彦〔3〕，内外清谧，朝野晏如〔4〕，各得其所，物无异议，终天保之朝〔5〕。遵彦后为孝昭所戮〔6〕，刑政于是衰矣。斛律明月〔7〕，齐朝折冲之臣〔8〕，无罪被诛，将士解体，周人始有吞齐之志〔9〕，关中至今誉之。此人用兵，岂止万夫之望而已也〔10〕！国之存亡，系其生死。

【注释】

〔1〕齐文宣帝：北齐君主。名高洋，字子建。高欢第二子。东魏武定八年(550)，废魏孝静帝自立，国号齐，史称北齐。公元550—559年在位。《北齐书·文宣帝纪》称其"以功业自矜，纵酒肆欲，事极猖狂，昏邪残暴，近世未有"。

〔2〕纲纪：法度，纲常。

〔3〕尚书令：官名。始于秦，西汉沿置，本为少府属官，掌章奏文书。汉武帝以后职权渐重。东汉政务皆归尚书，尚书令成为对君主负责总揽一切政务的首脑。魏晋以后事实上即为宰相。　杨遵彦：即杨愔(yīn)。字遵彦，弘农华阴(今

属陕西)人。官至北齐尚书令，拜骠骑大将军，封开封王。以贤能为朝野所称，孝昭帝高演篡位后被杀。

〔4〕晏如：安然。

〔5〕天保：北齐文宣帝年号。自公元550年至559年。

〔6〕孝昭：即北齐孝昭帝高演。字延安，高欢第六子，文宣帝同母兄弟。文宣帝死后，废幼主自立。曾受杨愔排斥，故即位后杀杨愔。事见《北齐书·孝昭帝纪》。

〔7〕斛律明月：北齐名将斛律金之子。名光，字明月。官至太子太保，善骑射，屡立战功。北周将军韦孝宽忌其英勇，乃作谣言，谋除之。祖珽等乘机进谮言，被杀。

〔8〕折冲：使敌军战车后撤。即制敌取胜。冲，冲车，古代战车的一种。

〔9〕周：指与北齐同时并立于北方的北周。鲜卑族宇文氏所建。公元557年宇文泰之子宇文觉代西魏称帝，国号周，建都长安(今陕西西安)。史称北周。577年灭北齐，统一北方。581年被隋取代。共历五帝、二十五年。

〔10〕万夫之望：即众望所归之意。《易·系辞下》："君子知微知彰，知柔知刚，万夫之望。"

【译文】

齐朝文宣帝即位没几年，就沉湎于酒色，放纵恣肆，一点都没有法纪。但他总算还能将政事授权尚书令杨遵彦处理，所以朝廷内外清静安然，各得其所，人们都没有什么非议，这种局面一直维持到天保末年。后来杨遵彦被孝昭帝所杀，齐朝的刑律政令从此就衰败了。斛律明月是齐朝安邦御敌的将帅，却无辜被杀，军队将士因此而人心涣散，才使北周开始萌生了吞灭齐朝的欲望。关中一带的人民，至今仍对斛律明月赞誉不已。这个人用兵打仗，又岂止是千军万马众望所归而已啊！他的生死，牵系着国家的存亡。

7.7 张延隽之为晋州行台左丞〔1〕，匡维主将，镇抚疆埸〔2〕，储积器用，爱活黎民，隐若敌国矣〔3〕。群小不得行志，同力迁之；既代之后，公私扰乱，周师一举，此镇先平。齐亡之迹，启于是矣。

【注释】

〔1〕张延隽：《周书·张元传》："张元……父延儁，仕州郡，累为功曹、主簿。并以纯至，为乡里所推。"此句中之张延隽，或即此人。 晋州：州名。北魏末年改唐州置。治所在白马城(今山西临汾东北)。 行台：东汉以后，中央政务由三公改归台阁，习惯上遂以中央政府为"台"。魏、晋时，凡朝廷遣大臣督诸军于外，以行尚书事，谓之行台。 左丞：官名。东汉尚书有左右丞。

〔2〕疆埸(yì)：国界。

〔3〕"隐若"句：《后汉书·吴汉传》："吴公差强人意，隐若一敌国矣。"李贤注："隐，威重之貌。" 敌国，可以和国家相匹敌。

【译文】

张延隽担任晋州行台左丞时，匡扶维护主将，镇守安抚边界，储备蓄积物资，爱护救助百姓，使晋州威重得仿佛可与一国相匹敌。一些卑鄙小人因不能随心所欲，就串通起来把他排挤走了。张延隽被取代之后，晋州上下弄得一片混乱，北周的军队一举兵，晋州城就首先被扫平。齐朝败亡的征兆，就是从这里开始的。

卷第三

勉学

勉学第八

【题解】

《荀子》有《劝学》篇，本书亦有《勉学》篇。两书时隔数百年，立论的角度各有不同，但反复强调学习的重要性，劝勉人们努力学习，则是一致的。通观全篇，作者所阐述的观点，集中地体现在如下三个方面：其一，坚决反对不思进取、不学无术的陋习。作者对那些“饱食醉酒，忽忽无事，以此销日，以此终年”的人，以及“因家世余绪，得一阶半级，便自为足，全忘修学”的人，作了辛辣的嘲讽。又以梁朝不学无术的贵游子弟在遭遇离乱后无法自立的反面教训为例，告诫儿孙“父兄不可常依，乡国不可常保”，唯有勤学，才能在社会上自立。其二，坚决反对“空守章句，但诵师言，施之世务，殆无一可”的空疏学风，十分注重学以致用。作者对魏晋以来直至南朝始终存在的只知“清谈雅论，剖玄析微”的学风提出了批评，同时也对“世人读书者，但能言之，不能行之”的现象一再加以剖析，主张学习的目的是“开心明目，利于行”，是为了弥补自己的不足，也是为了“行道以利世”。其三，反对“闭门读书，师心自是”和“博士买驴，书券三纸，未有驴字”式的繁琐注疏，主张读书要“博览机要”，要互相切磋讨论，要重视“眼学”而勿信“耳学”，要向各行各业的“先达”广泛求教，等等。显然，作者关于学习重要性、学习目的和学习方法的论述，至今仍然值得我们重视。

8.1　自古明王圣帝，犹须勤学，况凡庶乎！此事遍于经史，吾亦不能郑重[1]，聊举近世切要，以启寤汝耳[2]。士大夫子弟，数岁已上，莫不被教，多者或至《礼》、《传》，少者不失《诗》、《论》[3]。及至冠婚，体性稍定；因此天机[4]，倍须训诱。有志尚者，遂能磨砺，以就素业[5]；无履立者[6]，自兹堕慢[7]，便为凡人。人生在世，会当有业[8]：农民则计量耕稼，商贾则讨论货贿[9]，工巧则致精器用，伎艺则沈思法术[10]，武夫则惯习弓马，文士则讲议经书。多见士大夫耻涉农商，差务工伎，射则不能穿札[11]，笔则才记姓名，饱食醉酒，忽忽无事[12]，以此销日，以此终年。或因家世余绪[13]，得一阶半级[14]，便自为足，全忘修学；及有吉凶大事，议论得失，蒙然张口[15]，如坐云雾；公私宴集，谈古赋诗，塞默低头，欠伸而已[16]。有识旁观，代其入地。何惜数年勤学，长受一生愧辱哉！

【注释】

〔1〕郑重：频繁，反复多次。《汉书·王莽传中》：“然

非皇天所以郑重降符命之意。”颜师古注：“郑重，犹言频烦也。”

〔2〕启寤：启发使觉悟。寤，与“悟”通。

〔3〕《论》：指《论语》，儒家经典之一，共二十篇，是孔子弟子及再传弟子关于孔子言行的记录。东汉列为七经之一。

〔4〕天机：此处指自然之性，灵性。《庄子·大宗师》：“其耆欲深者，其天机浅。”成玄英疏：“天然机神浅钝。”

〔5〕素业：清素之业。即士大夫所从事的儒业。

〔6〕履立：犹操守。

〔7〕堕：与“惰”同。

〔8〕会当：应当。

〔9〕货贿：财货，财物。《周礼·天官·大宰》：“商贾阜通货贿。”郑玄注：“金玉曰货，布帛曰贿。”

〔10〕伎艺：技艺。引申为有技艺的人。　沈：通“沉”。

〔11〕札：铠甲的叶片，多用皮革或金属制成。亦指革甲叶片的层，古代革甲叶片一般由七层皮革叠合而成。

〔12〕忽忽：迷糊，恍惚。《文选·宋玉〈高唐赋〉》：“悠悠忽忽。”李善注：“忽忽，迷也。”

〔13〕余绪：留传给后世的剩余部分。指祖上的荫庇。

〔14〕阶：官阶，品级。　级：等第，特指官爵的品级。

〔15〕蒙然：迷糊貌，蒙昧貌。

〔16〕“公私”四句：塞默，默不作声，如口塞之状。欠伸，打呵欠，伸懒腰。　王利器《集解》：“《北齐书·许惇传》：‘虽久处朝行，历官清显，与邢邵、阳休之、崔劼、徐之才之徒，比肩同列，诸人或谈说经史，或吟咏诗赋，更相嘲戏，欣笑满堂，惇不解剧谈，又无学术，或竟坐杜口，或隐几而睡，深为胜流所轻。’之推所讥，盖即此人。”

【译文】

自古以来，那些贤明的帝王尚且必须勤奋学习，何况平常的百姓呢！这类事在经籍史书中随处可见，我也不能一一列举，姑且举一些近世最紧要的事例，来启发开导你们。士大夫的子弟，长到几岁以后，没有不接受教育的。他们中学得多的，已经学到了《礼经》、《春秋三传》；学得少的，也学完了《诗经》、《论语》。待到举行冠礼、成婚的年纪，体质、性情已逐渐定型，更要利用他们的灵性，加倍地对他们进行训导教诲。他们中那些有志向的，就能经受磨炼，成就清素之业；而那些没有操守的，则从此懒散、懈怠起来，便成了平庸之人。人生在世，应当从事一项职业：当农民就要盘算核计耕种庄稼，做商人就要商谈买卖交易，当工匠就要致力于制作各种精巧的器物，当艺人就要潜心钻研技艺，当武士就要熟习射箭骑马，当文人则要讲谈议论儒家经书。我经常见到一些士大夫，不屑于务农、经商，又缺乏从事手工、伎艺的本领；让他射箭，连一层铠甲都不能射穿；让他动笔，只会写出自己的名字；整天吃饱喝足，无所事事，以此消磨时光，虚度一生。还有的人只是凭借祖上的荫庇，谋得一官半职，就自以为满足，全然忘记了研习学业；一旦遇上吉凶大事，议论起得失来，就张口结舌，茫无所知，如同坠入五里云雾之中；在各种公私宴会的场合，别人谈古论今，吟诗作赋，他却像嘴被塞住一样，低头不语，或者就是打呵欠、伸懒腰而已。有见识的旁观者，都为他羞愧，恨不能替他钻入地下。这些人为什么当初舍不得用几年的时间去勤奋学习，却要终生蒙受羞辱呢？

8.2　梁朝全盛之时，贵游子弟[1]，多无学术，至于谚云："上车不落则著作，体中何如则秘书[2]。"无不熏衣剃面，傅粉施朱，驾长檐车[3]，跟高齿屐[4]，坐棋子方褥[5]，凭斑丝隐囊[6]，列器玩于左右，从容出入，望若神仙。明经求第[7]，则顾人答策[8]；三九公宴[9]，则假手赋诗。当尔之时，亦快士也[10]。及离乱之后，朝市迁革[11]。铨衡选举[12]，非复曩者之亲；当路秉权[13]，不见昔时之党。求诸身而无所得，施之世而无所用。被褐而丧珠[14]，失皮而露质[15]，兀若枯木，泊若穷流[16]，鹿独戎马之间[17]，转死沟壑之际[18]。当尔之时，诚驽材也[19]。有学艺者，触地而安[20]。自荒乱已来，诸见俘虏，虽百世小人，知读《论语》、《孝经》者，尚为人师；虽千载冠冕[21]，不晓书记者，莫不耕田养马。以此观之，安可不自勉耶？若能常保数百卷书，千载终不为小人也。

【注释】

〔1〕贵游：指无官职的王公贵族。亦泛指显贵者。

〔2〕"上车"二句：著作，即著作郎。官名。三国曹魏时始置，属中书省，掌编纂国史。　秘书，即秘书郎。官名。魏晋时始置，属秘书省，掌管图书经籍。此二职均为清要之官，南朝多以贵游子弟充任，至梁代尤甚。"体中何如"，是当时书信中的客套话。

〔3〕长檐车：一种用车幔覆盖整个车身的车子。

〔4〕高齿屐(jī)：木底鞋的一种。底部装有高齿。六朝士人多喜穿用。《宋书·谢灵运传》："灵运常著木屐，上山则去前齿，下山则去后齿。"

〔5〕棋子方褥：以织成方格图案的绮罗制成的方形坐褥。

〔6〕斑丝：谓杂色丝之织成品。　隐囊：如今日之靠枕。《通鉴》卷一七六《陈纪十》胡三省注云："隐囊者，为囊实以细软，置诸坐侧，坐倦则侧身曲肱以隐之。"隐，倚靠。

〔7〕明经：以经义取士，谓之明经。《汉旧仪上》："刺史举民有茂材，移名丞相，丞相考召，取明经一科，明律令一科，能治剧一科，各一人。"则以明经取士，自汉已然。

〔8〕顾：同"雇"。　答策：即对策，古时就政事、经义等设问，由应试者对答。《文心雕龙·议对》："对策者，应诏而陈政也；射策者，探事而献说也……二名虽殊，即议之别体也。"

〔9〕三九：指三公九卿。刘盼遂曰："三者三公，九者九卿，简称三九，此实为汉以后之习语。"　公宴：《文选·公宴诗》吕延济注："公宴者，臣下在公家侍宴也。"

〔10〕快士：即佳士。《北史·刘延明传》有"快女婿"，义俱相同。快有佳意。

〔11〕朝市：偏义指朝廷。

〔12〕铨衡：考核、选拔人才。

〔13〕当路：执政、掌权。

〔14〕被褐：身穿粗布短袄。被(pī)，同"披"。《老子》第七十章："圣人被褐怀玉。"河上公注："被褐者，薄外；怀玉者，厚内。匿宝藏怀，不以示人也。"

〔15〕"失皮"句：《法言·吾子》篇："羊质而虎皮，见草而悦，见豺而战，忘其皮之虎也。"

〔16〕"兀若"二句：兀：与"杌"同。《玉篇》："杌，树无枝。"　泊：寂泊。《弘明集》卷十三王该《日烛》："杌然寂泊。"

〔17〕鹿独：郝懿行曰：“鹿独或当时方言，流离颠沛之意。”

〔18〕转死：即转尸。《孟子·梁惠王下》：“君之民老弱转乎沟壑。”《通鉴》卷三一《汉纪二十三》胡三省注引应劭曰：“死不能葬，故尸流转在沟壑之中。”

〔19〕驽材：蠢才。

〔20〕触地：犹言无论何地。

〔21〕冠冕：指仕宦之家。

【译文】

梁朝全盛的时候，贵族子弟大多不学无术，以至当时有谚语说：“上车不掉下来，就可以当著作郎；提笔能写身体如何，就可以做秘书郎。”这些贵族子弟没有一个不是用香草熏衣，修鬓剃面，涂脂抹粉，乘的是长檐车，穿的是高齿屐，坐着织有方格图案的丝绸坐褥，倚着五彩丝线织成的靠枕，玩赏器物摆放在身边，进进出出，悠闲安逸，远远望去，宛如神仙一般。到明经答问求取功名的时候，他们就雇人去考；参加三公九卿的宴会，他们又借他人之手来为自己做诗。在那个时候，他们倒也颇像名士。待到动乱发生之后，改朝换代。掌握考察选拔官吏大权的人，已不再是从前的亲戚，在朝中执掌大权的人，也不再是旧日的同党。到了此时，这些贵族子弟想依靠自己，却一无所长；想跻身社会，又毫无本事。他们就像披着粗布衣服，却丧失了怀中的珠宝；失去了唬人的外衣，而露出了本来的面目，呆头呆脑像一截枯木，有气无力像一条干涸的河流，在乱军中颠沛流离，抛尸于荒野沟壑之中。在这种时候，他们就成了道道地地的蠢才了。

那些有学问有技艺的人，无论走到何处都可以安身立命。自从兵荒马乱以来，我见过不少俘虏，其中有些人虽然世世代代都是平民百姓，但由于读过《论语》、《孝经》，还可以去当别人的老师；而另外有些人，即使是年代久远的世家大族子弟，由于不会动笔，结果没有一个不沦为种地养马的奴仆。由此看来，怎么能不勉励自己刻苦学习呢？如果能够经常保有几百卷书籍，就是再过一千年也绝不会沦为低贱小人的。

8.3　夫明《六经》之指[1]，涉百家之书，纵不能增益德行，敦厉风俗，犹为一艺，得以自资。父兄不可常依，乡国不可常保，一旦流离，无人庇荫，当自求诸身耳。谚曰："积财千万，不如薄伎在身。"伎之易习而可贵者，无过读书也。世人不问愚智，皆欲识人之多，见事之广，而不肯读书，是犹求饱而懒营馔，欲暖而惰裁衣也。夫读书之人，自羲、农已来[2]，宇宙之下，凡识几人，凡见几事，生民之成败好恶，固不足论，天地所不能藏，鬼神所不能隐也。

【注释】

〔1〕六经：指《诗》、《书》、《礼》、《乐》、《易》、《春秋》六部儒家经典。

〔2〕羲、农：即伏羲、神农，均系传说中的古代帝王，且均被列为三皇之一。

【译文】

通晓六经的要旨，涉猎百家的著述，即使不能增广个人德行，劝励社会习俗，也算是一门技艺，可以用来自谋生路。父兄是不可能长期依赖的，家乡也是不可能常保无事的，一旦颠沛流离，没有人能荫庇帮助你时，就只有求助于自己了。俗谚说："积财千万，不如薄技在身。"各种技艺中最容易学习而且值得崇尚的，莫过于读书了。世上的人不论是愚蠢还是聪明，都希望认识的人多，见识的事广，但却不肯用功读书，这就好比想要饱餐却懒于做饭，想要穿暖却懒得裁衣一样。那些读书的人，从伏羲、神农以来，在这世界上，认识了多少人，见识了多少事，看到了一般人的成败、好恶，这些固然不值得再说，就连天地万物的道理，鬼神的事情，也是瞒不过他们的。

8.4　有客难主人曰〔1〕："吾见强弩长戟〔2〕，诛罪安民，以取公侯者有矣；文义习吏〔3〕，匡时富国，以取卿相者有矣；学备古今，才兼文武，身无禄位，妻子饥寒者，不可胜数，安足贵学乎？"主人对曰："夫命之穷达，犹金玉木石也；修以学艺，犹磨莹雕刻也〔4〕。金玉之磨莹，自美其矿璞〔5〕，木石之段块，自丑其雕刻；安可言木石之雕刻，乃胜金玉之矿璞哉？不得以有学之贫贱，比于无学之富贵也。且负甲为兵，咋笔为吏〔6〕，身死名灭者如牛毛，角立杰出者如芝草〔7〕；握素披黄〔8〕，吟道咏德，苦辛无益者如日蚀，逸乐名利者如秋荼[9]，岂得同年而语矣[10]。且又闻之：生而知之者上，学而知之者次[11]。所以学者，欲其多知明达耳。必有天才，拔群出类，为将则暗与孙武、吴起同术[12]，执政则悬得管仲、子产之教[13]，虽未读书，吾亦谓之学矣[14]。今子即不能然，不师古之踪迹，犹蒙被而卧耳。”

【注释】

〔1〕“有客”句：《汉书·东方朔传》：“朔因著论，设客难己，用位卑以自慰谕。”可知“设客难己”，即假设客人问难以引出主人答语，借以阐明作者观点的手法，自汉代即已采用。　主人：作者自称。

〔2〕弩：古兵器名。即用机械发箭的弓。　戟：古兵器名。合戈、矛为一体，略似戈，兼有戈之横击、矛之直刺两种功能，杀伤力较戈、矛为强。

〔3〕文：文饰。此作阐释。　义(yí)：“仪”的古字。意为仪制、法度。

〔4〕磨莹：磨治使光亮。

〔5〕矿：未经冶炼的金属。　璞：未经雕琢的玉石。

〔6〕咋(zé)：啃咬。　咋笔：犹操笔。古人构思为文时常以口咬笔杆，故云。

〔7〕角立：如角之特立。　芝草：即灵芝草。属菌类植物。古人以为瑞草。

〔8〕素：即绢素，古代书籍以绢素写之。　黄：即黄卷。古代书均作卷轴，可卷舒。用黄蘗染之，用以防蠹。素、黄均代指书籍。

〔9〕秋荼：荼至秋而繁茂，因以喻繁多。荼，茅、芦之类的白花。

〔10〕同年而语：犹言相提并论。《后汉书·朱穆传》："彼与草木俱朽，此与金石相倾，岂得同年而语，并日而谈哉?"

〔11〕"生而"二句：《论语·季氏》："孔子曰：'生而知之者，上也；学而知之者，次也；困而学之者，又其次也；困而不学，民斯为下矣。'"

〔12〕孙武：春秋时军事家。字长卿，齐国人。曾仕吴为将，西破楚国，北威齐、晋。著有《孙子兵法》。　吴起：战国时军事家。卫国人。曾先后效力于魏、楚，善用兵，甚得士卒拥护。后为楚贵族所害。著有《吴起》四十八篇。

〔13〕管仲：春秋初期政治家。名夷吾，字仲，齐国颍上(颍水之滨)人。助桓公改革内政，又以"尊王攘夷"相号召，使桓公成为春秋时第一位霸主。　子产：即公孙侨、公孙成子。春秋时政治家。郑贵族，名侨，字子产。曾任郑国执政，实行改革，给郑国带来了新气象。　悬：凭空。

〔14〕"虽未"二句：《论语·学而》："虽曰未学，吾必谓之学也。"

【译文】

有位客人诘问我说："我看见有的人手持强弩长戟，去讨罪伐逆，安抚百姓，以此博取公侯的爵位；有的人阐释法度，研习吏道，去匡正时弊，使国家富强，以此而博取卿相职位；而那些学贯古今，文武兼备，却身无俸禄爵位，妻子儿女饥寒交迫的人，真是数不胜数，如此看来，学习又哪里值得那么推崇呢?"我回答说："一个人的命运是困厄还是显达，就好比金玉与木石。钻研学问，掌握本领，就好像琢磨金玉和雕刻木石。金玉经过琢磨，就比矿、璞更加美丽；一截木头、一块石头，比起经过雕刻的木石就显得丑陋。但我们怎么能说经过雕刻的木石胜过尚未琢磨的金、玉呢？所以，我们不能将有学问的贫贱之士与没有学问的富贵之人相比。况且，身披铠甲去当兵的人，手握笔管充任小吏的人，身死名灭者多如牛毛，出类拔萃者则少如芝草。如今，埋头读书，传扬道德文章，含辛茹苦而没有任何益处的人，就像日蚀那样少见；而闲逸安乐，追名逐利的人却多如秋荼，二者怎么能相提并论呢？况且我又听说，生下来不学就知的人是天才；通过学习才明白事理的人就差了一等。人之所以要学习，就是要使自己增长知识，明白通达罢了。如果说一定有天才的话，那就是出类拔萃的人，他们当将领就暗中具备与孙武、吴起相同的兵法；当宰相就凭空会获得管仲、子产的素养。虽然他们没有读过书，我也要说他们是已经学过了。现在您既然不能达到这样的水平，如果再不效仿古人勤奋好学的榜样，那就好像蒙着被子睡大觉，什么也看不见了。”

8.5 人见邻里亲戚有佳快者[1]，使子弟慕而学之，不知使学古人，何其蔽也哉？世人但知跨马被甲，长稍强弓[2]，便云我能为将；不知明乎天道，辨乎地利[3]，比量逆顺，鉴达兴亡之妙也。但知承上接下，积财聚谷，便云我能为相；不知敬鬼事神，移风易俗，调节阴阳[4]，荐举贤圣之至也[5]。但知私财不入，公事夙办，便云我能治民；不知诚己刑物[6]，执辔如组[7]，反风灭火[8]，化鸱为凤之术也[9]。但知抱令守律，早刑晚舍[10]，便云我能平狱；不知同辕观罪[11]，分剑追财[12]，假言而奸露[13]，不问而情得之察也[14]。爰及农商工贾，厮役奴隶，钓鱼屠肉，饭牛牧羊，皆有先达，可为师表[15]，博学求之，无不利于事也。

【注释】

〔1〕佳快：意为优秀。

〔2〕矟(shuò)：古代兵器。即槊，长矛。《广韵·入觉》："矟，矛属。《通俗文》曰：'矛丈八者谓之矟。'"

〔3〕天道、地利：《孙子·计》："天者，阴阳寒暑时制也。地者，远近险易广狭死生也。"

〔4〕调节阴阳：《汉书·陈平传》："宰相佐天子，理阴阳，调四时，理万物，抚四夷。"阴阳：古代指宇宙间贯通物质和人事的两大对立面。举凡天地、日月、寒暑、昼夜、君臣、夫妇、男女、动静、开合、依违、生死等，无所不包，均可称作阴阳。

〔5〕至：周密。

〔6〕刑：通"型"。　物：古时人亦称物。刑物，即给人做出榜样。

〔7〕"执辔"句：《诗·邶风·简兮》："有力如虎，执辔如组。"《毛诗传》及《韩诗外传》均以此句喻御民有方。　辔(pèi)：马缰绳。　组：丝织而成的宽带。古时一车四马，每马两条缰绳，驾车人手牵缰绳，就像一排正在编织的丝带。

〔8〕"反风"句：语出《后汉书·儒林传》。刘昆为江陵令时，其县连年火灾，昆向火叩头，多能降雨止风。建武二

十二年，征代杜林为光禄勋。诏书中即有“前在江陵，反风灭火”之句。

〔9〕“化鸱”句：《后汉书·循吏传》：仇览为蒲亭长，听说有个叫陈元的人对母不孝，即亲到其家，陈述人伦孝行之理，譬以祸福之言，终使陈元感化而成孝子。乡里为之谚曰：“父母何在在我庭，化我鸤枭哺所生。” 鸱(chī)：亦作鸱枭、鸤枭，即猫头鹰，古人视为恶鸟。

〔10〕“旱刑”句：意谓早上判刑，晚上立刻赦免。舍，通赦。

〔11〕“同辕”句：《左传·成公十七年》：“郤犨与长鱼矫争田，执而梏之，与其父母妻子同一辕。”杜预注：“系之车辕。”王利器《集解》引朱亦栋之言曰：“之推此句本此。然此事非明察类，不解之推何以用之？抑或别有所本耶？”

〔12〕“分剑”句：《太平御览》卷六三九引《风俗通》：“沛郡有富家公，资二千余万。子才数岁，失母，其女不贤。父病，令以财尽属女，但遗一剑，云：‘儿年十五，以还付之。’其后又不肯与儿，乃讼之。时太守大司空何武也，得其辞，顾谓掾吏曰：‘女性强梁，婿复贪鄙，畏害其儿，且寄之耳。夫剑者所以决断；限年十五者，度其子智力足闻县官，得以见伸展也。’乃悉夺财还子。”

〔13〕“假言”句：《魏书·李崇传》：北魏李崇任扬州刺史时，有寿春县人苟泰三岁之子被诱拐。数年后苟泰发现其子在同县人赵奉伯家，即告到官府。双方各执一词，难以决断。李崇即下令将苟、赵与小儿隔离，数十天后派人告知苟、赵，小儿已暴病身亡。苟泰当即痛哭失声，悲不自胜，而赵奉伯却仅嗟叹而已。李崇由此察知真情，乃以小儿归还苟泰。

〔14〕“不问”句：《晋书·陆云传》载：陆云为浚仪令时，有人被杀，凶犯未定。陆云盘问被害人之妻，无结果，关押十余日后将她放出，密令手下尾随其后，并说：“不出

十里，当有男子等候与她说话，那时即一齐抓来。”后来果如陆云所言。凶犯坦白说：“与此妻通，共杀其夫，闻其得出，故远相要候。”一县之人均称赞陆云办案神明。

〔15〕“爰及”六句：赵曦明曰：“古圣贤如舜、伊尹皆起于耕，后世贤而躬耕者多，不能以遍举。《尸子》曰：‘子贡，卫之贾人。’《左传》载郑商人弦高及贾人之谋出荀莹而不以为德者，皆贤达也。工如齐之斲轮及东郭牙；厮役仆隶如兒宽为诸生都养，王象为人仆隶而私读书；钓鱼屠牛，皆齐太公事；饭牛，宁戚事；卜式、路温舒、张华，皆尝牧羊：史传所载，如此者非一。”

【译文】

人们看见邻里乡亲中有优秀的人物，就让自己的子弟钦慕他们，向他们学习，却不知道让自己的子弟向古人学习，这是多么愚昧无知啊。世上有人只看到当将军的跨骏马，披铠甲，挺长矛，挽强弓，就以为自己也能当将军，却不知道了解天时的阴晴寒暑，分辨地理的远近险易，估量形势的逆顺优劣，洞悉国家兴亡盛衰的种种奥妙。只知道当宰相的秉承旨意，指挥下属，积累财富，囤储粮食，就以为自己也能当宰相，却不知道敬奉鬼神，移风易俗，调节阴阳，荐贤举能的种种周密细致的工作。只知道当地方官的私财不入腰包，公事及早办理，就以为自己也能治民，却不知道端正自己，为人楷模，治理百姓如驾车马，止风灭火，化鸱为凤的种种方法。只知道管司法的谨守法令规章，早刑晚赦，就以为自己也能平治狱讼，却不知道同辕观罪、分剑追财，用假言诱使伪诈者暴露，无需反复审问就使案情自明的种种洞察力。广而言之，甚至那些农夫、商贾、工匠、僮仆、奴隶、渔民、屠夫、喂牛的、放羊的，他们中间也都曾出现过有德行学问的前辈，可以作为学习的表率。广泛地向这些人学习，对事业是不无帮助的。

8.6 夫所以读书学问，本欲开心明目，利于行耳。未知养亲者，欲其观古人之先意承颜[1]，怡声下气[2]，不惮劬劳[3]，以致甘腝[4]，惕然惭惧，起而行之也；未知事君者，欲其观古人之守职无侵，见危授命[5]，不忘诚谏[6]，以利社稷，恻然自念，思欲效之也；素骄奢者，欲其观古人之恭俭节用，卑以自牧[7]，礼为教本，敬者身基[8]，瞿然自失[9]，敛容抑志也；素鄙吝者，欲其观古人之贵义轻财，少私寡欲[10]，忌盈恶满[11]，赒穷恤匮，赧然悔耻，积而能散也[12]；素暴悍者，欲其观古人之小心黜己，齿弊舌存[13]，含垢藏疾[14]，尊贤容众[15]，苶然沮丧[16]，若不胜衣也[17]；素怯懦者，欲其观古人之达生委命[18]，强毅正直，立言必信[19]，求福不回[20]，勃然奋厉，不可恐慑也：历兹以往，百行皆然[21]。纵不能淳，去泰去甚[22]。学之所知，施无不达。世人读书者，但能言之，不能行之[23]，忠孝无闻，仁义不足；加以断一条讼，不必得其理；宰千户县[24]，不必理其民；问其造屋，不必知楣横而棁竖也[25]；问其为田，不必知稷早而黍迟也；吟啸谈谑，讽咏辞赋，事既优闲，材增迂诞[26]，军国经纶[27]，略无施用：故为武人俗吏所共嗤诋，良由是乎！

【注释】

〔1〕先意承颜：《礼记·祭义》：曾子曰："君子之所谓孝者，先意承志，谕父母于道。"先意承志，同"先意承旨"、"先意承颜"，指孝子先父母之意而承顺其志。先：尊崇，重视。

〔2〕怡声下气：指声气和悦，恭顺柔和。《礼记·内则》："及所，下气怡声，问衣燠寒。"

〔3〕劬(qú)劳：劳累，劳苦。

〔4〕腝(ér)：熟烂。

〔5〕"见危"句：《论语·宪问》："见利思义，见危授命，久要不忘平生之言。"授命，献出生命。

〔6〕诚：本应作"忠"，避隋文帝父名讳而改。

〔7〕"卑以"句：《易·谦·象辞》："谦谦君子，卑以自牧也。"高亨注："余谓牧犹守也，卑以自牧谓以谦卑自守也。"

〔8〕"礼为"二句：《左传·成公十三年》："礼，身之干也；敬，身之基也。"孔颖达疏："干以树木为喻，基以墙屋为喻。树木以本根为干，有干故枝叶茂焉；墙屋以下土为基，有基乃墙屋成焉。人身以礼敬为本，必有礼敬，身乃得存。"

〔9〕瞿然：惊变之貌，王叔岷曰："案瞿借为䀠，《说文》：'䀠，举目惊䀠然也。'"

〔10〕"少私"句：《老子》十九章："少私寡欲。"《庄子·山木篇》："少私而寡欲。"

〔11〕“忌盈”句：《易·谦·彖辞》：“人道恶盈而好谦。”《书·大禹谟》：“满招损。”

〔12〕“积而”句：《礼记·曲礼上》：“积而能散。”郑玄注：“谓己有蓄积，见贫穷者则当能散以赒救之。”

〔13〕“齿弊”句：《说苑·敬慎》：“常拟有疾，老子往问焉，张其口而示老子曰：‘吾舌存乎?’老子曰：‘然。’曰：‘吾齿存乎?’老子曰：‘亡。’常拟曰：‘子知之乎?’老子曰：‘夫舌之存也，岂非以其柔耶？齿之亡也，岂非以其刚耶?’”

〔14〕“含垢”句：形容宽仁大度。《左传·宣公十五年》：“川泽纳污，山薮藏疾，瑾瑜匿瑕，国君含垢，天之道也。”藏疾，藏匿恶物。

〔15〕“尊贤”句：《论语·子张》：“君子尊贤而容众，嘉善而矜不能。”邢昺疏：“君子之人，见彼贤则尊重之，虽众多，亦容纳之。”

〔16〕苶(nié)然：疲惫貌。形容衰落不振。

〔17〕不胜衣：这里指谦恭退让的样子。《礼记·檀弓下》：“文子其中退然如不胜衣。”《正义》：“文子身形退然柔相，似不胜其衣，言形貌之卑退也。”

〔18〕达生：指参透人生、不受世事牵累的处世态度。《庄子·达生》：“达生之情者，不务生之所无以为。”注：“生之所无以为者，分外物也。”　委命：犹言委心任命。听任命运支配。

〔19〕“立言”句：《论语·子路》：“言必信。”

〔20〕“求福”句：《诗·大雅·旱麓》：“岂弟君子，求福不回。”郑玄笺：“不回者，不违先祖之道。”

〔21〕百行：见5.15注〔1〕。

〔22〕去泰去甚：去其过甚，谓事宜适中。《老子》：“是以圣人去甚、去奢、去泰。”

〔23〕“但能”二句：《史记·孙子吴起列传》太史公曰：

“语曰：‘能行之者，未必能言；能言之者，未必能行。’”

〔24〕千户县：《汉书·百官公卿表》：“县令、长，皆秦官，掌治其县。万户以上为令，秩千石至六百石。减万户为长，秩五百石至三百石。”此言千户，指最小之县。

〔25〕楣：房屋的横梁，正梁曰栋，次梁曰楣。棁(zhuō)：梁上短柱，亦作“棳”。

〔26〕迂诞：迂阔荒诞，不合事理。

〔27〕经纶：筹划治理国家大事。

【译文】

之所以要读书钻研学问，本来是为了启发心智，开阔视野，以利于自己的行为。对于那些不知奉养双亲的人，要让他们看看古人如何尊崇父母的心意，顺承父母的愿望，轻言细语，和颜悦色地与父母说话，不辞辛劳地为父母罗致甘美酥嫩的食品，从而使他们感到畏惧和惭愧，起而效仿古人。对于那些不知事奉君主的人，要让他们了解古人如何忠于职守，不侵凌犯上，危急时刻不惜献出生命，不忘自己忠心进谏的职责，以利于国家社稷的品行，从而使他们痛心疾首地对照自己，进而想去效法古人。对于那些一向骄横奢侈的人，要让他们看看古人如何恭谨俭朴，谦卑自守，以礼让为修身养性的根本，以恭敬为立身处世的基础，从而使他们感到震惊，警觉自己的过失，有所收敛，抑制骄奢的心志。对那些一向浅薄吝啬的人，要让他们看看古人如何重义气，轻钱财，少私寡欲，戒骄恶满，周济穷困，体恤贫民，使他们惭愧脸红，生出悔恨羞耻之心，从而做到既能聚积财物，又能施舍济人。对于那些一向暴虐凶悍的人，要让他们看看古人如何小心恭谨，委曲求全，懂得坚齿易亡、柔舌常存的道理，宽仁大度，敬重贤士，容纳众人，使他们气焰顿挫，幡然悔悟，学会谦恭退让。对于那些一向胆小懦弱的人，要让他们了解古人如何无牵无挂，乐天任命，强毅正直，言而有信，祈求福运而不悖逆祖道，从而使他们奋发蹈厉，不再胆怯恐惧。由此类推，各方面的品行都可以通过上面的途径来得到借鉴，即使不能使风气完全淳正，也可以去掉那些极端、过分的不良行为。从学习中获取的知识，到哪里都可以运用。然而现在有一些读书人，只知空谈，却不能实行，忠孝谈不上，仁义也很欠缺，再加上他们审断一桩官司，不一定明了其中的道理；主管一个千户小县，也不一定亲自治理过百姓；问他怎样造房子，不一定知道楣是横的、棁是竖的；问他怎样种田，也不一定知道稷应先种而黍应后种。他们只知道吟咏歌唱，谈笑戏谑，写诗作赋，悠闲自在，除了增添迂阔荒诞之外，对统军治国、筹划安邦是毫无办法。因而这些人遭到武士胥吏的嗤笑嘲骂，也确实是事出有因啊！

8.7 夫学者所以求益耳。见人读数十卷书，便自高大，凌忽长者[1]，轻慢同列[2]；人疾之如仇敌，恶之如鸱枭。如此以学自损，不如无学也。

【注释】

[1] 凌忽：与轻慢同义。

[2] 同列：同一班列，指地位相同者。

【译文】

人们学习是为了有所收益。可是我看到有的人读了几十卷书，就自高自大起来，轻慢长辈，鄙薄同列。人们憎恶他就像憎恶仇敌，厌恨他就像厌恨鸱枭那样的恶鸟。像这样因为学习而给自己的品行招致损害，还不如不要学习。

8.8　古之学者为己，以补不足也；今之学者为人，但能说之也〔1〕。古之学者为人，行道以利世也；今之学者为己，修身以求进也。夫学者犹种树也〔2〕，春玩其华，秋登其实〔3〕；讲论文章，春华也，修身利行，秋实也。

【注释】

〔1〕"古之"四句：《论语·宪问》："古之学者为己，今之学者为人。"何晏《集解》："孔安国曰：'为己，履而行之；为人，徒能言。'"又见于《荀子·劝学》。

〔2〕"夫学者"句：《左传·昭公十八年》："夫学，殖也，不学将落。"孔颖达疏："夫学如殖草木也，令人日长日进，犹草木之生枝叶也；不学则才知日退，将如草木之坠落枝叶也。"

〔3〕"春玩"二句：《三国志·魏书·邢颙传》："采庶子之春华，忘家丞之秋实。"《文心雕龙·辨骚》："玩华而不坠其实。"《北齐书·文苑传》序："开四照于春华，成万宝于秋实。"均以春华、秋实喻学与用。　华，通"花"。

【译文】

古代的人学习是为了自己，用以弥补自身的不足；

现在的人学习是为了别人，只求能说会道，向别人炫耀。古代的人学习是为了别人，实践自己的理想以造福社会；现在的人学习是为了自己，提高自己的学问涵养以谋求仕进。学习就像种树一样，春天可以观赏它的花朵，秋天可以收获它的果实；讲习讨论文章，如同春花，修身养性以利于实践，就如同秋实。

8.9 人生小幼，精神专利，长成已后，思虑散逸，固须早教，勿失机也。吾七岁时，诵《灵光殿赋》〔1〕，至于今日，十年一理，犹不遗忘；二十之外，所诵经书，一月废置，便至荒芜矣。然人有坎壈〔2〕，失于盛年，犹当晚学，不可自弃。孔子云："五十以学《易》，可以无大过矣〔3〕。"魏武、袁遗〔4〕，老而弥笃，此皆少学而至老不倦也。曾子七十乃学〔5〕，名闻天下；荀卿五十〔6〕，始来游学，犹为硕儒；公孙弘四十余〔7〕，方读《春秋》，以此遂登丞相；朱云亦四十〔8〕，始学《易》、《论语》；皇甫谧二十〔9〕，始受《孝经》、《论语》：皆终成大儒，此并早迷而晚寤也。世人婚冠未学，便称迟暮，因循面墙〔10〕，亦为愚耳。幼而学者，如日出之光，老而学者，如秉烛夜行〔11〕，犹贤乎瞑目而无见者也。

【注释】

〔1〕《灵光殿赋》：《后汉书·王逸传》："王逸子延寿，字文考，有俊才。少游鲁国，作《灵光殿赋》。"该文收入

《文选》。　灵光殿：西汉宗室鲁恭王所建，故址在今山东曲阜东。

〔2〕坎壈(lǎn)：困顿；不得志。

〔3〕“五十”二句：《论语·述而》：“子曰：‘加我数年，五十以学《易》，可以无大过矣。’”何晏《集解》：“《易》穷理尽性，以至于命。年五十而知天命，以知命之年，读至命之书，故可以无大过也。”

〔4〕魏武：即魏武帝曹操。《三国志·魏书·武帝纪》注：“太祖御军三十余年，手不舍书，昼则讲武策，夜则思经传，登高必赋，及造新诗，被之管弦，皆成乐章。”　袁遗：字伯业，袁绍堂兄，曾任长安令。曹操尝称：“长大而能勤学，惟吾与袁伯业耳。”

〔5〕“曾子”句：《类说》“七十”作“十七”。曾子小孔子四十六岁，从孔子学时，必在少年。古代十七岁已达入仕之年，故曾子十七岁始学，亦可谓晚学。译文从之。

〔6〕荀卿：战国时思想家、教育家。名况，时人尊而号为“卿”。《史记·孟荀列传》：“荀卿，赵人。年五十，始来游学于齐。”

〔7〕公孙弘：西汉大臣。菑川薛(今山东滕县东南)人。字季。少为狱吏，年四十余始治《春秋公羊传》，以熟习文法吏治，被汉武帝任为丞相。事见《汉书·公孙弘传》。

〔8〕朱云：西汉学者。字游，鲁国(治今山东曲阜)人。少时轻侠，以勇力闻。年四十，乃变节从博士白子友受《易》，又事萧望之学《论语》，皆能传其业。事见《汉书·朱云传》。

〔9〕皇甫谧(mì)：魏晋间医学家、学者。字士安，自号玄晏先生。安定朝那(今甘肃平凉西北)人。年二十，尚不好学，因叔母诲喻，方幡然求进，从乡人席坦受书，勤力不怠，遂博综典籍百家之言。中年又钻研医学，于针灸学卓有成就。事见《晋书·皇甫谧传》。

〔10〕面墙:《书·周官》:“不学墙面。”孔安国传:“人而不学,其犹正墙面而立。”谓不学的人如面对着墙,一无所见。后即以“面墙”比喻不学。

〔11〕“幼而”四句:《说苑·建本》:“师旷曰:‘少而好学,如日出之阳;壮而好学,如日中之光;老而好学,如秉烛之明。秉烛之明,孰与昧行乎?’”

【译文】

人在幼小的时候,精神专注敏锐;长大以后,心思容易分散。因此,必须重视早期教育,不能错失良机。我七岁的时候,背诵过《灵光殿赋》,直到今天,每隔十年温习一遍,仍然不会遗忘。二十岁以后所背诵的经书,如果搁置在那里一个月,就忘得差不多了。当然,凡人总有困顿不得志的时候,如果在青壮年时失去了求学的机会,仍然应当在晚年时加紧学习,不可以自暴自弃。孔子说:“五十岁的时候学习《易经》,就可以不犯大的过错了。”魏武帝和袁遗到了晚年学习更加专心刻苦,这两人都是年轻时好学,到老依然孜孜不倦。曾子十七岁时才开始学习,后来名闻天下;荀子五十岁才外出游学,依然成为大学问家;公孙弘四十多岁才开始读《春秋》,后来就靠着这个学问而当上了丞相;朱云也是四十岁时才开始学习《易经》、《论语》的;皇甫谧二十岁才学《孝经》、《论语》。他们后来都成了大学者。这些都是年纪小的时候不用功,到老了才醒悟过来的例子。世上的人如果到了结婚、加冠的年龄,还没有开始学习,就觉得太晚了,于是就这样一直拖延下去,正像面对墙壁什么也看不见一样,也太愚昧了。小时候好学,就像旭日东升时放出的光芒；到老来才开始学习，就好像手持蜡烛在黑夜里行走，但还是比那种闭着眼睛什么也看不见的人强多了。

8.10　学之兴废，随世轻重。汉时贤俊，皆以一经弘圣人之道，上明天时，下该人事，用此致卿相者多矣。末俗已来不复尔[1]，空守章句[2]，但诵师言，施之世务[3]，殆无一可。故士大夫子弟，皆以博涉为贵，不肯专儒[4]。梁朝皇孙以下，总丱之年[5]，必先入学，观其志尚，出身已后[6]，便从文吏，略无卒业者。冠冕为此者[7]，则有何胤[8]、刘瓛[9]、明山宾[10]、周舍[11]、朱异[12]、周弘正[13]、贺琛[14]、贺革[15]、萧子政[16]、刘绍等[17]，兼通文史，不徒讲说也。洛阳亦闻崔浩[18]、张伟[19]、刘芳[20]，邺下又见邢子才[21]：此四儒者，虽好经术，亦以才博擅名。如此诸贤，故为上品[22]，以外率多田里间人，音辞鄙陋，风操蚩拙[23]，相与专固[24]，无所堪能，问一言辄酬数百，责其指归[25]，或无要会[26]。邺下谚曰："博士买驴[27]，书券三纸，未有驴字。"使汝以此为师，令人气塞。孔子曰："学也禄在其中矣[28]。"今勤无益之事，恐非业也。夫圣人之书，所以设教，但明练经文，粗通注义，常使言行有得，亦足为人；何必"仲尼居"即须两纸疏义〔29〕，燕寝讲堂，亦复何在〔30〕？以此得胜，宁有益乎？光阴可惜，譬诸逝水〔31〕。当博览机要〔32〕，以济功业；必能兼美，吾无间焉〔33〕。

【注释】

〔1〕末俗：指末世衰败的习俗。

〔2〕章句：剖章析句。经学家解说经义的一种方法。亦泛指书籍注释。

〔3〕世务：谋生治世之事。《孔丛子·独治》："今先生淡泊世务，修无用之业。"

〔4〕专儒：王利器《集解》："《论衡·超奇》篇：'故夫能说一经者为儒生，博览古今者为通人，采掇传书以上书奏记者为文人，能精思著文，连结篇章者为鸿儒。'颜氏所谓专儒，即仲任之所谓儒生，以其仅能说一经，非鸿儒之比，故谓之专儒。"

〔5〕总丱(guàn)：《诗·齐风·甫田》："婉兮娈兮，总角丱兮。"毛亨传："总角，聚两髦也；丱，幼稚也。"古时儿童束发为两髻，向上分开，形状如角，故称总角。丱：古时儿童束发成两角的样子。此指童年时代。

〔6〕出身：即出仕。

〔7〕冠冕：见8.2注〔21〕。

〔8〕何胤：梁朝学者。字子季，何点之弟。师从沛国刘瓛，受《易》及《礼记》、《毛诗》；入钟山定林寺，听受佛典，其业皆通。曾注《周易》，著《毛诗隐义》、《礼记隐义》、《礼答问》等。事见《梁书·处士传》。

〔9〕刘瓛：见3.5注〔2〕。

〔10〕明山宾：梁朝学者。字孝若，平原鬲(今山东平原西北)人。七岁即能言玄理，十三岁博通经传。梁朝建立后，

置五经博士，明山宾首膺其选。累官东宫学士，甚有训导之益。著《吉礼仪注》、《礼仪》、《孝经丧礼服仪》等。《梁书》有传。

〔11〕周舍：梁朝官吏。字昇逸，汝南安城（今河南汝南东南）人。博学多通，尤精义理。梁武帝时召拜尚书祠部郎。居职屡徙，而常留省内，预机密者二十余年。《梁书》有传。

〔12〕朱异：梁朝官吏。字彦和，吴郡钱唐（今浙江杭州西）人。遍治《五经》，尤明《礼》、《易》，涉猎文史，兼通杂艺，博弈书算，皆其所长。周舍卒，由其代掌机谋，方镇改换，朝仪国典，诏诰敕书，并兼掌之。撰《礼、易讲疏》及《仪注》、《文集》百余篇，乱中多亡逸。《梁书》有传。

〔13〕周弘正：南朝梁、陈官吏。字思行，汝南安城（今河南汝南东南）人。幼孤，与弟弘让、弘直俱为伯父所养。十岁通《老子》、《周易》。起家梁太学博士，累迁国子博士。特善玄言，兼明释典，虽硕学名僧，莫不请质疑滞。著《周易讲疏》、《论语疏》、《庄子、老子疏》、《孝经疏》。《陈书》有传。

〔14〕贺琛：梁朝官吏。字国宝，会稽山阴（今浙江绍兴）人。伯父贺玚授其经业，一闻便通义理，尤精《三礼》。初为通事舍人，累迁，皆参礼仪事。著《三礼讲疏》、《五经滞义》及诸《仪法》。《梁书》有传。

〔15〕贺革：梁朝官吏。字文明，贺玚子。少通《三礼》，及长，遍治《孝经》、《论语》、《毛诗》、《左传》。湘东王萧绎在荆州置学，以贺革领儒林祭酒，讲《三礼》，荆、楚衣冠，听者甚众。事见《梁书·儒林传》。

〔16〕萧子政：梁朝官吏。官至都官尚书。著有《周易义疏》、《系辞义疏》、《古今篆隶杂字体》。

〔17〕刘绍：见6.33注〔2〕。

〔18〕崔浩：北魏大臣。字伯渊，清河东武城（今山东武城西）人。少好文学，博览经史，玄象阴阳百家之言，无不

关综；研精义理，时人莫及。历仕明元帝、太武帝两朝，参与军国重事，颇受宠信。后因修史暴露“国恶”的罪名被杀。《魏书》有传。

〔19〕张伟：北魏学者。字仲业，太原中都(今山西榆次东)人。学通诸经，讲授乡里，受业者常数百人。常依附经典，教以孝悌；门人感其仁化，事之如父。事见《魏书·儒林传》。

〔20〕刘芳：北魏官吏、学者。字伯文，彭城(治今江苏徐州)人。聪敏过人，笃志坟典，昼则佣书以自资给，夜则诵读，终夕不寝。初随其父在南朝刘宋，父死后，徙往北魏。以才思深敏，特精经义，博闻强记，兼览《苍颉》、《尔雅》，尤长音训，辨析无疑，而得到孝文帝信用，礼遇日隆。累迁至中书令、国子祭酒、徐州大中正。撰有《后汉书音》、《毛诗笺音义证》、《周官、仪礼、礼记义证》等。《魏书》有传。

〔21〕邢子才：北齐学者。名邵，字子才，河间鄚(今河北任丘北)人。十岁便能属文。少时在洛阳，与名士专以山水游宴为娱。后广寻经史，一览便记，过目不忘。文章典丽，既赡且速。年未二十，名动衣冠。雕虫之美，独步当时，每一文出，京都为之纸贵。晚年尤以《五经》章句为意，穷其旨要，吉凶礼仪，公私谘禀，质疑去惑，为世指南。有文集三十卷。《北齐书》有传。

〔22〕上品：指九品中的上上品。王利器《集解》：“寻魏人陈群制九品官人之法，分上中下三等，三等之中，又分上中下三品，盖本之班固《古今人表》……自此言人品者，遂有三六九等之分矣。”

〔23〕蚩拙：愚昧；笨拙。卢文弨曰：“蚩，无知之貌。《诗·卫风·氓》：‘氓之蚩蚩。’”

〔24〕专固：专断而顽固。

〔25〕指归：主旨，意向。郭璞《尔雅序》：“夫《尔雅》

者，所以通诂训之指归。”邢昺疏：“指归，谓指意归乡(向)也。”

〔26〕要会：谓要领总会，即要旨。

〔27〕博士：古代学官名。六国时有博士，秦因之，诸子、术数、诗赋、方伎皆立博士。汉文帝置一经博士，武帝时置“五经”博士，职责为教授、课试，或奉使、议政。晋置国子博士，为国子学中主讲经义的人。这里泛指执教者。

〔28〕“学也”句：语见《论语·卫灵公》。

〔29〕“仲尼居”句：《孝经·开宗明义》第一章章首文。疏义：系对经注而言，注为注释经文，疏为演释注文。六朝义疏之学颇盛行。

〔30〕“燕寝”二句：燕寝，闲居之处。讲堂，讲习之所。此二句指解经之家对“仲尼居”的“居”字理解不同，各执一词，有的释为闲居之处，有的释为讲习之所。

〔31〕逝水：《论语·子罕》：“子在川上曰：‘逝者如斯夫，不舍昼夜！’”《金楼子·立言》：“驰光不留，逝川倏忽，尺日为宝，寸阴可惜。”

〔32〕机要：机微精要。指精义，要旨。

〔33〕“吾无”句：语本《论语·泰伯》：“禹，吾无间然矣。”《通鉴》卷一二〇《宋纪二》：“吾无间然。”胡三省注：“吕大临曰：‘无间隙可言其失。’谢显道曰：‘犹言我无得而议之也。’”

【译文】

学习风气的兴盛与衰微，随着世道的变迁而变化。汉代的贤才俊士们，都靠精通一部经书来弘扬圣人之道，上则明察天文，下则通晓人事，以此获得卿相之位的人可多了。末世的习俗盛行以来，就不再是这样了，读书人都空守章句之学，只知道背诵老师说的话，如果靠这些东西来处理谋生治世之事，恐怕没有一样是有用的。所以后来的士大夫子弟都崇尚广泛涉猎各种典籍，而不肯专攻一经。梁朝自皇孙以下，在童年时就必定先让他们入学读书，观察他们的志向与爱好，到步入仕途的年龄后，就去参预文吏的事务，几乎没有人能够把学业坚持到底。既当官又能坚持学业的，则有何胤、刘瓛、明山宾、周舍、朱异、周弘正、贺琛、贺革、萧子政、刘绍等人，他们能够兼通文史，并不仅仅是会讲解经术而已。我也听说洛阳有崔浩、张伟、刘芳，邺下有邢子才；这四位学者虽然都喜好经术，但也以博学多才闻名。像上述各位贤士，才应该定为上品。除此以外，就大多是一些村夫庸人，他们语言鄙陋，举止粗劣，没有节操，与人相处，固执武断，没有一件事能够胜任，你问他一句话，就会答上几百句，倘若问他其中的意旨究竟是什么，他大概会不得要领的。邺下有句谚语说："博士去买驴，契约写了三张纸，还没有写到一个驴字。"如果让你们以这种人为师，真会被他气死。孔子说："学习吧，俸禄就在其中了。"如今这些人却在毫无益处的事情上下功夫，这恐怕不是正经的行当吧。圣人的书籍，是用来教育人的，只要能够熟读经文，粗通注文之义，经常能使自己的言行从中得到帮助，也就足以立身为人了。何必对"仲尼居"三个字，就要用两张纸的疏义来解释呢？这里的"居"字指闲居之处也好，指讲习之所也罢，现在又在何处呢？在这种问题上争个你输我赢，难道会有什么益处吗？光阴似箭，应该珍惜，它就像那流水一样，一去不复返。还是应当博览书籍的精要，以成就功业。当然，如果你们能做到博览与专精两全其美，那我就挑不出毛病，无话可说了。

8.11　俗间儒士，不涉群书，经纬之外〔1〕，义疏而已〔2〕。吾初入邺，与博陵崔文彦交游〔3〕，尝说《王粲集》中难郑玄《尚书》事〔4〕。崔转为诸儒道之，始将发口，悬见排蹙〔5〕，云："文集只有诗赋铭诔〔6〕，岂当论经书事乎？且先儒之中，未闻有王粲也。"崔笑而退，竟不以《粲集》示之。魏收之在议曹〔7〕，与诸博士议宗庙事〔8〕，引据《汉书》，博士笑曰："未闻《汉书》得证经术。"收便忿怒，都不复言，取《韦玄成传》〔9〕，掷之而起。博士一夜共披寻之〔10〕，达明，乃来谢曰："不谓玄成如此学也。"

【注释】

〔1〕经纬：即经书和纬书。经书指儒家经典著作。纬书则与经书相匹配，主要是西汉末年诸儒依附《六经》而宣扬符箓瑞应占验之书。《易》、《书》、《诗》、《礼》、《乐》、《春秋》及《孝经》均有纬书，称"七纬"。纬书内容附会人事吉凶，预言治乱兴衰，颇多怪诞之谈。纬书兴于西汉末年，盛行于东汉，南朝宋时开始禁止，至隋禁之愈切。

〔2〕义疏：疏解经义之书。其名源于六朝佛家解释佛典。后泛指补充和解释旧注的疏证。

〔3〕博陵：郡名。治所在今河北蠡县南。博陵崔氏为魏晋南北朝时大姓。

〔4〕王粲：东汉末年文学家。字仲宣，山阳高平(今山东微山县西北)人。幼时在长安，蔡邕见而奇之，称其有异

才。汉末乱起，先依刘表，后归附曹操，任丞相掾，曹魏建立后，拜侍中。博物多识，问无不答，善撰文，著诗、赋、论、议近六十篇。为“建安七子”之一。事见《三国志·魏书·王粲传》。《隋书·经籍志》载有“后汉侍中《王粲集》十一卷”，已散佚，明人辑有《王侍中集》。　郑玄：东汉经学家。字康成，北海高密(今属山东)人。曾出外游学十余年。归家后，以古文经说为主，兼采今文经说，遍注群经，成为汉代经学集大成者，有“郑学”之称。《王粲集》中难郑玄《尚书》事，《困学纪闻》卷二有记载。

〔5〕排蹙(cù)：排挤；引申为斥责。

〔6〕赋：文体名。是韵文和散文的综合体。讲究辞藻、对偶、用韵。最早以“赋”名篇的是战国荀况，有《礼赋》、《知赋》等。后盛行于汉魏六朝。　铭：文体的一种。常刻于碑版或器物上，用以称述功德或自警。多用韵语。　诔：文体名。用以悼念死者。多以有韵之文列述死者德行功迹。

〔7〕魏收：北齐文学家、史学家。字伯起，小字佛助，钜鹿下曲阳(今河北晋县西)人。北魏时任散骑常侍，编修国史。北齐时任中书令兼著作郎，奉诏编撰《魏书》，后累官至尚书右仆射，监修国史。读书至勤，以文华显。《北齐书》有传。　议曹：见6.9注〔1〕。

〔8〕宗庙：古代帝王、诸侯祭祀祖宗的庙宇。其形制及祭祀程序均有严格的礼仪规定。

〔9〕《韦玄成传》：《汉书·韦贤传附子玄成传》载：玄成字少翁，以父任为郎，常侍骑。少好学，修父业，尤礼逊下士。以明经擢为谏大夫。永光中，代于定国为丞相，议罢郡国庙，又奏议太上皇、孝惠、孝文、孝景庙皆亲尽宜毁，寝园皆无复修。魏收议宗庙事所引据者，即此。

〔10〕披寻：翻阅查找。

【译文】

世间的读书人，不能博览群书，除了研读经书和纬书之外，也就只读点那些注释儒家经典的讲疏而已。我初到邺城的时候，与博陵的崔文彦交往，曾与他谈起《王粲集》中关于王粲诘难郑玄注解《尚书》的事。崔文彦转而又与几位儒士谈起此事，刚刚开口，就被他们无端斥责说："文集中只有诗、赋、铭、诔，难道会论及有关经书的问题吗？况且在先前的儒士中，也没听说过王粲这个人啊。"崔文彦笑了笑，便告退了，终于没有把《王粲集》拿给他们看。魏收在议曹任职的时候，曾与几位博士议论宗庙的事，并引用《汉书》为据。众博士取笑说："从未听说过《汉书》可以用来论证儒家经术的。"魏收非常生气，一句话也不再说，拿出《汉书·韦玄成传》，扔给博士们就起身走了。众博士聚在一起，花了一夜的时间来共同翻检此书，一直到天亮，才前来道歉说："没想到韦玄成竟然还有这样的学问。"

8.12　夫老、庄之书，盖全真养性[1]，不肯以物累己也[2]。故藏名柱史，终蹈流沙[3]，匿迹漆园[4]，卒辞楚相：此任纵之徒耳。何晏[5]、王弼[6]，祖述玄宗[7]，递相夸尚，景附草靡[8]，皆以农、黄之化[9]，在乎己身，周、孔之业[10]，弃之度外。而平叔以党曹爽见诛，触死权之网也[11]；辅嗣以多笑人被疾，陷好胜之阱也[12]；山巨源以蓄积取讥，背多藏厚亡之文也[13]；夏侯玄以才望被戮，无支离拥肿之鉴也〔14〕；荀奉倩丧妻，神伤而卒，非鼓缶之情也〔15〕；王夷甫悼子，悲不自胜，异东门之达也〔16〕；嵇叔夜排俗取祸，岂和光同尘之流也〔17〕；郭子玄以倾动专势，宁后身外己之风也〔18〕；阮嗣宗沈酒荒迷，乖畏途相诫之譬也〔19〕；谢幼舆赃贿黜削，违弃其余鱼之旨也〔20〕：彼诸人者，并其领袖，玄宗所归。其余桎梏尘滓之中〔21〕，颠仆名利之下者，岂可备言乎！直取其清谈雅论，剖玄析微，宾主往复，娱心悦耳，非济世成俗之要也。洎于梁世，兹风复阐，《庄》、《老》、《周易》，总谓《三玄》〔22〕。武皇、简文〔23〕，躬自讲论。周弘正奉赞大猷〔24〕，化行都邑，学徒千余，实为盛美。元帝在江、荆间〔25〕，复所爱习，召置学生，亲为教授，废寝忘食，以夜继朝，至乃倦剧愁愤，辄以讲自释。吾时颇预末筵，亲承音旨，性既顽鲁，亦所不好云。

【注释】

〔1〕全真：保全天性。《庄子·盗跖》篇提出了“全真”的概念。

〔2〕“不肯”句：《庄子》的《天道》、《刻意》二篇中俱有“无物累”之语，《秋水》篇中有“不以物害己”，与此句意思相同，即不因为外物而拖累自己。

〔3〕“故藏名”二句：柱史，柱下史的省称，周秦时官名。老子曾为周柱下史。《列仙传》载，老子西游，为关令尹喜著书授之，后俱游流沙之西化胡，莫知其所终。

〔4〕“匿迹”二句：漆园，古地名。其地说法不一，或说在今河南商丘北，或说在今山东菏泽北，也有说在今安徽定远东。庄子曾为漆园吏。《史记·老子韩非列传》载，楚威王闻其贤，派使者厚迎之，许以为相。庄周笑曰：“子独不见郊祭之牺牛乎？养食之数岁，衣以文绣，以入太庙。当是之时，虽欲为孤豚，岂可得乎？子亟去，无污我。”

〔5〕何晏：曹魏时玄学家。字平叔，南阳宛县(今河南南阳)人。少以才秀知名，好老、庄言，娶魏公主，累官尚书，典选举。与夏侯玄、王弼等倡导玄学，竞事清谈，开一时风气。因党附曹爽，为司马懿所杀。著有《道德论》、《无名论》、《无为论》及《论语集解》等。事附见于《三国志·魏书·曹真传》。

〔6〕王弼：曹魏时玄学家。字辅嗣，魏国山阳(今河南焦作)人。曾任尚书郎，少年时即享高名，笃好老、庄，辞才逸辩，与何晏、夏侯玄等同开玄学清谈风气，世称“正始之音”。著有《周易注》、《周易略例》、《老子注》、《老子指略》等。其传附见《三国志·魏书·钟会传》。

〔7〕玄宗：指道家所谓道的深奥旨意。《文选·王俭〈褚渊碑铭〉》：“眇眇玄宗。”李周翰注：“玄宗，道也。”

〔8〕景：“影”的本字。

〔9〕农、黄：神农和黄帝。道家以神农和黄帝为宗。

〔10〕周、孔：即周公和孔子。儒家以周公和孔子为宗。

〔11〕“而平叔”二句：平叔，即何晏。见注〔5〕。曹爽，曹魏宗室。字昭伯，曹真子。明帝曹叡宠待有殊。明帝病危时拜大将军，都督中外诸军事，录尚书事，受遗诏辅幼主。乃进叙何晏等为腹心，与司马懿争权。后因司马懿发动高平陵之变，与何晏等均遭族诛。事见《三国志·魏书·曹真传》。　死权：谓贪恋权势至死不休。

〔12〕“辅嗣”二句：辅嗣，王弼字。晋何劭《王弼传》：“弼论道，傅会文辞，不如何晏自然，有所拔得多晏也。颇

以所长笑人，故时为士君子所疾。”

〔13〕“山巨源”二句：山巨源，即山涛。西晋大臣。字巨源，河内怀县(今河南武陟西)人。好老、庄之学，与阮籍、嵇康等交游，为“竹林七贤”之一。因司马懿与曹爽争权，隐身不问世事，及司马师执政始出。西晋初，任吏部尚书、尚书右仆射等职。《晋书》有传。山涛以蓄积取讥事，未见记载。刘盼遂疑当是王戎之误。王戎与山涛同为竹林名士，故易混淆。史载王戎贪吝好货，颇为时人所讥。见《晋书·王戎传》。　多藏厚亡，《老子》四十四章：“多藏必厚亡。”

〔14〕“夏侯玄”二句：夏侯玄，曹魏玄学家。字太初，谯(今安徽亳县)人。少知名。曾任魏征西将军，都督雍、凉州诸军事，与曹爽有亲戚关系。曹爽被杀后，参与密谋诛杀司马氏并夺取权力，事泄被杀。事附见《三国志·魏书·夏侯尚传》。　支离，即支离疏。《庄子·人间世》篇中寓言人物。其人肢体畸形，不能服劳役却坐受赈济。故“支离”有残缺而无用之意。　拥肿，同“臃肿”。指树木瘿节多，磊块不平直。语本《庄子·逍遥游》：“惠子谓庄子曰：‘吾有大树，人谓之樗，其大本拥肿而不中绳墨，其小枝拳曲而不中规矩，立之途，匠者不顾。’”

〔15〕“荀奉倩”三句：荀奉倩，曹魏时人。名粲，字奉倩。常以妇人才智不足论，自宜以色为主。骠骑将军曹洪之女有美色，娶以为妻。历年后，妻病亡，荀粲甚悲伤，岁余亦亡。事见《世说新语·惑溺》篇注引《荀粲别传》。鼓缶之情，语本《庄子·至乐论》：“庄子妻死，惠子吊之，方箕踞鼓盆而歌。”缶，即瓦盆。

〔16〕“王夷甫”三句：王夷甫，即西晋大臣王衍。字夷甫，琅琊临沂(今属山东)人。出身士族，喜谈老、庄，所论义理，随时更改，时人称为“口中雌黄”。曾任中书令、尚书令、司徒、司空、太尉等要职。后为石勒所杀。曾丧幼

子，山简吊之，衍悲不自胜。简曰："孩抱中物，何至于此？"衍曰："圣人忘情，最下不及于情，然则情之所钟，正在我辈。"事见《晋书·王戎传》。 东门之达，语本《列子·力命》："魏人有东门吴者，其子死而不忧。其相室曰：'公之爱子，天下无有。今子死而不忧，何也？'东门吴曰：'吾尝无子，无子之时不忧。今子死，乃与向无子同，臣奚忧焉？'"

〔17〕"嵇叔夜"二句：嵇叔夜，即曹魏玄学家嵇康。字叔夜，谯郡铚（今安徽宿县西南）人。与魏宗室通婚，官中散大夫。崇尚老、庄，为"竹林七贤"之一。与阮籍齐名。时司马氏执政，选曹郎山涛举康自代，为其所拒，自称不堪流俗，非汤武而薄周孔。后遭钟会诬陷，为司马昭所杀。 和光同尘，语出《老子》四章："和其光，同其尘。"意指将光洁和尘浊同等看待。后多指与世无争，不露锋芒。

〔18〕"郭子玄"二句：郭子玄，即晋代玄学家郭象。字子玄，河南（今河南洛阳）人。少有才理，好老、庄，能清言，州郡辟召而不就。常闲居，以文论自娱。后被东海王司马越引为太傅主簿，遂任职当权，熏灼内外，素论由是非之。《晋书》有传。 后身外己，语本《老子》七章："后其身而身先，外其身而身存。"意思是说，甘于置身人后，往往反能占先；将生命置之度外，反倒能够保全。

〔19〕"阮嗣宗"二句：阮嗣宗，即曹魏时玄学家阮籍。字嗣宗，陈留尉氏（今属河南）人。与嵇康齐名，为"竹林七贤"之一。本有济世之志，当魏、晋之际，天下多故，名士少有全者，由是不与世事，遂酣饮为常。钟会数次欲借机治罪，均以酣醉获免。时率意独驾，不由径路，车迹所穷，辄恸哭而返。《晋书》有传。 畏途相诫，语本《庄子·达生》："夫畏途者十杀一人，则父子兄弟相戒也，必盛卒徒而后敢出焉，不亦知乎！"畏途，指艰险可怕的道路。

〔20〕"谢幼舆"二句：谢幼舆，即晋代玄学家谢鲲。字

幼舆，陈国阳夏(今河南太康)人。好《老》、《易》，曾被东海王引马越辟为掾。不徇功名，无砥砺行，居身于可否之间，虽自处若秽，而动不累高。《晋书》有传。　弃其余鱼，语出《淮南子·齐俗》："惠子从车百乘，以过孟诸，庄子见之，弃其余鱼。"注："庄周见惠施之不足，放弃余鱼。"

〔21〕桎梏(zhì gù)：脚镣手铐；后也喻指一切束缚人的东西。　尘滓：谓尘俗滓秽；比喻世间烦琐的事务。

〔22〕三玄：《老子》、《庄子》、《周易》三书的统称。魏晋玄学以老、庄思想糅合儒家经义，至南朝宋时始正式以此三书作为玄学经典。

〔23〕武皇：即梁武帝萧衍。《梁书·武帝纪》称其"少而笃学，洞达儒玄"，造《周易讲疏》、《老子讲疏》等。　简文：即梁简文帝萧纲。《梁书·简文帝纪》称其"博综儒书，善言玄理"，所著有《老子义》、《庄子义》等。

〔24〕周弘正：见8.10注〔13〕。　大猷(yóu)：谓治国大道。

〔25〕江、荆：即江陵、荆州。萧绎即帝位前，曾任荆州刺史多年。承圣元年(552)，萧绎在江陵即位，是为孝元帝。直到承圣三年(554)西魏年攻陷江陵，孝元帝被俘。

【译文】

老子、庄子的著作，强调的是保全本真，修养品性，而不肯因为身外之物而拖累自己。因此，老子隐姓埋名在周朝担任柱下史，最后遁迹于沙漠之中；庄子隐身漆园为小吏，最终拒绝了召他出任楚相的邀请，这两个人都是无拘无束、自由自在之徒而已。后来有何晏、王弼师法前人，陈说道家的深奥玄理，竞相宣扬崇尚老、庄之学。当时的人如影随形、如草随风，都以神农、黄帝的教化来装饰自身，而将周公、孔子的经术置之度外。然而何晏因为党附曹爽而被杀，这是撞到至死犹在贪权的罗网上了；王弼因时常讥笑别人而招来嫉恨，这是落入争强好胜的陷阱中了；山涛因为蓄积财物而遭人讥讽，这是违背了聚敛越多丧失越多的古训；夏侯玄因为自己的才学名望而被杀害，这是他没有从支离疏和臃肿大树得以自保的故事中吸取教训；荀粲丧妻以后，因悲哀过度而死，这就不具有庄子鼓盆而歌的通达之情；王衍痛失幼子而悲不自胜，也不同于东门吴的潇洒豁达；嵇康因为排斥俗流而招致杀身之祸，哪里是与世无争，不露锋芒之辈呢；郭象因声名显赫而最终走上权势之路，也没有达到甘于人后、忘掉自我的境界；阮籍好酒贪杯、荒诞迷乱，背离了险途中应该小心谨慎的古训；谢鲲因贪赃受贿而遭罢免，也违背了不应贪得无厌、节欲知足的宗旨。以上这些人，都是玄学中人心所归的领袖人物。至于其余那些在尘世污秽中身套名缰利锁颠仆翻腾的人，就更不必细说了。这些人只不过选取老、庄书中的清谈雅论，剖析其中玄奥微妙的义理，宾主相互问答，只求娱心悦耳，而不是有益于社会和风俗的紧要之事。到了梁朝，这种清谈崇玄的风气又盛行起来，《庄子》、《老子》、《周易》被总称为《三玄》。梁武帝和简文帝都亲自讲解评论。周弘正奉旨讲述玄学的大道理，其风气影响到整个京城，门徒达到了千余人，实在是盛况空前。梁元帝在江陵、荆州的时候，也很喜欢讲习《三玄》，他召集了学生，亲自为他们讲授，以至于废寝忘食，夜以继日，甚至在他极度疲倦或忧愁烦闷的时候，也以讲授玄学来自我排解。当时我偶尔也叨陪末席，亲耳聆听元帝的教诲，只是我这人资质愚钝，又不喜欢这一类的说教，所以也没有什么收效。

8.13　齐孝昭帝侍娄太后疾〔1〕，容色憔悴，服膳减损。徐之才为灸两穴〔2〕，帝握拳代痛，爪入掌心，血流满手。后既痊愈，帝寻疾崩，遗诏恨不见太后山陵之事〔3〕。其天性至孝如彼，不识忌讳如此，良由无学所为。若见古人之讥欲母早死而悲哭之〔4〕，则不发此言也。孝为百行之首〔5〕，犹须学以修饰之，况余事乎！

【注释】

〔1〕齐孝昭帝：北齐帝王。名演，字延安。高欢第六子。公元560年在位。　娄太后：高演母。名昭君。司徒娄内干之女。所生六子二女中，高澄早死，后追谥为文襄皇帝；高洋为文宣帝；高演为孝昭帝；高湛为武成帝。

〔2〕徐之才：北齐医家。丹阳(治今江苏南京秦淮河南)人。大善医术，兼有机辩。又聪敏强识，通图谶之学，颇受高洋、高演等宠幸。《北齐书》有传。

〔3〕山陵：指帝王或皇后的坟墓。郦道元《水经注·渭水三》："秦名天子冢曰山，汉曰陵，故通曰山陵矣。"

〔4〕"若见"句：《淮南子·说山训》："东家母死，其子哭而不哀。西家子见之，归谓其母曰：'社何爱速死，吾必悲哭社。'(江、淮间谓母为社。)夫欲其母之死者，虽死亦不能悲哭矣。"

〔5〕"孝为"句：郑玄《孝经序》："孝为百行之首。"《孟子·公孙丑上》："孝，百行之首。"

【译文】

北齐孝昭帝在母亲娄太后病重期间，一直在她身边侍候，因此弄得脸色憔悴，茶饭不思。徐之才曾用艾炷灸太后的两处穴位，孝昭帝就在边上紧握双拳来代母亲受痛，以致把指甲嵌入了掌心，血流满手。娄太后的病终于痊愈，而孝昭帝却不久就病死了。他在遗诏中说，他最遗憾的是不能为娄太后送终安葬，以尽最后的孝心。他的天性是这样的孝顺，而不知忌讳却又到如此地步，这确实是由于没有学问而造成的。如果他从书中看到过有些古人讥讽那盼望母亲早死以便痛哭尽孝的人的记载，就不会在遗诏中说出那样的话了。行孝是所有德行中最为重要的，尚且需要通过学习去培养完善，何况其他的事呢？

8.14　梁元帝尝为吾说："昔在会稽〔1〕，年始十二，便已好学。时又患疥，手不得拳，膝不得屈。闲斋张葛帏避蝇独坐〔2〕，银瓯贮山阴甜酒，时复进之，以自宽痛。率意自读史书，一日二十卷，既未师受，或不识一字，或不解一语，要自重之，不知厌倦。"帝子之尊，童稚之逸，尚能如此，况其庶士冀以自达者哉？

【注释】

〔1〕会稽：郡名。南朝时其治所在山阴（今浙江绍兴）。

〔2〕葛帏：葛布制成的帏帐。葛，植物名。多年生蔓草，茎皮纤维可织葛布。

【译文】

梁元帝曾经对我说："从前我在会稽的时候，年纪只有十二岁，就已经爱好学习了。当时我患有疥疮，手不能握拳，膝不能弯曲。我在闲斋中挂上葛布帏帐，挡避苍蝇，一人独坐，用小银盆装着山阴甜酒，不时喝上几口，以此缓解疼痛。我独自随意地读一些史书，一天读二十卷，当时没有老师传授，如果有一个字不认识，或者有一句话不理解，就要严格要求自己，不知厌倦。"元帝以帝王之子的尊重，以孩童的闲逸，尚且能够如此用功地学习，何况那些希望通过学习以求显达的普通读书人呢？

8.15 古人勤学，有握锥投斧〔1〕，照雪聚萤〔2〕，锄则带经〔3〕，牧则编简〔4〕，亦为勤笃。梁世彭城刘绮，交州刺史勃之孙，早孤家贫，灯烛难办，常买荻尺寸折之〔5〕，然明夜读〔6〕。孝元初出会稽〔7〕，精选寮寀〔8〕，绮以才华，为国常侍兼记室〔9〕，殊蒙礼遇，终于金紫光禄〔10〕。义阳朱詹〔11〕，世居江陵，后出扬都〔12〕，好学，家贫无资，累日不爨〔13〕，乃时吞纸以实腹。寒无毡被，抱犬而卧。犬亦饥虚，起行盗食，呼之不至，哀声动邻，犹不废业，卒成学士，官至镇南录事参军〔14〕，为孝元所礼。此乃不可为之事，亦是勤学之一人。东莞臧逢世〔15〕，年二十余，欲读班固《汉书》，苦假借不久，乃就姊夫刘缓乞丐客刺书翰纸末〔16〕，手写一本，军府服其志向[17]，卒以《汉书》闻。

【注释】

〔1〕握锥：指战国时苏秦以锥刺股事。《战国策·秦策》："苏秦读书欲睡，引锥自刺其股，血流至足。"　投斧：指文党投斧求学事。《庐江七贤传》："文党，字仲翁。未学之时，与人俱入山取木，谓侣人曰：'吾欲远学，先试投我斧高木上，斧当挂。'仰而投之，斧果上挂，因之长安受经。"

〔2〕照雪：赵曦明曰："《初学记》引《宋齐语》：'孙康家贫，常映雪读书，清淡，交游不杂。'"　聚萤：《晋书·车胤传》载，车胤字武子，南平(今属福建)人。"博学多通。家贫，不常得油，夏月则练囊盛数十萤火以照书，以夜继日焉。"

〔3〕"锄则"句：《汉书·兒宽传》："时行赁作，带经而锄，休息辄读诵。"又，汉末的常林、张纮亦有带经而锄的故事，分见《太平御览》卷六一一引《魏略》、虞溥《江表传》。

〔4〕"牧则"句：《汉书·路温舒传》载："路温舒，字长君，钜鹿东里人也。父为里监门，使温舒牧羊，温舒取泽中蒲，截以为牒，编用写书。"

〔5〕荻：植物名。多年生草本。生长路旁和水边。秆可作造纸原料，也可编织席箔等。

〔6〕然："燃"的本字。

〔7〕"孝元"句：《梁书·元帝纪》："天监十三年，封湘东王，邑二千户，初为宁远将军、会稽太守。"

〔8〕寮寀：官舍。引申为官的代称。亦指僚属或同僚。寮，同"僚"；寀，同"采"。

〔9〕国常侍：官名。《隋书·百官志》："王国置常侍官。"　记室：官名。《隋书·百官志》："皇子府置中录事、

中记室、中直兵等参军。"《唐六典》卷二九:"亲王府记室,掌表启书疏。"

〔10〕金紫光禄:即金紫光禄大夫。金紫,为金印紫绶的简称。秦汉时相国、丞相、太尉、大司农、太傅、列侯等皆金印紫绶。魏晋以后,光禄大夫得假金印紫绶,因亦称金紫光禄大夫。

〔11〕义阳:郡名。东晋末年,移治平阳(今河南信阳)。　朱詹:王利器《集解》:"《金楼子·聚书》篇有州民朱澹远,疑即詹,去'远'字者,因之推祖名见远,故去'远'字,犹唐人讳虎,称韩擒虎为韩擒也。《隋书·经籍志·子部》有朱澹远撰《语对》十卷,《语丽》十卷。"

〔12〕扬都:指建业。见 6.3 注〔1〕。

〔13〕爨(cuàn):烧火煮饭。

〔14〕"官至"句:陈直曰:"《书录解题》称澹远官湘东王功曹参军,盖据《语丽》书中结衔如此。本文称为镇南录事参军,亦指梁元帝初官镇南将军、江州刺史也。"《梁书·元帝纪》:"大同六年,出为使持节都督江州诸军事、镇南将军、江州刺史。"《唐六典》卷二九:"亲王府录事参军,掌付勾稽,省署抄目。"

〔15〕东莞:郡名。东汉末年置。治所在今山东沂水东北。　臧逢世:见 6.2 注〔6〕。

〔16〕客刺:名刺,名片。郝懿行曰:"古之客刺书翰,边幅极长,故有余处,可容书写,非如今时形制杀削之比也。"

〔17〕军府:大将军府的略称。

【译文】

古人勤奋好学,有在读书倦时用锥子刺大腿以驱赶睡意的苏秦;有投斧于高树、毅然前往长安求学的文党；有在夜间靠着雪地的反光苦读的孙康；有以布囊收集萤火虫用来照明读书的车胤；汉代的兒宽、常林等人耕地时也不忘带上经书；路温舒一边放牧，一边摘蒲草截成小简，用来写字。他们都是勤奋好学的人。梁朝时彭城的刘绮，是交州刺史刘勃的孙子，幼年丧父，家境贫寒，没钱买灯烛，就时常买些荻草，折断成尺把长，点燃后用来照明夜读。梁元帝当初出任会稽太守的时候，精心选拔了一批僚属，刘绮就以自己的才华，被选任为湘东王府的常侍兼记室参军，很受梁元帝的器重，最终官至金紫光禄大夫。又有义阳的朱詹，世代住在江陵，后来到了扬都。他刻苦好学，但因家中贫困无钱，有时竟连续几天都无法举火烧饭，就时常靠吞食废纸来充饥。天气寒冷没有被子，就抱着狗取暖而睡。狗也饿得受不了，跑到外面去偷食，朱詹大声呼唤它也不回来，那悲哀的叫声，惊动了四邻。但他依然没有废弃学业，终于成为学士，官至镇南将军府录事参军，受到梁元帝的礼遇。朱詹所为，是一般人所无法做到的，他也是一个勤奋好学的人。东莞的臧逢世，在二十多岁的时候，想读班固的《汉书》，但苦于借来的书不能供自己长久阅读，就向他的姐夫刘缓讨取名片、书信的边角纸，亲手抄录了一本。将军府中的人都钦佩他的志气和毅力。后来臧逢世终于因研究《汉书》而闻名于世。

8.16　齐有宦者内参田鹏鸾[1]，本蛮人也[2]。年十四五，初为阍寺[3]，便知好学，怀袖握书，晓夕讽诵。所居卑末，使役苦辛，时伺间隙，周章询请[4]。每至文林馆[5]，气喘汗流，问书之外，不暇他语。及睹古人节义之事，未尝不感激沉吟久之[6]。吾甚怜爱，倍加开奖。后被赏遇，赐名敬宣，位至侍中开府[7]。后主之奔青州[8]，遣其西出，参伺动静[9]，为周军所获。问齐主何在，绐云[10]："已去，计当出境。"疑其不信，欧捶服之[11]，每折一支[12]，辞色愈厉，竟断四体而卒[13]。蛮夷童丱[14]，犹能以学成忠，齐之将相，比敬宣之奴不若也。

【注释】

〔1〕内参：太监。　田鹏鸾：《北齐书》及《北史·傅伏传》俱载本段所述之事，"鹏"下均无"鸾"字。

〔2〕蛮人：王利器《集解》："'蛮'为当时居住河南境内之少数民族。《水经·淮水注》：'魏太和中，蛮田益宗效诚，立东豫州，以益宗为刺史。'田鹏鸾，盖益宗之族也。"

〔3〕阉寺：阉人和寺人，古代宫中掌管门禁的官。后指宦官。

〔4〕周章：周游流览。

〔5〕文林馆：官署名。北齐后主武平四年(573)置。多引文学之士入馆，称为待诏，以李德林、颜之推同判馆事。掌著作及校理典籍，兼训生徒，置学士。

〔6〕沉吟：王利器《集解》："此处沉吟有咏叹之意。"

〔7〕侍中：官名。见4.5注〔14〕。　开府：原指成立府署，自选僚属。汉代仅三公、大将军、将军可以开府，魏晋以后开府渐多，因此有"开府仪同三司"(开府置官，援照三公成例)的名号。此句中"侍中开府"，《北齐书》、《北史》俱作"开府中侍中"。《隋书·百官志》："中侍中省，

掌出入门阁，中侍中二人。”显然有别于侍中而由宦官担任。

〔8〕后主：见 2.5 注〔4〕。　青州：州名。北魏时置。治所在今山东广饶。后移治今山东益都。

〔9〕参伺：侦察，窥视。

〔10〕绐(dài)：欺骗；谎言。

〔11〕欧：通“殴”，捶击。

〔12〕支：通“肢”。

〔13〕四体：四肢。《论语·微子》：“四体不勤，五谷不分，孰为夫子?”

〔14〕童丱：意思与“总丱”同。见 8.10 注〔5〕。

【译文】

北齐有个宦官叫田鹏鸾，本是少数民族人。十四五岁刚入宫当宦官时，就懂得努力学习，随身带着书本，早晚诵读。尽管他所处的地位低贱，服役辛苦，但仍能不时地利用空隙时间，流览求教。他每次到文林馆，都是气喘吁吁，汗流浃背，除了请教询问书中的问题之外，无暇谈及其他的事情。每当他从书中看到古人重节操、讲义气的事，总是十分感慨，赞叹不已。我很喜爱他，对他倍加开导鼓励。后来他得到皇上的赏识，赐名为敬宣，官位也升到了侍中开府。北齐后主逃奔青州的时候，派他前往西边侦察动静，结果被北周的军队俘获。周军问他齐后主在何处，他撒谎骗周军说：“已经逃走，估计已经出境了。”周军不相信他的话，对他严加拷打，企图使他屈服，然而他的四肢每被打断一条，他的声音和神色就变得越加严厉，最后终于被打断了四肢而死。一个少数民族的孩子，尚且能够因为勤奋好学而成为忠臣，北齐的将相们，比起这位名叫敬宣的奴仆来，真是不如啊。

8.17　邺平之后，见徙入关〔1〕。思鲁尝谓吾曰："朝无禄位，家无积财，当肆筋力〔2〕，以申供养。每被课笃〔3〕，勤劳经史，未知为子，可得安乎?"吾命之曰："子当以养为心，父当以学为教。使汝弃学徇财〔4〕，丰吾衣食，食之安得甘?衣之安得暖?若务先王之道，绍家世之业，藜羹缊褐〔5〕，我自欲之。"

【注释】

〔1〕"邺平"二句：北齐武平七年(576)十月，周军大举进攻北齐，次年二月，周军灭北齐，周武帝入邺，北齐君臣被押送长安。事见《北齐书·后主纪》。　见：犹被。《史记·屈原列传》："信而见疑，忠而被谤"

〔2〕肆：极，尽。《诗·大雅·崧高》："其风肆好。"

〔3〕笃：通"督"。察视。

〔4〕徇：古通"殉"。

〔5〕藜羹：用嫩藜煮成的羹。多用以指粗劣的饭菜。藜，一年生草本，嫩叶可食，种子可榨油，全草入药。　缊褐：粗麻制成的短衣。

【译文】

邺都被北周军队扫平之后，我们被迁送入关。那时思鲁曾对我说："我们在朝廷没了俸禄，家中又没有积攒财产，我应当竭尽全力干活，以此尽供养之责。现在您常督促检查我学习，勤勉致力于经史之学，您可知道我这做儿子的，能否心安呢？”我教诲他说：“当儿子的固然应当把供养双亲之责放在心上，当父亲的却应当把学到的教育好子女。如果让你放弃学业去谋取钱财，即使让我丰衣足食，吃起饭来怎么会感到甘美，穿起衣来又怎么会感到温暖呢？如果你能致力于先王之道，继承我们祖上的基业，那么，即使吃粗茶淡饭，穿粗布短衣，我也心甘情愿。”

8.18　《书》曰：“好问则裕[1]。”《礼》云：“独学而无友，则孤陋而寡闻[2]。”盖须切磋相起明也[3]。见有闭门读书，师心自是[4]，稠人广坐，谬误差失者多矣。《穀梁传》称公子友与莒挐相搏，左右呼曰“孟劳”[5]。“孟劳”者，鲁之宝刀名，亦见《广雅》[6]。近在齐时，有姜仲岳谓：“‘孟劳’者，公子左右，姓孟名劳，多力之人，为国所宝。”与吾苦诤。时清河郡守邢峙[7]，当世硕儒，助吾证之，赧然而伏。又《三辅决录》云[8]：“灵帝殿柱题曰[9]：‘堂堂乎张，京兆田郎。’”[10]盖引《论语》，偶以四言，目京兆人田凤也。有一才士，乃言：“时张京兆及田郎二人皆堂堂耳[11]。”闻吾此说，初大惊骇，其后寻愧悔焉。江南有一权贵，读误本《蜀都赋》注[12]，解“蹲鸱，芋也”，乃为“羊”字[13]；人馈羊肉，答书云：“损惠蹲鸱[14]。”举朝惊骇，不解事义[15]。久后寻迹，方知如此。元氏之世[16]，在洛京时[17]，有一才学重臣，新得《史记音》[18]，而颇纰缪，误反“颛顼”字，顼当为许录反，错作许缘反[19]，遂谓朝士言：“从来谬音‘专旭’，当音‘专翾’耳。”此人先有高名，翕然信行；期年之后，更有硕儒，苦相究讨，方知误焉。《汉书·王莽赞》云：“紫色蠅声，余分闰位[20]。”谓以伪乱真耳。昔吾尝共人谈书，言及王莽形状，有一俊士，自许史学，名价甚高，乃云：“王莽非直鸱目虎吻[21]，亦紫色蛙声。”又《礼乐志》云：“给太官挏马酒[22]。”李奇注：“以马乳为酒也，揰挏乃成[23]。”二字并从手。揰挏，此谓撞捣挺挏之，今为酪酒亦然[24]。向学士又以为种桐时，太官酿马酒乃熟。其孤陋遂至于此。太山羊肃[25]，亦称学问，读潘岳赋“周文弱枝之枣”[26]，为杖策之杖；《世本》“容成造歷[27]”，以歷为碓磨之磨[28]。

【注释】

〔1〕“好问”句：语见《尚书·商书·仲虺之诰》。

〔2〕“独学”二句：语见《礼记·学记》。

〔3〕起：用同“启”，即启发、开导之意。

〔4〕师心自是：以心为师，自以为是。

〔5〕“《穀梁传》”二句：事在僖公元年。《穀梁传》，亦称《春秋穀梁传》或《穀梁春秋》。儒家经典之一。专门阐释《春秋》之书。旧题穀梁赤撰。初仅口说流传，西汉时才成书。体裁与《公羊传》相近。

〔6〕《广雅》：训诂书。三国魏张揖撰。原分上中下三卷，篇目次序依据《尔雅》，博采汉人笺注、《三苍》、《说文》等书，增广《尔雅》所未备，故名《广雅》。

〔7〕清河：郡名。西汉高祖时置。北齐移治武城(今河北清河西北)。　邢峙：北齐官吏。字士峻，河间鄚(今河北任丘北)人。通《三礼》、《左氏春秋》。皇建初，为清河太守，有惠政。事见《北齐书·儒林传》。

〔8〕《三辅决录》：书名。汉太仆赵岐撰，晋挚虞注。三辅：西汉治理京畿地区的三个职官的合称。亦指其所辖地区。汉初京畿官称内史，景帝二年分置左、右内史与都尉，合称三辅。后改称京兆尹、左冯翊、右扶风。

〔9〕灵帝：指东汉灵帝刘宏。公元168年至189年在位。

〔10〕"堂堂"二句：《论语·子张》："曾子曰：'堂堂乎张也，难与并为仁矣。'"原意是称子张(孔子弟子)相貌堂堂很有气派。汉灵帝引此语品评田凤。　田凤，京兆人，时为尚书郎。

〔11〕"时张"句：古人撰述不加标点，若阅读时标点有误，则其意亦异。颜之推提及的此才士，误将灵帝所题八字点断为"堂堂乎张京兆、田郎"。

〔12〕《蜀都赋》：晋代文学家左思撰有《三都赋》，分为《魏都赋》、《吴都赋》、《蜀都赋》。《魏都赋》由张载作注，后两篇为刘逵注。

〔13〕"解蹲鸱"三句：郝懿行曰："篆文羊字作羋，与芋形尤近，所以易讹。"左思《蜀都赋》："交壤所植，蹲鸱所伏。"刘逵注："蹲鸱，大芋。"

〔14〕损惠：谢人馈送礼物的敬辞。意谓对方损其所有而加惠于己。

〔15〕事义：谓以典故比喻事物的意义。

〔16〕元氏之世：指北魏。北魏帝王原姓拓跋，孝文帝迁都洛阳后，改拓跋为元。

〔17〕洛京：即洛阳。北魏于孝文帝太和十八年(494)迁都洛阳。

〔18〕《史记音》：梁朝轻车都尉参军邹诞生撰，三卷。《隋书·经籍志》著录。

〔19〕反：即反切。见6.36注〔6〕。　颛顼(zhuān xū)：传说中古代部族首领，号高阳氏。相传生于若水，居于帝丘(今河南濮阳东南)。

〔20〕“《汉书》”三句：王莽，字巨君，西汉元帝皇后侄。西汉末，以外戚执政，后于初始元年(公元8年)称帝，改国号为新。实行复古改制，反而加剧了社会矛盾，激发了赤眉、绿林起义，并在更始元年(公元23年)绿林军攻入长安时被杀。　紫色蠅(wā)声，《汉书·王莽传论》颜师古注引应劭曰：“紫，间色；蠅，邪音也。”又注：“蠅者，乐之淫声，非正曲也。”　余分闰位，古人称非正统的帝位为闰位。颜师古注引服虔曰：“言莽不得正王之命，如岁月之余分为闰也。”《续家训》卷七：“紫色，不正之色。蠅声，不正之声也。闰位者，不正之位也。”

〔21〕“王莽”句：《汉书·王莽传》：“莽为人侈口蹷颐，露眼赤精，大声而嘶……反膺高视，瞰临左右……待诏曰：‘莽，所谓鸱目虎吻豺狼之声者矣。’”

〔22〕“给太官”句：《汉书·礼乐志》：“师学百四十二人，其七十二人，给太官挏马酒，其七十人可罢。”颜师古注引李奇曰：“以马乳为酒，撞挏乃成也。”又曰：“挏音动。马酪味如酒，而饮之亦可醉，故呼马酒也。”

〔23〕揰挏(chòng dòng)：上下推击。今本《汉书·礼乐志》李奇注为“撞挏”。

〔24〕酪酒：用马牛羊等乳汁制成的酒。

〔25〕羊肃：见6.14注〔9〕。

〔26〕“读潘岳”句：潘岳，西晋文学家。字安仁，荥阳中牟(今属河南)人。历任河阳令、著作郎、给事黄门侍郎等

职，谄事权贵贾谧，后为赵王司马伦及孙秀所杀。长于诗赋，与陆机齐名，文辞华丽。著有《闲居赋》、《悼亡诗》等。　弱枝之枣，语出潘岳《闲居赋》：“周文弱枝之枣，房陵朱仲之李。”李周翰注：“周文王时，有弱枝枣树，味甚美。”

〔27〕“《世本》”句：《世本》，书名。战国时史官所撰。记黄帝讫春秋时诸侯大夫的氏姓、世系、居(都邑)、作(制作)等。《汉书·艺文志》著录十五卷。原书约在宋代散佚，清人钱大昭、雷学淇等有辑本。　容成：传说中的黄帝之臣。《后汉书·律历志上》刘昭注引《博物记》：“容成氏造历，黄帝臣也。”

〔28〕“以歷”句：段玉裁曰：“古书字多假借，《世本》假‘磿’为‘歷’，致有此误。古书歷磿通用。”陈直曰：“汉代‘歷’‘磿’二字，本相通用，不胜枚举。《齐鲁封泥集存》有‘磿城丞印’，即歷城丞也。特律歷之歷，不能假作律磿，故颜氏深以为讥。”

【译文】

《尚书》上说：“喜爱提问就能知识充裕。”《礼记》上说：“独自一人学习而没有朋友之间的共同探讨，就会孤陋寡闻。”看来，学习必须互相切磋，互相启发，才能明白的。我就见过有的人闭门读书，自以为是，而在大庭广众之中却经常出差错、谬语连篇。《穀梁传》叙述公子友与莒挐两人搏斗，公子友的手下人呼叫“孟劳”。所谓“孟劳”，就是鲁国宝刀的名称，《广雅》中也是这么解释的。最近我在齐国，遇到一位叫姜仲岳的人，他却认为：“孟劳是公子友身边的人，姓孟名劳，是位大力士，鲁国将他当作宝贝。”为此他苦苦和我争辩。当时清河郡守邢峙也在场，他是当今的大学者，帮助我证实了孟劳的真实涵义，姜仲岳这才红着脸表示服输。再比如《三辅决录》上说："灵帝宫殿的门柱上题有：'堂堂乎张，京兆田郎。'"这是引用《论语》中的话，而以四言两句一韵的句式，用来品评京兆人田凤的。然而却有一位才学之士，把这句话解释成："当时的张京兆和田郎二人都是相貌堂堂的。"他听了我的说法以后，一开始觉得非常惊讶，后来很快就明白过来，对此感到羞愧和懊悔。江南有一位权贵，读了有谬误的《蜀都赋》注本，书中将"蹲鸱，芋也"的"芋"字错释成"羊"字。因而当他收到别人馈赠的羊肉时，就回信答谢说："谢谢您赠我蹲鸱。"满朝官员都感到惊骇，不明白他用的是什么典故，很久以后弄清真相，才知道是这么回事。元魏时期，京城洛阳有一位颇有才学而又身居要职的大臣，新近得到一本《史记音》，而书中的错谬很多，将"颛顼"的"顼"字读音注错了，"顼"字本来应当读作许录反，书中却错成许缘反。这位重臣就对朝中的官员说："人们历来都将'颛顼'误读成'专旭'，其实应当读作'专翾'。"这位大臣名望向来很高，他的意见自然得到大家的信服和遵从。直到一年以后，又有一位大学者经过苦心研究探讨，才知道是那位大臣读错了。《汉书·王莽传赞》说："紫色蠅声，余分闰位。"这句话的意思是说王莽以假乱真。以前我曾经在和别人一起谈论书籍时，谈及王莽的相貌，有一位俊秀之士，自夸精通史学，名声和身价都很高，竟然说："王莽不但长得鹰目虎嘴，而且脸色发紫，声如蛙鸣。"又如《汉书·礼乐志》说："给太官挏马酒。"李奇的注解说："以马乳为酒也，揰挏乃成。"揰挏二字的偏旁都从"手"。所谓揰挏，这里是指上下捣击、搅拌的意思，现在做酪酒也是用这种方法。可是刚才提到的那位学士又认为李奇注解的意思是说，要等到种桐树的时候，太官酿造的马酒才熟。他竟然孤陋寡闻到了如此地步。太山郡的羊肃，也称得上是有学问的人了，他读潘岳赋中"周文弱枝之枣"一句，把"弱枝"的"枝"误成"杖策"的"杖"；《世本》中有"容成造歷"这句话，他却把"歷"字当作碓磨的"磨"字。

8.19 谈说制文，援引古昔，必须眼学，勿信耳受〔1〕。江南闾里间〔2〕，士大夫或不学问，羞为鄙朴，道听途说，强事饰辞：呼征质为周、郑〔3〕，谓霍乱为博陆〔4〕，上荆州必称陕西〔5〕，下扬都言去海郡，言食则餬口〔6〕，道钱则孔方〔7〕，问移则楚丘〔8〕，论婚则宴尔〔9〕，及王则无不仲宣〔10〕，语刘则无不公干〔11〕。凡有一二百件，传相祖述〔12〕，寻问莫知原由，施安时复失所〔13〕。庄生有乘时鹊起之说〔14〕，故谢朓诗曰〔15〕："鹊起登吴台〔16〕。"吾有一亲表，作《七夕》诗云："今夜吴台鹊，亦共往填河〔17〕。"《罗浮山记》云："望平地，树如荠。"〔18〕故戴暠诗云："长安树如荠〔19〕。"又邺下有一人《咏树》诗云："遥望长安荠。"又尝见谓矜诞为夸毗〔20〕，呼高年为富有春秋〔21〕，皆耳学之过也〔22〕。

【注释】

〔1〕“必须”二句：郝懿行曰：“耳受不如眼学，眼学不如心得，心得则眼与耳皆收实用矣。朱子所谓‘一心两眼，痛下工夫’是也。”耳受指耳闻，眼学即目睹，耳受不如眼学，即俗称“百闻不如一见”。

〔2〕闾里：里巷，古时平民聚居之处。

〔3〕“呼征质”句：《左传·隐公三年》：“周、郑交质。王子狐为质于郑，郑公子忽为质于周。”　征，求取，索取。　质，用作保证的人或物。如人质。

〔4〕“谓霍乱”句：霍乱，中医学病名。泛指剧烈呕吐、腹痛等症状的急性肠胃疾病。按汉代大臣霍光，曾封博陆侯。《汉书·李广苏建传》：“上思股肱之美，乃图画其人于麒麟阁，法其形貌，署其官爵姓名；唯霍光不名，曰大司马大将军博陆侯，姓霍氏。”王利器《集解》谓：“然则‘谓霍乱为博陆’，其兴于此乎！”

〔5〕“上荆州”句：《南齐书·州郡志》：“江左大镇，莫过荆、扬。弘农郡陕县，周世二伯总诸侯，周公主陕东，召公主陕西，故称荆州为陕西也。”

〔6〕餬口：寄食之意。《说文·食部》：“餬，寄食也。”

〔7〕孔方：亦作“孔方兄”。因旧时铜钱中有方孔，故以之作钱的代称。语出晋代鲁褒《钱神论》：“亲爱如兄，字曰孔方。”

〔8〕“问移”句：楚丘，本为春秋时卫国都邑。在今河南滑县东。《左传·闵公二年》：“僖之元年，齐桓公迁邢于夷仪。二年，封卫于楚丘。邢迁如归，卫国忘亡。”

〔9〕“论婚”句：《诗·邶风·谷风》：“宴尔新婚，如兄如弟。”“宴”亦作“燕”，古时俱通。

〔10〕“及王”句：仲宣，为王粲字。王粲乃建安七子之一，山阳高平(今山东邹城西)人。

〔11〕“语刘”句：公幹，为刘桢字。刘桢亦为建安七子

之一，东平(今属山东)人。

〔12〕祖述：效法、遵循前人的行为或学说。《礼记·中庸》："仲尼祖述尧、舜，宪章文、武。"

〔13〕施安：施行，使用。

〔14〕鹊起：《太平御览》卷九二一引《庄子》云："鹊上高城之垝，而巢于高榆之颠，城坏巢折，陵风而起。故君子之居世也，得时则蚁行，失时则鹊起也。"故即以鹊起指见机而作，后又用为乘时崛起之意。

〔15〕谢朓：南齐诗人。字玄晖。少好学，有美名。文章清丽，善草隶，擅长五言诗。沈约常赞"二百年来无此诗也"。

〔16〕"鹊起"句：《文选》载谢朓《和伏武昌登孙权故城诗》作"鹊起登吴山，凤翔陵楚甸"，与颜之推所引稍异。吴骞《拜经楼诗话》以为颜氏所见为谢朓之原本。

〔17〕填河：《尔雅翼》："相传七夕，牵牛与织女会于汉东，乌鹊为梁以渡。"《岁华纪丽》引《风俗通》云："织女七夕当渡河，使鹊为桥。"

〔18〕"《罗浮山记》"三句：《太平御览》卷四一引《罗浮山记》："罗浮者，盖总称焉。罗，罗山也；浮，浮山也，二山合体，谓之罗浮。在增城、博罗二县之境。"《御览》同卷又引裴渊《广州记》："罗山隐天，唯石楼一路，时有闲游者少得至。山际大树合抱，极目视之，如荠菜在地。"《罗浮山记》为晋代袁彦伯所撰。

〔19〕"长安"句：戴暠《度关山诗》："昔听《陇头吟》，平居已流涕；今上关山望，长安树如荠。"载《乐府诗集》卷二七。　戴暠，南朝梁、陈时诗人。

〔20〕夸毗：犹言过分柔顺以取媚于人。《诗·大雅·板》："无为夸毗。"毛亨传："夸毗，以体柔人也。"《尔雅·释训》："夸毗，体柔也。"郭璞注："屈己卑身以柔顺人也。"　矜诞：自大狂妄。"夸毗"与"矜诞"义正相反。

〔21〕富有春秋：指年轻。春秋尚多，故称富。此与“高年”义亦相反。高年者应称“春秋高”。

〔22〕耳学：语出《文子·道德》：“故上学以神听，中学以心听。下学以耳听。以耳听者，学在皮肤；以心听者，学在肌肉；以神听者，学在骨髓。故听之不深，即知之不明。”后因指仅凭听闻所得为耳学。

【译文】

谈话写文章，援引古代的例证，必须亲眼看见，而不要轻信传闻之辞。江南民间，有些士大夫既不能勤学好问，又羞于被视为鄙陋浅俗，就把一些道听途说的东西捡来，生拉硬扯地修饰自己的语言，以示高雅博学。例如：把索要抵押说成为周、郑，把霍乱称作博陆，上荆州一定要说成去陕西，下扬都则说去海郡，说起吃饭就称糊口，提到金钱则称作孔方，问起迁徙就说楚丘，论及婚嫁便说宴尔，提到姓王的无不称仲宣，谈起姓刘的个个是公幹。像这一类的说法不下一二百种，士大夫们前后沿袭，互相影响，如果向他们问起这些说法的原由，没有一个说得出来；而在言谈写文章中使用的时候，又往往是驴唇不对马嘴。庄子有“乘时鹊起”的说法，于是谢朓就在诗中说：“鹊起登吴台。”我有一位表亲，作了一首《七夕》诗，则说：“今夜吴台鹊，亦共往填河。”《罗浮山记》上说：“望平地，树如荠。”于是戴暠的诗就说：“长安树如荠。”邺下也有个人在《咏树》诗中说：“遥望长安荠。”我还曾见到过有人把矜诞说成为夸毗，称高年为富有春秋，诸如此类，都是仅凭听闻所得而造成的过错。

8.20　夫文字者，坟籍根本[1]。世之学徒，多不晓字：读《五经》者，是徐邈而非许慎[2]；习赋诵者，信褚诠而忽吕忱[3]；明《史记》者，专徐、邹而废篆籀[4]；学《汉书》者，悦应、苏而略《苍》、《雅》[5]。不知书音是其枝叶，小学乃其宗系[6]。至见服虔、张揖音义则贵之[7]，得《通俗》、《广雅》而不屑[8]。一手之中[9]，向背如此，况异代各人乎？

【注释】

〔1〕坟籍：犹言书籍。坟，传说中我国最古的书籍“三坟”的简称。

〔2〕徐邈：晋代学者。东莞姑幕（今山东诸城西北）人。因永嘉之乱而南渡，居于京口（今江苏镇江）。姿性端雅，博涉多闻。孝武帝招延儒学之士，谢安荐举徐邈应选。年四十四始官中书舍人。虽口不传章句，然开释文义，标明旨趣，撰《五经音训》，学者宗之。事见《晋书·儒林传》。　许慎：东汉经学家、文字学家。字叔重，汝南召陵（今河南郾城东）人。博学经籍，撰《五经异义》十卷，又著《说文解字》十四篇，集古文经学训诂之大成，皆传于世。事见《后汉书·儒林传》。

〔3〕褚诠：即褚诠之。《隋书·经籍志》：“《百赋音》十卷，宋御史褚诠之撰。”又载：“梁又有中书舍人《褚诠之集》八卷，《录》一卷，亡。”《汉书·司马相如传上》颜师古注：“近代之读相如赋者，多皆改易义文，竞为音说，徐广、邹诞生、褚诠之、陈武之属是也。”褚为宋、齐时人，于诗赋颇有名声。　吕忱：晋代学者。字伯雍，任城（治今山东济宁东南）人。历任弦令、义阳王典祠令，撰有《字

林》七卷(或称六卷)。

〔4〕徐：即南朝宋中散大夫徐广(字野民)。曾撰《史记音义》十二卷。见《隋书·经籍志》。 邹：即邹诞生。南朝梁轻车录事参军。撰有《史记音》三卷。见《隋书·经籍志》。 篆籀(zhòu)：均为古代书体。篆为小篆；籀指大篆，因著录于《史籀篇》而得名，今存石鼓文即此种书体的代表。篆籀通行于战国时期的秦国。

〔5〕应、苏：指应劭、苏林。颜师古《汉书叙例》："应劭字仲瑗，汝南南顿人，后汉萧令，御史营令，泰山太守。"又曰："苏林字孝友，陈留外黄人，魏给事中领秘书监，散骑常侍，永安卫尉，太中大夫，黄初中迁博士，封安成亭侯。"应劭、苏林均曾注释《汉书》，应劭并撰有《汉书集解音义》二十四卷。 《苍》：指《苍颉篇》。见6.35注〔4〕。 《雅》：指《尔雅》。见6.15注〔3〕。

〔6〕小学：汉代称文字学为小学，因儿童入学均先学文字，故名。隋唐以后，其范围扩大，成为文字学、训诂学、音韵学的总称。 宗系：本指宗族世系，此处喻指主体、根本。

〔7〕服虔：东汉经学家、文字学家。字子慎，初名重，又名祇，后改为虔。河南荥阳人。有雅才，善著文论，曾任九江太守。撰有《春秋左氏传解谊》。信古文经学，以《左传》驳难今文经学家何休。事见《后汉书·儒林传》。 张揖：三国时曹魏清河(治今山东临清东)人。字稚让，曾官博士。著有《埤苍》三卷、《古今字诂》三卷，已佚，仅存《广雅》三卷。

〔8〕《通俗》：即《通俗文》，服虔撰，一卷。内容为训释经史用字。原书已佚，清人任大椿等有辑本。 《广雅》：见8.18注〔6〕。

〔9〕一手：指同一人的手笔。

【译文】

文字是典籍的根本。世上从师受业的人，大多不精通文字：读《五经》的人，褒扬徐邈而非议许慎；学习辞赋的人，信服褚诠之而忽视吕忱；尊崇《史记》的人，只注重徐广、邹诞生对音义的研究，却废弃了对小篆籀文的钻研；学习《汉书》的人，欣赏应劭、苏林的注释，而忽略了《苍颉篇》、《尔雅》。他们不知道语音只是文字的枝叶，字义才是文字的根本。以至有的人见到服虔、张揖有关音义的书就十分看重，而对同样是由他们所写的《通俗文》、《广雅》却不屑一顾。对同出一人之手的著作尚且这样厚此薄彼，何况对不同时代、不同人的著作呢？

8.21　夫学者贵能博闻也。郡国山川〔1〕，官位姓族，衣服饮食，器皿制度，皆欲根寻，得其原本；至于文字，忽不经怀，己身姓名，或多乖舛，纵得不误，亦未知所由。近世有人为子制名：兄弟皆山傍立字，而有名峙者〔2〕；兄弟皆手傍立字，而有名機者〔3〕；兄弟皆水傍立字，而有名凝者〔4〕。名儒硕学，此例甚多。若有知吾钟之不调〔5〕，一何可笑。

【注释】

〔1〕郡国：郡和国的合称。汉初，兼采封建与郡县之制，分天下为郡与国。郡直属中央，国分封诸王、侯。南北朝仍沿袭郡、国并行之制，至隋始废国存郡。

〔2〕“兄弟皆山傍”二句：段玉裁曰：“《说文》有峙无

峙，后人凡从止之字，每多从山；至如岐字本从山，又改路岐之岐从止，则又山变为止也。颜意谓从山之峙不典，不可以命名。”

〔3〕“兄弟皆手傍”二句：卢文弨曰：“‘兄弟皆手傍(本作边)立字，而有名擶者’，‘手’误作‘木’，‘擶’误作‘機’，今并注一皆改正。”据此，则此句中“機”本当作“擶”。《说文》无此字，故颜氏以其不规范而讥之。

〔4〕“凝”：宋本以下诸本俱如此作，独抱经堂本改作“凝”。段玉裁曰：“此亦颜时俗字。凝本从仌，俗本从水，故颜谓其不典，今本正文仍作正体，则又失颜意矣。”

〔5〕吾：沈揆谓：“‘吾’字疑当为‘晋’字。”译文从之。《淮南子·修务》：“昔晋平公令官为钟，钟成而示师旷，师旷曰：‘钟音不调。’平公曰：‘寡人以示工，工皆以为调；而以为不调，何也?’师旷曰：‘使后世无知音者则已，若有知音者，必知钟之不调。’”此处颜氏借用乐工听不出钟音不协调之典故，来讥讽“名儒硕学”们竟然未能看出上述命名中的不妥之处。

【译文】

求学的人都崇尚广学博闻。举凡郡国、山川、官位、姓族、衣服、饮食、器皿、制度，他们都想要寻根究底，弄清事物的原由；可是对于文字，他们却显得漫不经心，连自己的名字姓氏，也往往出现谬误，或者即使不出错误，也不知道它的由来。近代有些人为儿子取名：兄弟几个都用“山”旁的字命名，其中却有取名为“峙”的；兄弟几个都以“手”旁的字命名，其中又有取名为“擶”的；兄弟几个都以“水”旁的字命名，其中却有取名为“凝”的。在那些名声很高的大学者中，这类例子非常多。如果他们知道这就像晋国的乐工听不出钟的乐音不协调一样，就会明白这是多么可笑。

8.22　吾尝从齐主幸并州[1]，自井陉关入上艾县[2]，东数十里，有獵闾村。后百官受马粮在晋阳东百余里亢仇城侧[3]。并不识二所本是何地，博求古今，皆未能晓。及检《字林》、《韵集》[4]，乃知獵闾是旧䝓余聚[5]，亢仇旧是禐䛅亭[6]，悉属上艾。时太原王劭欲撰乡邑记注[7]，因此二名闻之，大喜。

【注释】

〔1〕齐主：指北齐文宣帝高洋。　并州：州名。治所在晋阳（今山西太原）。《隋书·地理志》："太原郡，后齐并州。"

〔2〕井陉（xíng）关：又名土门关。故址在今河北井陉北井陉山上。又县西有故关，乃井陉西出之口。《吕氏春秋·有始览》以此为九塞之一。是太行山区进入华北平原的隘口，为"太行八陉"之一。　上艾县：汉置。故治在今山西阳泉东南，后移今平定县治。

〔3〕晋阳：县名。秦汉为太原郡治所，东汉后又为并州治所。治今山西太原市南古城营。

〔4〕《字林》：字书。晋人吕忱撰，七卷。已佚。　《韵集》：韵书。晋安复县令吕静撰，六卷。见《隋书·经籍志》。

〔5〕䝓（liè）余聚：村落名。故址在今山西平定县境内。聚：村落。《管子·乘马》："方六里命之曰暴，五暴命之曰

部，五部命之曰聚。聚者有市，无市则民乏。”

〔6〕䝼鈒(mán qiū)亭：古亭名。故址在今山西平定县境内。《广韵·桓韵》：“䝼，䝼鈒，亭名。在上艾。”

〔7〕王劭：北齐、隋官吏、学者。字君懋，太原晋阳人。少沉默，好读书。累迁太子舍人，待诏文林馆。以博物为时人所称许，后迁中书舍人。隋朝建立后，授著作佐郎。撰有《俗语难字》、《隋书》、《齐志》、《读书记》等。《隋书》有传。

【译文】

我曾经随从齐主到并州去，从井陉关进入上艾县，县东几十里，有一个獵闾村。后来，文武百官又曾在晋阳以东百余里的亢仇城旁接受马匹粮草。大家都不知道上述两处原本是什么地方，查阅了大量的古今书籍，都未能弄明白。直到我翻检了《字林》、《韵集》，才知道獵闾村就是以前的䜲余聚，亢仇城原先称作䝼鈒亭，它们都隶属于上艾县。当时太原的王劭打算撰写乡邑记注，我把这两个地名告诉了他，他非常高兴。

8.23　吾初读《庄子》“螝二首”〔1〕，《韩非子》曰〔2〕：“虫有螝者，一身两口，争食相龁，遂相杀也。”〔3〕茫然不识此字何音〔4〕，逢人辄问，了无解者。案：《尔雅》诸书，蚕蛹名螝，又非二首两口贪害之物。后见《古今字诂》〔5〕，此亦古之虺字，积年凝滞，豁然雾解。

【注释】

〔1〕螝(huǐ)二首：今本《庄子》无此语。《一切经音义》卷四六引《庄子》，作“虺二首”，螝、虺古今字。

〔2〕《韩非子》：书名。韩非，战国末期哲学家。出身韩国贵族，与李斯同为荀卿学生。曾建议韩王变法图强，不见用。后入秦，受秦王政重视。不久被李斯等诬陷下狱，自杀。韩非死后，后人搜集其遗著，并加入他人论述韩非学说的文章，编成《韩非子》，共五十五篇，二十卷。

〔3〕“虫有”四句：见《韩非子·说林》下篇。今本《韩非子》“螝”即作“虺”。 龁(hé)，咬。

〔4〕音(yì)：通“意”。意思。《管子·内业》：“不可呼以声，而可迎以音。”王念孙《读书杂志·管子八》：“音即意字也。言不可呼之以声，而但可迎之以意也。”

〔5〕《古今字诂》：字书。曹魏人张揖撰，三卷，已佚。见《隋书·经籍志》。

【译文】

我最初读《庄子》这本书，看到“螝二首”这句话，《韩非子》中说：“虫中有叫螝的，一个身子两张嘴，为了争抢食物而互相噬咬，以致演变为互相残杀。”我茫然不知这个字的意思，碰到人就问，却没有一个人能够解释。经查考：《尔雅》等字书上说，蚕蛹名螝，但蚕蛹并不是那种有两个头两张嘴贪残相害的动物。后来见到了《古今字诂》，才知道这个“螝”字也就是古代的“虺”字，多年来积滞在胸中的难题，一下子就云开雾散了。

8.24　尝游赵州[1]，见柏人城北有一小水[2]，土人亦不知名。后读城西门徐整碑云〔3〕:“洦流东指。”众皆不识。吾案《说文》〔4〕,此字古魄字也,洦,浅水貌〔5〕。此水汉来本无名矣,直以浅貌目之,或当即以洦为名乎?

【注释】

〔1〕赵州:州名。北齐改殷州置。治所在广阿(今河北隆尧东旧城)。颜之推在北齐河清末被举为赵州功曹参军,游赵州当在此时。

〔2〕柏人:县名。西汉置,治所在今河北隆尧西。北魏移治今隆尧西南尧山镇,东魏改名柏仁。颜之推此处仍沿用旧称。

〔3〕徐整:三国吴豫章(治所在今江西南昌)人,字文操,曾任太常卿。

〔4〕《说文》:即《说文解字》。

〔5〕“此字”三句:段玉裁曰:“‘洦,古魄字’,此语不见于《说文》,今本但云:‘洦,浅水也。’以颜语订之,《说文》有脱误,当云:‘泊,浅水貌,从水白声;洦,古文泊字也,从水百声。’颜书‘魄’字亦误,当作‘泊’。”又曰:“浅水易停,故泊。又为停泊,浅作薄,故泊亦为厚薄字,又以为憺怕字。今韵以泊入铎,以洦入陌,由不知古音耳。”译文从之。

【译文】

我曾经宦游赵州,看见柏人城北面有一条小河,连土生土长的当地人也不知道它的名字。后来我读了城西门徐整碑的碑文,上面说:“洦流东指。”大家都不明白这句话是什么意思。我查阅了《说文解字》,这个“洦”字就是古代的“泊”字，洦，就是浅水的样子。这条河从汉代以来原来就没有名字，只是把它当作一条浅浅的小河来看待，或许应当就用这个“洦”字来给它命名吧？

8.25　世中书翰[1]，多称勿勿[2]，相承如此，不知所由，或有妄言此忽忽之残缺耳。案：《说文》：“勿者，州里所建之旗也，象其柄及三斿之形，所以趣民事。故悤遽者称为勿勿。”[3]

【注释】

〔1〕书翰：书信，文书。翰，长而硬的羽毛。古用羽毛为笔，故以翰代称笔。由此引申为用笔书写的书信。

〔2〕勿勿：《类说》、《履斋示儿编》卷二三、《群书通要》己四均误作“匆匆”。郝懿行曰：“今俗书勿勿为匆匆，尤为谬妄。”

〔3〕“勿者”五句：《说文解字》第九下：“勿，州里所建旗，象其柄有三游，杂帛幅半异，所以趣民，故遽称勿勿。”　州里：古代二千五百家为州，二十五家为里。本为行政建制，后泛指乡里。　斿(liú)：同“旒”。古代旌旗下垂的飘带等饰物。或作“游”。　趣(cù)：催促。　悤(cōng)：同“忽”。急遽，匆促。

【译文】

世人书信中常常写有“勿勿”这个词，历来相承，都是这样写的，却不知道它的缘由，有人妄下断言说“勿勿”是“忽忽”的残缺字。经查证：《说文解字》

上说："勿，是乡邑树立的旗帜，其字形就像旗杆和三条下垂飘带的形状，这种旗帜是用来催促民众抓紧农事的，所以就将紧迫匆忙称作'勿勿'。"

8.26　吾在益州〔1〕，与数人同坐，初晴日晃，见地上小光，问左右："此是何物?"有一蜀竖就视〔2〕，答云："是豆逼耳〔3〕。"相顾愕然，不知所谓。命取将来，乃小豆也。穷访蜀土，呼粒为逼，时莫之解。吾云："《三苍》〔4〕、《说文》，此字白下为匕，皆训粒〔5〕，《通俗文》音方力反〔6〕。"众皆欢悟。

【注释】

〔1〕益州：州名。治所屡有迁移，东汉以后治今四川成都。

〔2〕竖：童仆。《广韵》："竖，童仆之未冠者。"

〔3〕豆逼：《说文系传》卷十"皀"下引作"蜀竖谓豆粒为豆皀"。"皀"、"逼"同音。

〔4〕《三苍》：见6.36注〔4〕。

〔5〕"此字"二句：《说文解字》第五下："皀，谷之馨香也，象嘉谷在裹中之形，匕所以扱之。或说，皀，一粒也。"

〔6〕《通俗文》：见8.20注〔8〕。

【译文】

我在益州的时候，曾和几个人在一起闲坐，天刚放晴，阳光明晃晃的，我看见地上有一些小小的光亮点，就问边上的人："这是什么东西?"有一个蜀地的小僮仆走近一看，回答说："这是豆逼。"大家听了互相惊愕地看着，不明白他说的是什么。我叫他取过来，原来是小豆。我几乎访遍了蜀地的士人，问他们为什么把"粒"称作"逼"，可是当时没有人能作出圆满的解释。我就说："在《三苍》、《说文》中，这个字就是'白'下加'匕'，都解释为'粒'，《通俗文》注音作方力反。"众人都高兴地领悟了。

8.27　愍楚友婿窦如同从河州来〔1〕，得一青鸟，驯养爱玩，举俗呼之为鹖〔2〕。吾曰："鹖出上党〔3〕，数曾见之，色并黄黑，无驳杂也。故陈思王《鹖赋》云〔4〕：'扬玄黄之劲羽。'"试检《说文》："鳻雀似鹖而青，出羌中〔5〕。"《韵集》音介〔6〕，此疑顿释。

【注释】

〔1〕愍楚：颜之推次子。陈直曰："之推三子，长思鲁，次愍楚，入北周后生游秦。愍楚谓愍梁元帝江陵之亡，《唐志》作敏楚，非是。"　友婿：同门女婿间互称。即今言连襟。　河州：州名。十六国时前凉分凉州置。治所在枹罕(今甘肃临夏东北)。西秦末地人吐谷浑。北魏太和中复改枹罕镇(治今临夏东北)为河州。

〔2〕举俗：诸本作"举族"。译文从之。　鹖(hé)：鸟名。又名鹖鸡。较雉为大，黄黑色，头有毛角如冠，性猛好斗，至死不却。

〔3〕上党：郡名。战国时韩置。治所在今山西长治北。

西汉移治今山西长子西。东汉末又移回原治。宋代高承《事物纪原·虫鱼禽兽·鹖》:“上党诸山中多鹖,似雉而大。”

〔4〕陈思王:即曹植。见6.10注〔2〕。《鹖赋》收入《陈思王集》。

〔5〕羌中:即古代羌族聚居地区,今甘肃境内。

〔6〕《韵集》:书名。见8.22注〔4〕。

【译文】

愍楚的连襟窦如同从河州回来,他在那里得到一只青色的鸟,驯养赏玩很是喜爱,所有的族人都把这只鸟叫作鹖。我说:“鹖出在上党,我曾多次见过,它的羽毛全都是黄黑色的,没有斑驳杂色。所以曹植的《鹖赋》说:‘鹖扬起那黑黄色的劲翅。’”我试着翻检《说文解字》,书上说:“�雀与鹖相似,但毛色是青的,出产于羌中。”《韵集》认为读音为“介”,这个疑问顿时就消除了。

8.28 梁世有蔡朗者讳纯,既不涉学,遂呼蓴为露葵〔1〕。面墙之徒〔2〕,递相仿效。承圣中〔3〕,遣一士大夫聘齐,齐主客郎李恕问梁使曰〔4〕:“江南有露葵否?”答曰:“露葵是蓴,水乡所出。卿今食者绿葵菜耳〔5〕。”李亦学问,但不测彼之深浅,乍闻无以核究。

【注释】

〔1〕蓴(chún):即莼菜。又名凫葵。多年生水草。嫩叶

可做汤菜。　露葵：即冬葵。乃人家园中所种者。《本草纲目·草五·葵》："古人采葵，必待露解，故曰露葵。今人呼为滑菜。"则其并非生于水中之蓴。然王利器《集解》云："《古文苑》载宋玉《讽赋》：'烹露葵之羹。'即指水产之蓴，则蔡朗所呼，不无所本。"

〔2〕面墙：见8.9注〔10〕。

〔3〕承圣：南朝梁元帝年号。

〔4〕主客郎：官名。北齐官制，尚书省下，祠部尚书所统有主客郎，"掌诸蕃杂客等事"。见《隋书·百官志》。　李恕：李慈铭曰："李恕之'恕'当作'庶'。李庶为李阶子，《北史》附《李崇传》，历位尚书郎，以清辩知名，常摄宾司，接对梁客，梁客徐陵深叹美焉。"

〔5〕绿葵菜：即注〔1〕中之冬葵。潘岳《闲居赋》："绿葵含露，白薤负霜。"

【译文】

梁朝有位蔡朗忌讳"纯"字，他原本不爱学习，就把莼菜叫作露葵。那些不学无术之徒，也就跟在后面盲目仿效。承圣年间，梁朝派遣一位士大夫出使北齐，北齐的主客郎李恕问这位梁朝的使臣说："江南有露葵吗？"使臣回答说："露葵就是莼菜，那是水乡中出产的。您今天吃的是绿葵菜。"李恕也是有学问的人，只是吃不透对方学问的深浅，乍一听这句话也无法加以查究。

8.29　思鲁等姨夫彭城刘灵，尝与吾坐，诸子侍焉。吾问儒行、敏行曰[1]："凡字与谘议名同音者[2]，其数多少，能尽识乎？"答曰："未之究也，请导示之。”吾曰：“凡如此例，不预研检，忽见不识，误以问人，反为无赖所欺[3]，不容易也[4]。”因为说之，得五十许字。诸刘叹曰[5]：“不意乃尔!”若遂不知，亦为异事。

【注释】

〔1〕儒行、敏行：二人均为刘灵子。

〔2〕谘议：即谘议参军。官名。《隋书·百官志》：“皇弟、皇子府置谘议参军。”刘灵善画，官居谘议参军。颜之推在刘灵诸子面前不便直呼其名，故举其官号以代指。

〔3〕无赖：指撒泼放刁的人。《史记·高祖纪》集解：“江湖之间，谓小儿多诈狡猾者为无赖。”《通鉴》卷二七八《后汉纪二》胡三省注：“俚俗语谓夺攘苟得无愧耻者为无赖。”

〔4〕容易：此处指轻率、草率。

〔5〕诸刘：指刘灵诸子。

【译文】

思鲁他们的姨父彭城的刘灵，曾经与我坐在一起闲聊，他的几个儿子在旁边陪侍。我问儒行、敏行说：“凡与你们的父亲名字同音的字，一共有多少？你们都能认识吗？”他们回答说：“没有探究过这个问题，请您开导指示。”我说：“凡是这一类的字，如果不预先翻检研究，临时见到又不认识，错拿去问人，反而会被无赖所欺侮，不能轻率啊。”于是我就给他们解说这个问题，一共说了这一类同音字五十个左右。刘灵的儿子们感叹地说道：“真没想到有这么多。”如果他们竟然一点都不了解，那也确实是怪事了。

8.30　校定书籍，亦何容易，自扬雄、刘向[1]，方称此职耳。观天下书未遍，不得妄下雌黄[2]。或彼以为非，此以为是；或本同末异；或两文皆欠，不可偏信一隅也。

【注释】

〔1〕扬雄：西汉文学家、哲学家、语言学家。字子云，蜀郡成都(今属四川)人。王莽时，校书天禄阁，官为大夫。曾作《剧秦美新》以谀莽。为人口吃，不能剧谈，以文章名世。曾著《方言》叙述西汉时各地方言。　刘向：西汉经学家、目录学家、文学家。本名更生，字子政，沛(今江苏沛县)人。汉皇族楚元王四世孙。曾校阅群书，撰成《别录》，为我国目录学之祖。另撰《洪范五行传》、《新序》、《说苑》、《列女传》等。

〔2〕雌黄：矿物名。柠檬黄色，有时微带浅褐色。可制作颜料。古人以黄纸书写，有误，则以雌黄涂去，因称改窜文字为雌黄。

【译文】

校定书籍，也不是那么容易的，只有扬雄、刘向才算得上胜任这项工作。如果没有读遍天下的书籍，就不能妄加修改校订。有时那个本子认为是错的，这个本子却认为是对的；或是观点大同小异；或是两种说法都有欠缺，所以不能偏信一种说法。

卷第四

文章　名实　涉务

文章第九

【题解】

我国古代文人向来重视写文章，魏晋南北朝时期的文人尤其如此，其中有些人进而对写作理论进行探讨，如齐梁之际的刘勰撰成的《文心雕龙》就是这方面的名作。颜之推的这篇《文章》也是谈论文章写作的理论问题，其中有《文心雕龙》所没有涉及的方面。他比较重视文章“敷显仁义，发明功德，牧民建国”的功效，而把“陶冶性灵”，以缘情为特征的文学作品放在次要地位。他主张“文章当以理致为心肾”，把作品的思想性放在首位，同时也不忽视文章的辞采声律，崇尚“典正”和“无郑卫之音”，鄙视当时盛行的浮艳文风。他十分欣赏沈约的文章当从“三易”的观点，即易见事、易识字、易读诵，反对穿凿补缀。在为文和德行方面，他看重的是文人德行。在一一指出各朝著名文人的诸多乖德行为之后，谆谆告诫子孙要“深宜防虑，以保元吉”。但本文在论述中也有矛盾之处，如既主张文章当直抒胸臆，却又认为“章句偶对”的骈文比散体好，就是明显的一例。

9.1 夫文章者，原出《五经》[1]：诏、命、策、檄[2]，生于《书》者也；序、述、论、议[3]，生于《易》者也；歌、咏、赋、颂[4]，生于《诗》者也；祭、祀、哀、诔[5]，生于《礼》者也；书、奏、箴、铭[6]，生于《春秋》者也。朝廷宪章[7]，军旅誓、诰[8]，敷显仁义[9]，发明功德，牧民建国[10]，施用多途。至于陶冶性灵，从容讽谏，入其滋味，亦乐事也。行有余力，则可习之。然而自古文人，多陷轻薄：屈原露才扬己，显暴君过[11]；宋玉体貌容冶，见遇俳优[12]；东方曼倩，滑稽不雅[13]；司马长卿，窃赀无操[14]；王褒过章《僮约》[15]；扬雄德败《美新》[16]；李陵降辱夷虏[17]；刘歆反覆莽世[18]；傅毅党附权门[19]；班固盗窃父史[20]；赵元叔抗竦过度[21]；冯敬通浮华摈压[22]；马季长佞媚获诮[23]；蔡伯喈同恶受诛[24]；吴质诋忤乡里[25]；曹植悖慢犯法[26]；杜笃乞假无厌[27]；路粹隘狭已甚[28]；陈琳实号粗疏[29]；繁钦性无检格[30]；刘桢屈强输作[31]；王粲率躁见嫌[32]；孔融、祢衡[33]，诞傲致殒；杨修、丁廙，扇动取毙[34]；阮籍无礼败俗[35]；嵇康凌物凶终[36]；傅玄忿斗免官[37]；孙楚矜夸凌上[38]；陆机犯顺履险[39]；潘岳干没取危[40]；颜延年负气摧黜[41]；谢灵运空疏乱纪[42]；王元长凶贼自诒[43]；谢玄晖侮慢见及[44]。凡此诸人，皆其翘秀者[45]，不能悉纪，大较如此。至于帝王，亦或未免。自昔天子而有才华者，唯汉武、魏太祖、文帝、明帝、宋孝武帝[46]，皆负世议，非懿德之君也。自子游、子夏、荀况、孟轲、枚乘、贾谊、苏武、张衡、左思之俦[47]，有盛名而免过患者，时复闻之，但其损败居多耳。每尝思之，原其所积，文章之体，标举兴会，发引性灵，使人矜伐，故忽于持操，果于进取。今世文士，此患弥切，一事惬当，一句清巧，神厉九霄，志凌千载，自吟自赏，不觉更有傍人。加以砂砾所伤[48]，惨于矛戟，讽刺之祸，速乎风尘，深宜防虑，以保元吉。

【注释】

〔1〕“夫文章”二句：刘勰《文心雕龙·宗经》：“故论、说、辞、序，则《易》统其首；诏、策、章、奏，则《书》发其源；赋、颂、词、赞，则《诗》立其本；铭、诔、箴、祝，则《礼》总其端；纪、传、盟、檄，则《春秋》为根。”此说与颜氏相同。

〔2〕诏、命、策、檄：古代的四种文体。《文心雕龙·诏策》：“命者，使也。秦并天下，改命曰制。汉初定仪则，则命有四品：一曰策书，二曰制书，三曰诏书，四曰戒敕。敕戒州部，诏诰百官，制施赦命，策封王侯。”则自秦汉之后，诏、制专指帝王文告，策用于封官授爵，檄多用于声讨或征伐。

〔3〕序、述、论、议：均为古代文体。序，指书籍或文章的序言。述，指记述人物生平事迹的文字。

〔4〕歌、咏、赋、颂：古代诗体或韵文体名。歌、咏，诗歌。《玉篇·言部》：“咏，长言也，歌也。”赋，文体名，铺陈华丽，讲究骈偶，多用典故，韵文与散文相错。《文心雕龙·诠赋》说：“赋者，铺也。铺采摛文，体物写志也。”颂亦为文体名，用于赞颂。《文心雕龙·颂赞》云：“颂者，容也，所以美盛德而述形容也。”

〔5〕祭、祀、哀、诔：古代哀祭类文体名。祭，祭文。祀，郊庙祭祀乐歌。哀，哀辞，用于哀悼死者，追述其生平。诔，亦为哀悼死者之文。《文心雕龙·诔碑》说：“诔者，累也，累其德行，旌之不朽也。”

〔6〕书、奏：古时臣下向朝廷所上的书简、奏章等。《文心雕龙·书记》：“书者，舒也，舒布其言，陈之简牍，取象于《夬》，贵在明决而已。”又《奏启》云：“奏者，进也，言敷于下，情进于上也。” 箴、铭：文体名。箴用于规诫；铭用于赞颂或警戒。《文心雕龙·铭箴》：“铭者，名也，观器必也正名，审用贵乎盛德。”“箴者，针也，所以攻疾防患，喻针石也。”

〔7〕宪章：记录典章制度的官方文书。

〔8〕誓：誓言、誓约。 诰：古代以上训下的号令式文章。《礼记·曲礼下》：“约信曰誓。”《尚书·甘誓》《正义》：“马融云：‘军旅曰誓，会同曰诰。’诰、誓俱是号令之辞，意小异耳。”

〔9〕敷：宣扬，阐发。

〔10〕牧民：治理百姓。古代统治者把治理百姓以放牧牲畜喻之。

〔11〕“屈原”二句：屈原：战国楚贵族，文学家，传见《史记》。相传《离骚》等为他所著，其中对楚王的诸多不明有所讽刺。“露才扬己，显暴君过”二句本于班固《离骚序》，其文云：“今若屈原，露才扬己，竞乎危国群小之间，以离谗贼。然责数怀王，怨恶椒、兰，愁神苦思，强非其

人，忿怼不容，沉江而死，亦贬絜狂狷景行之士。”自王逸《楚辞章句》开始，后人对班氏此语多有责备，甚至连颜之推转引此语也为人诟病。黄叔琳说：“文人多陷轻薄，评论悉当；独于三闾，未免失实。”

〔12〕“宋玉”二句：宋玉，战国楚文学家，有《九辩》等作品问世。在相传其所作的《登徒子好色赋》中有“玉为人体貌闲丽”一语；又宋玉《讽赋序》有“玉为人身体容冶”一语。因侍奉楚王，等于以乐舞谐戏娱人的俳优。

〔13〕“东方”二句：东方曼倩，即东方朔，西汉文学家，字曼倩，平原厌次(今山东惠民)人。西汉武帝时，曾为太中大夫，性滑稽诙谐，善辞赋。传见《汉书》。

〔14〕“司马”二句：司马长卿，即司马相如。见6.5注〔4〕。他曾投靠富户卓王孙，为卓王孙之女文君深爱而夜奔，两人一同偷归成都。卓王孙不得已分与财物。“无操”，即指此事。赀，通“资”，财物。

〔15〕“王褒”句：王褒，西汉文学家，字子渊，蜀资中(今属四川)人。宣帝时为谏议大夫，以善辞赋闻名。《僮约》是他的一篇文章，其中说自己曾到寡妇杨惠家去过。这在封建社会里被视为非礼之举，故颜氏有此一说。　过：过失。　章：显露。

〔16〕“扬雄”句：扬雄，见8.30注〔1〕。《美新》：即扬雄所作的《剧秦美新》，文中否定秦朝而歌颂王莽的新朝。后因王莽的垮台，写这篇文章被认为是失德的行为。

〔17〕“李陵”句：李陵，西汉大将，字少卿，汉名将李广之孙，陇西成纪(今甘肃秦安)人。善骑射。武帝时，为骑都尉，率兵出击匈奴，战败投降。后病死匈奴。传附见《史记·李将军传》。因他人伪造的《李陵答苏武书》传世，后人也把他当作文学家。

〔18〕“刘歆”句：刘歆，西汉大学者，字子骏，后改名秀，字颖叔，刘向之子，沛(今江苏沛县)人。为古文经学的

开创者，精目录和天文之学。起初支持王莽，后因谋诛王莽不成而自杀。传附见《汉书·楚元王传》。

〔19〕“傅毅”句：傅毅，东汉时文学家，字武仲，扶风茂陵(今陕西兴平东北)人。章帝时为兰台令史，与班固等人同校内府藏书，曾依附外戚大将军窦宪为司马。传见《后汉书·文苑传》。

〔20〕“班固”句：班固，东汉文学家、史学家。见6.10注〔12〕。因继续其父《史记后传》的写作，被人告发为私改国史，下狱。赖其弟班超上书力辩获释。后奉诏完成其父所著，历二十余年，续修《汉书》。书未成而卒，由其妹班昭及马续奉汉和帝之命续完。子承父业，子续父书，这是当时修史的习惯，本无可厚非，但后世有一些人不习惯这种做法，故有“盗窃父史”之说。《意林》卷五引杨泉《物理论》：“班固《汉书》，因父得成；遂没不言彪，殊异马迁也。”《文心雕龙·史传》说：“及班固述汉，因循前业，观司马迁之辞，思实过半。其《十志》该富，赞序弘丽，儒雅彬彬，信有遗味。至于宗经矩圣之典，端绪丰赡之功，遗亲攘美之罪，征贿鬻笔之愆：公理辨之究矣。”“公理”为东汉仲长统之字，则刘勰认为班固盗窃父史之说已由仲长统详辨其诬，没有必要再提了。

〔21〕“赵元叔”句：赵元叔，即赵壹，东汉文学家。见6.33注〔7〕。　抗竦：高抗竦立，高傲。

〔22〕“冯敬通”句：冯敬通，即冯衍，东汉文学家，字敬通，京兆杜陵(今陕西西安东南)人。时人以他“文过其实”，压制他不予重用。事见《后汉书·冯衍传》。

〔23〕“马季长”句：马季长，即马融。东汉经学家、文学家，字季长，右扶风茂陵(今陕西兴平东北)人。曾佞媚外戚梁冀，为正直者所羞。事见《后汉书·马融传》。　佞，以花言巧语去谄媚。　诮：讥嘲。

〔24〕“蔡伯喈”句：蔡伯喈，即蔡邕。见6.7注〔2〕。

曾为董卓擢用，王允诛董卓时，蔡邕言之而叹，被王允治罪，死于狱中。事见《后汉书·蔡邕传》。　同恶：这里指党同罪人。

〔25〕“吴质”句：吴质，三国魏文学家，字季重，济阴(郡治今山东定陶西北)人。建安中以文才知遇于曹丕，入魏，官拜振威将军，假节都督河北诸军事，人为侍中，封列侯。传附见《三国志·魏书·王粲传》，裴松之注云：“始质为单家，少游遨贵戚间，盖不与乡里相沉浮，故虽已出官，本国犹不与之士名。”又注引《质别传》云：“质先以怙威肆行，谥曰丑侯。质子应仍上书论枉，至正元中，乃改谥威侯。”此云“诋忤乡里”，当即其怙威肆行，为乡人所不满。

〔26〕“曹植”句：曹植，本封陈王，因醉酒悖慢被贬为安乡侯。事见《三国志·魏书·陈思王植传》。

〔27〕“杜笃”句：杜笃，东汉文学家，字季雅，京兆杜陵(今陕西西安东南)人。博学而不修小节，不为乡人所礼。和当地县令往来，多次以私事请托，未能如愿，转为相恨。后为县令押送京师。事见《后汉书·文苑传》。

〔28〕“路粹”句：路粹，三国魏文学家，字少蔚，陈留(今河南开封东南)人。少就学于蔡邕，后人仕。建安中，孔融有过，曹操使之条奏。时人见其所作，无不嘉其才而畏其笔。转秘书令，坐违禁诛。事见《三国志·魏书·王粲传》注。隘狭，气量狭小。

〔29〕“陈琳”句：陈琳，东汉末文学家，字孔璋，广陵(今江苏扬州)人。初从袁绍，后归于曹操，为司空军谋祭酒，所草书檄甚多。为“建安七子”之一。传见《三国志·魏书》。粗疏，粗率疏急。

〔30〕“繁钦”句：繁钦，东汉末文学家，字休伯，颍川(今河南禹县)人。《三国志·魏书·王粲传》注引《典略》：“(韦)仲将云：‘仲宣(王粲)伤于肥戆，休伯都无格检，元

瑜(阮瑀)病于体弱，孔璋(陈琳)实自粗疏……’”检格，法式。

〔31〕“刘桢”句：刘桢，东汉末文学家，见8.19注〔11〕。《三国志·魏书·王粲传》注引《典略》：曹丕“命夫人甄氏出拜，坐中众人咸伏，而桢独平视。太祖闻之，乃收桢，减死输作”。此事又见于《世说新语·言语》注引《文士传》。 屈强：倔强。 输作：罚作苦役。

〔32〕“王粲”句：王粲，东汉末文学家。见8.19注〔10〕。《三国志·魏书·杜袭传》：“王粲性躁竞。”率：轻率。 躁：急躁少静。

〔33〕“孔融”句：孔融，东汉末文学家，字文举，鲁国(今山东曲阜)人，“建安七子”之一。曾任北海相，时称孔北海。为人恃才负气，因言辞偏激，得罪曹操而被杀。传见《后汉书》。 祢衡，东汉末文学家，字正平，平原般(今山东临邑东北)人。少有才辩，长于笔札，因性格傲慢，触怒黄祖而被杀。传见《后汉书》。

〔34〕“杨修”句：杨修，东汉末文学家，字德祖，弘农华阴(今属陕西)人。好学能文，才思敏捷，曾任丞相曹操主簿。积极为曹植谋画，欲使曹植取得太子地位。后曹植失宠于曹操，曹操因杨修有智谋，又是袁术之甥，虑有后患，遂借故杀之。传见《后汉书》。 丁廙，三国时魏文学家，字敬礼，丁仪之弟，沛(今江苏沛县)人。博学洽闻，与曹植友善，曾力劝曹操立曹植为嗣。及曹丕即位，被杀。事见《三国志·魏书·陈思王植传》。 扇动：指煽动曹植争做太子一事。

〔35〕“阮籍”句：阮籍，三国魏文学家。见8.12注〔19〕。母死，与人下棋不止。别人去吊丧，他却醉而直视。这些在当时都属于不合礼仪的行为。

〔36〕“嵇康”句：嵇康，三国魏文学家。见8.12注〔17〕。崇尚老、庄，讲求服食养生之道，“非汤武薄周孔”，

且对当时掌握政权的司马氏不满。钟会去看他，他不为之礼，钟会便在司马昭面前进谗构陷，结果被杀。

〔37〕“傅玄”句：傅玄，西晋时文学家，字休奕，北地泥阳(今陕西耀县东南)人。《晋书·傅玄传》说：武帝受禅，广纳直言，傅玄与散骑常侍皇甫陶共掌谏职，俄迁侍中。初玄进陶，及陶入而抵玄以事，玄与陶争言喧哗，为有司所奏，二人竟坐免官。忿，同“愤”。

〔38〕“孙楚”句：孙楚，西晋文学家，字子荆，太原中都(今属山西)人。有才学，却恃才凌傲。《晋书·孙楚传》：年四十余，始参镇东军事，后迁佐著作郎，复参石苞骠骑将军事。“楚既负其才气，颇侮易于苞，至则长揖曰：‘天子命我参卿军事。’因此而嫌隙遂构。”

〔39〕“陆机”句：陆机，西晋文学家。见6.19注〔7〕。赵王司马伦专权篡位，而陆机为其僚属。　履险：干危险的事情。

〔40〕“潘岳”句：潘岳，西晋文学家。见8.18注〔26〕。性轻躁，趋世利，其母教训他：“尔当知足，而干没不已乎?”不听，最终为赵王伦所杀。事见《晋书·潘岳传》。　干没：徼幸取利。

〔41〕“颜延年”句：颜延年，即颜延之，南朝宋文学家，字延年，琅琊临沂(今属山东)人。长于诗文，与谢灵运齐名，世称“颜谢”。《南史·颜延之传》谓其读书无所不览，文章冠绝当时，而疏诞不能取容，为刘义康、刘湛等所忌恨，出为永嘉太守。延年怨愤，作《五君咏》，义康又以其词旨不逊，欲黜为远郡，“文帝与义康诏曰：‘宜令思愆里闾，纵复不悛，当驱往东土，乃至难恕者，自可随事录之。’于是延之屏居不与人间事者七年”。

〔42〕“谢灵运”句：谢灵运，南朝宋文学家，陈郡阳夏(今河南太康)人，为淝水元勋谢玄之孙。晋时袭封康乐公，故世称为谢康乐。少好学，长于文章诗赋，性急躁冒进，不

遵礼度，宋文帝时以谋反罪被杀。

〔43〕“王元长”句：王元长，即王融，南朝齐文学家，字元长，琅琊临沂人。才思敏捷，与竟陵王萧子良友善，为“西邸八友”之一。武帝临死前，欲矫诏立萧子良为帝。及郁林王继位，下狱赐死。传见《南齐书》。

〔44〕“谢玄晖”句：谢玄晖，即谢朓，南朝时齐文学家。见8.19注〔15〕。因轻视朝中当权者江祏的为人，颇有嘲弄。后为江祏陷害，死于狱中。传见《南齐书》。

〔45〕翘秀：翘楚秀出，高出于众人。

〔46〕汉武：指汉武帝刘彻。　魏太祖：指曹操。　文帝：指魏文帝曹丕。　明帝：指魏明帝曹睿。　宋孝武帝：指南朝宋孝武帝刘骏。

〔47〕子游：姓言名偃，字子游，孔子弟子，以文学见长，传见《史记·仲尼弟子列传》。　子夏：姓卜名商，字子夏，孔子弟子，亦以文学见称。　荀况：即荀子。见6.7注〔3〕。　孟轲：即孟子。战国时思想家、教育家。名轲，字子舆，邹(今山东邹城)人。传见《史记》。　枚乘：西汉文学家，字叔，淮阴(今属江苏)人，有《七发》等作品传世。传见《汉书》。　贾谊：西汉文学家、政治家，时称贾生，洛阳(今河南洛阳东)人。有《过秦论》、《陈政事疏》等作品传世。《汉书》有传。　苏武：西汉杜陵(今陕西西安东南)人，字子卿。武帝时，奉命出使匈奴，被扣，坚持十九年不屈。《文选》收有其五言诗四篇，但后人认为这些诗是假托之作。传见《汉书》。　张衡：东汉文学家、科学家，字平子，南阳西鄂(今河南南召南)人。有《二京赋》、《归田赋》等作品传世。《后汉书》有传。　左思：西晋文学家，字太冲，齐国临淄(今山东淄博)人。有《三都赋》等作品传世。传见《晋书·文苑传》。　俦：同一类人物。

〔48〕“加以”二句：砂砾，此处借喻为言语。《荀子·荣辱》：“伤人之言，深于矛戟。”

【译文】

文章，源出于《五经》：诏、命、策、檄，是从《书》中产生出来的；序、述、论、议，是从《易》中产生出来的；歌、咏、赋、颂，是从《诗》中产生出来的；祭、祀、哀、诔，是从《礼》中产生出来的；书、奏、箴、铭，是从《春秋》中产生出来的。朝廷的宪章，军中的誓、诰，扬显仁义，彰明功德，治理民众，建设国家，文章的用途是多种多样的。至于以文章来陶冶性情，或对别人婉言劝谏，或深入体会其中的趣味，也是件快乐之事。行有余力，可以学习这方面的东西。然而自古以来的文人，大多陷于轻薄：屈原扬露才华，表现自己，公开暴露君主的过错；宋玉体态容貌艳冶，被人看作俳优；东方朔言行滑稽，少有雅致；司马相如窃谋资财，没有操守；王褒的过失见于《僮约》；扬雄的品德坏于《美新》；李陵辱没身份，投降匈奴；刘歆在王莽执政时反复不定；傅毅依附结党于权贵；班固剽窃父亲写的史书；赵壹过分恃才倨傲；冯衍华而不实遭排抑；马融谄媚权贵招致讥诮；蔡邕党同恶人受到惩罚；吴质怙威肆行而触怒乡里；曹植傲慢无礼而触犯国法；杜笃向人借贷而不知满足；路粹心胸过于狭隘；陈琳确实粗率疏急；繁钦生性不知检点；刘桢性情倔强，被罚作苦役；王粲轻率急躁，遭人厌恶；孔融、祢衡狂放傲慢，因而被杀；杨修、丁廙煽动生事，自取身亡；阮籍不守礼节，败坏礼俗；嵇康盛气凌人，不得善终；傅玄负气争吵，被免官职；孙楚傲慢自负，冒犯上司；陆机违背正道，自走险路；潘岳徼幸取利，自取倾危；颜延之意气用事，因而遭贬；谢灵运空放粗疏，违背法纪；王融凶逆作乱，自己害了自己；谢朓侮慢于人，终于被害。上述这些人，都是文人中出类拔萃之辈，不能统统记起，大略是这些。至于帝王，有的也未能避免这类毛病。从古以来身为天子而又有才华的，只有汉武帝、魏太祖、魏文帝、魏明帝、宋孝武帝等数人，他们都遭到世人的议论，不是具有美德的人君。至于像子游、子夏、荀况、孟轲、枚乘、贾谊、苏武、张衡、左思之类，享有盛名而能免取过患的人，有时也能听到，但他们中间经历损败的还是占多数。我常思考这个问题，推究其中的道理，文章的本质就是在于揭示兴味感受，抒发人的性灵，容易使人恃才自负，故而疏忽操守，却敢于进取。现世的文人，这种毛病更加深切，一个典故用得快意恰当，一个句子说得清新奇巧，就会心神上达九霄，意气下凌千年，自己咏吟自我欣赏，不觉得世上还有旁人。加上沙砾伤人甚于矛戟，讽刺别人招来的祸患比风尘来得更快，应该特别加以防备，以保大吉。

9.2　学问有利钝，文章有巧拙。钝学累功，不妨精熟；拙文研思，终归蚩鄙。但成学士，自足为人。必乏天才，勿强操笔。吾见世人，至无才思，自谓清华，流布丑拙，亦以众矣〔1〕，江南号为詅痴符〔2〕。近在并州〔3〕，有一士族，好为可笑诗赋，誂擎邢、魏诸公〔4〕，众共嘲弄，虚相赞说，便击牛酾酒〔5〕，招延声誉。其妻，明鉴妇人也，泣而谏之。此人叹曰："才华不为妻子所容，何况行路！〔6〕"至死不觉。自见之谓明[7]，此诚难也。

【注释】

〔1〕以：同“已”。

〔2〕诊痴符：古代方言，指没有才学又喜欢夸耀的人。王利器《集解》言犹后人所谓卖痴呆。诊，卖。

〔3〕并州：治所晋阳，即今山西太原。

〔4〕诶警：以言戏人。　邢、魏诸公：指邢邵、魏收等人。邢邵，北齐文学家。见 8.10 注〔21〕。魏收，北齐文学家、史学家。见 8.11 注〔7〕。

〔5〕酾：滤酒，斟酒。

〔6〕行路：指与己不相干的人。

〔7〕“自见”句：《韩非子·喻老》：“故知之难，不在见人，在自见。故曰：自见之谓明。”

【译文】

做学问有聪明和迟钝之别，写文章有灵巧与拙劣之分。做学问迟钝的人只要刻苦用功，可以达到精深熟练；写文章拙劣的人，即使钻研深思，终归丑陋鄙俗。只要能成为有学之士，就足以立世为人了。如果天生缺乏才气，就不要勉强提笔撰文。我见过世上的一些人，极其缺乏才思，却自以为自己的文章清新华丽，将其丑陋拙劣的文章四处传扬，这样的人也太多了，江南一带称这种人为“诊痴符”。近来在并州，有一位士族，喜欢写一些可笑的诗赋，还与邢邵、魏收诸公戏言谈笑，大家一齐来嘲弄他，假意夸赞他的诗赋，于是他就宰牛筛酒宴请大家，以招延声名和赞誉。他的妻子是个明白事理的人，哭着规劝他。这个人却叹气道:“才华连自己的妻子和儿子都不能容纳,何况不相干的人呢?”至死也没有醒悟。自己能了解自己才叫明,这确实是很难的呀。

9.3 学为文章,先谋亲友,得其评裁,知可施行,然后出手;慎勿师心自任[1],取笑旁人也。自古执笔为文者,何可胜言。然至于宏丽精华,不过数十篇耳。但使不失体裁,辞意可观,便称才士;要须动俗盖世,亦俟河之清乎[2]!

【注释】

〔1〕师心自任:指固执己见,自以为是。

〔2〕河之清:河,黄河。古人把河清看作是稀罕难有、一辈子也等不到的事。《后汉书·赵壹传》:“河清不可俟,人命不可延。”

【译文】

学写文章,先向亲朋好友征求意见,得到他们的评判,知道可以在世间流播了,然后才出手;千万不能由着性子自以为是,被别人取笑。自古以来执笔写文章的人,哪里能说得完。然而能达到气势宏伟、华丽精美的文章,不过数十篇而已。只要写的文章不违背体裁结构,辞意尚可一观,就可以称作才士了。当真要使自己的文章惊动流俗,压倒当世,怕也只有等黄河变清才有可能了!

9.4 不屈二姓，夷、齐之节也〔1〕；何事非君，伊、箕之义也〔2〕。自春秋已来，家有奔亡〔3〕，国有吞灭，君臣固无常分矣；然而君子之交绝无恶声，一旦屈膝而事人，岂以存亡而改虑？陈孔璋居袁裁书，则呼操为豺狼；在魏制檄，则目绍为蛇虺〔4〕。在时君所命，不得自专，然亦文人之巨患也，当务从容消息之〔5〕。

【注释】

〔1〕“不屈”二句：二姓，指朝廷换代。 夷、齐，即伯夷、叔齐。他们为商末孤竹君之子，墨胎氏，伯夷为兄，叔齐为弟。周武王灭商后，他们耻食周粟，逃到首阳山，饿死于山中。事见《孟子·万章下》、《史记·伯夷列传》。

〔2〕“何事”二句：伊、箕，指伊尹、箕子。伊尹：商朝大臣，名挚。曾佐汤伐夏桀，《史记·殷本纪》说，他在灭夏之前，曾“去汤适夏，既丑有夏，复归于亳”，可见他曾一度事过夏桀。《孟子·公孙丑上》：“何事非君，何使非民，治亦进，乱亦进，伊尹也。”赵岐注：“伊尹曰：‘事非其君，何伤也，使非其民，何伤也，要欲为天理物，冀得行道而已矣。’”箕子，商纣王的诸父，一说庶兄。《史记·宋微子世家》：“纣为淫佚，箕子谏不听，人或曰：‘可以去矣。’箕子曰：‘为人臣谏不听而去，是彰君之恶，而自悦于民，吾不忍为也。’乃被发佯狂而为奴。”

〔3〕家：指卿大夫之家。

〔4〕“陈孔璋”四句：陈孔璋，即陈琳。初从袁绍，后归曹操。参见9.1注〔29〕。陈琳《为袁绍檄豫州》云：“操豺狼野心，潜包祸谋，乃欲挠折栋梁，孤弱汉室。” 虺，

亦为蛇类。蛇虺，喻凶残狠毒之人。

〔5〕消息：斟酌。

【译文】

不屈身于另一个王朝，这是伯夷、叔齐的节操；对任何君王皆可侍奉，这是伊尹、箕子所持的道义。自从春秋以来，卿大夫的家族奔窜流亡，邦国被吞被灭，国君和臣子本来就没有固定的名分了；然而君子之间绝交，不会相互辱骂，一旦屈身奉事别的君王，怎么能因故主的存亡而改变对他的初衷呢？陈琳在袁绍手下时撰文，就把曹操呼为豺狼；而在曹操麾下起草檄文，则视袁绍为蛇虺。当然这是受当时君王之命，自己不能做主，但这也是文人的大毛病，应该从容地斟酌一下。

9.5　或问扬雄曰："吾子少而好赋？"雄曰："然。童子雕虫篆刻，壮夫不为也。"〔1〕余窃非之曰：虞舜歌《南风》之诗〔2〕，周公作《鸱鸮》之咏〔3〕，吉甫、史克《雅》、《颂》之美者〔4〕，未闻皆在幼年累德也。孔子曰："不学《诗》，无以言。〔5〕""自卫返鲁，乐正，《雅》、《颂》各得其所。〔6〕"大明孝道，引《诗》证之。扬雄安敢忽之也？若论"诗人之赋丽以则，辞人之赋丽以淫"〔7〕，但知变之而已，又未知雄自为壮夫何如也？著《剧秦美新》〔8〕，妄投于阁〔9〕，周章怖慑〔10〕，不达天命，童子之为耳。桓谭以胜老子[11]，葛洪以方仲尼[12]，使人叹息。此人直以晓算术，解阴阳[13]，故著《太玄经》[14]，数子为所惑耳；其遗言馀行，孙卿、屈原之不及，安敢望大圣之清尘[15]？且《太玄》今竟何用乎？不啻覆酱瓿而已。

【注释】

〔1〕“或问”六句：见于扬雄《法言·吾子》。　雕虫篆刻：虫者，虫书；刻者，刻符。为秦书八体中的两种。汉代学童应试有八体书，而八体中以虫书、刻符纤巧难工，犹如辞赋中之雕章琢句。因其费力多而施于实用者少，所以扬雄认为此为小技，“壮夫不为”。

〔2〕《南风》：乐曲名，相传为虞舜所作。《孔子家语·辩乐解》：“昔者，舜弹五弦之琴，造《南风》之诗，其诗曰：‘南风之薰兮，可以解吾民之愠兮；南风之时兮，可以阜吾民之财兮。’”

〔3〕《鸱鸮》：《诗·豳风》篇名。诗中假托鸟的口气，诉说其困难的处境。《诗序》谓：“《鸱鸮》，周公救乱也。成王未知周公之志，公乃为诗以遗王。”

〔4〕吉甫：即尹吉甫，周宣王时大臣。　史克：鲁国史官。《诗序》谓：“《大雅》《嵩高》、《烝民》、《韩奕》，皆尹吉甫美宣王之诗，《駉》，颂僖公也，僖公能遵伯禽之法，鲁人尊之，于是季孙行父请命于周，而史克作是颂。”

〔5〕“不学”二句：见《论语·季氏》。

〔6〕“自卫”三句：《论语·子罕》：“子曰：‘吾自卫反鲁，然后乐正，《雅》、《颂》各得其所。’”《史记·孔子世家》：“古者，诗三千余篇，及至孔子，去其重，取可施于礼义……三百五篇，孔子皆弦歌之，以求合《韶》、《武》、

《雅》、《颂》之音，礼乐自此可得而述。”

〔7〕“诗人”二句：见于《法言·吾子》。 淫，过分。

〔8〕《剧秦美新》：即前文《美新》，扬雄著，《文选》收录。

〔9〕妄投于阁：《汉书·扬雄传》：“王莽时，刘歆、甄丰皆为上公。莽既以符命自立，即位之后欲绝其原以神前事，而丰子寻、歆子棻复献之。莽诛丰父子，投棻四裔，辞所连及，便收不请。时雄校书天禄阁上，治狱使者来，欲收雄，雄恐不能自免，乃从阁上自投下，几死。莽闻之曰：‘雄素不与事，何故在此?’间问其故，乃刘棻尝从雄学作奇字，雄不知情。有诏勿问。然京师为之语曰：‘惟寂寞，自投阁；爰清静，作符命。’”

〔10〕周章：惊惧貌。

〔11〕桓谭：东汉经学家，字君山，沛国相(今安徽濉溪西北)人。著《新论》二十九篇。《汉书·扬雄传》：“大司空王邑、纳言严尤闻雄死，谓桓谭曰：‘子尝称雄书，岂能传于后世乎?’谭曰：‘必传，顾君与谭不及见也。凡人贱近而贵远，亲见扬子云禄位容貌不能动人，故轻其书。昔老聃著虚无之言两篇，薄仁义，非礼乐，然后世好之者尚以为过于《五经》，自汉文、景之君及司马迁皆有是言。今扬子之书文义至深，而论不诡于圣人，若使遭遇时君，更阅贤知，为所称善，则必度越诸子矣。’”

〔12〕葛洪：东晋炼丹家、道教理论家，字稚川，自号抱朴子，句容(今属江苏)人。著有《抱朴子》、《神仙传》等。其《抱朴子外篇·尚博》说：“又世俗率神贵古昔而黩贱同时。虽有追风之骏，犹谓之不及造父之所御也；……虽有益世之书，犹谓之不及前代之遗文也。是以仲尼不见重于当时，《太玄》见蚩薄于比肩也。”

〔13〕阴阳：指阴阳家之学。

〔14〕《太玄经》：亦称《扬子太玄经》，扬雄撰，十卷。

体裁模拟《周易》，分为一玄、三方、九州、二十七部、八十一家、七百二十九赞，以仿《易》之两仪、四象、八卦、六十四重卦、三百八十四爻等。全篇以“玄”为中心思想，犹道家所言之“道”。自汉以后，先后有宋衷、陆绩、范望等作注。

〔15〕大圣：圣人，德高行美之人。　清尘：《汉书·司马相如传下》：“犯属车之清尘。”颜师古注：“尘，谓行而起尘也。言清者，尊贵之意也。”

【译文】

有人问扬雄说：“你幼小时就喜欢作诗赋吗？”扬雄回答道：“是的。诗赋如同是学童们练习的虫书、刻符，成年人是不屑于作的。”我私下反对这种说法：虞舜所吟的《南风》，周公所作的《鸱鸮》，尹吉甫、史克各有《雅》、《颂》中的那些美好篇章，没听说过这些是他们小时候写的而因此损伤了他们的德行。孔子说：“不学《诗》，就不能擅长辞令。”又说：“我从卫国回到鲁国，对《诗》的乐章进行整理，使《雅》乐、《颂》乐各得其所。”孔子彰明孝道，就引用《诗》来证验之。扬雄怎么敢忽视这些呢？如果就他所说“诗人的赋华丽而合乎规则，辞人的赋华丽而过分淫滥”，这只不过表明他能辨别两者的差别而已，却不明白他作为一个成年人该去做什么。写了《剧秦美新》，却稀里糊涂地从天禄阁上往下跳，惊慌失措，恐惧不安，不能通达天命，这才真是小孩子的行为啊。桓谭认为扬雄胜过老子，葛洪将扬雄与孔子相提并论，实在让人叹息。这个扬雄只不过是通晓术数，懂得阴阳之学，因而撰写了《太玄经》，那几个人就被他迷惑了；他说的话做的事，连荀子、屈原都赶不上，怎敢企望大圣人之项背呢？况且《太玄经》在今天究竟有什么用呢？无异于盖酱瓿而已。

9.6　齐世有席毗者〔1〕，清干之士，官至行台尚书〔2〕，嗤鄙文学，嘲刘逖云〔3〕："君辈辞藻，譬若荣华〔4〕，须臾之玩，非宏才也；岂比吾徒千丈松树，常有风霜，不可凋悴矣！"刘应之曰："既有寒木，又发春华，何如也？"席笑曰："可哉！"

【注释】

〔1〕席毗：北朝北齐大将。其事迹附见于《北史·序传》、《北史·尉迟迥传》及《隋书·于仲文传》。

〔2〕行台尚书：魏晋为专征伐，始于地方设置尚书省的派出机构，总揽一方军政，称为行台，视情况而定，不常置，其权重者称大行台。《通典·职官·尚书上·行台省》："北齐行台兼统民事……其官置令、仆射，其尚书丞郎皆随时权制。"

〔3〕刘逖：北齐时彭城(今江苏徐州)人，字子长。少好弓猎，后发愤读书，颇工诗咏。传见《北齐书·文苑传》。

〔4〕荣华：草木茂盛、开花。《淮南子·原道训》："是故春风至则甘雨降，生育万物……草木荣华。"

【译文】

齐朝有个人叫席毗，是位清明能干之士，官至行台尚书。他讥诮鄙视文学，就嘲笑刘逖说："你们这些人的辞藻，就好比草木的花一般，只能供人赏玩片刻，不是栋梁之材；怎能比得上像我们这样的千丈松树，常遇风霜而不凋零憔悴！”刘逖回答说：“既是耐寒之树，又能开放春花，怎么样呢？”席毗笑着说：“那当然好啦！”

9.7 凡为文章，犹人乘骐骥〔1〕，虽有逸气，当以衔勒制之〔2〕，勿使流乱轨躅〔3〕，放意填坑岸也。

【注释】

〔1〕骐骥：日行千里的良马。

〔2〕“当以”句：衔，御马之具，横在马口中备抽勒的铁。勒，套在马头上带嚼口的笼头。此句喻为文贵有节制，如同骑快马须用衔勒一样。

〔3〕轨躅：轨迹。

【译文】

凡是写文章，好比是人骑骏马，良马虽有俊逸之气，还应当用衔勒来控制它，不能使它放任自流，乱了轨迹，纵意而行以至于以身体填塞沟壑。

9.8 文章当以理致为心肾〔1〕，气调为筋骨〔2〕，事义为皮肤〔3〕，华丽为冠冕。今世相承，趋末弃本〔4〕，率多浮艳。辞与理竞，辞胜而理伏；事与才争，事繁而才损。放逸者流宕而忘归〔5〕，穿凿者补缀而不足。时俗如此，安能独违？但务去泰去甚耳〔6〕。必有盛才重誉，改革体裁者，实吾所希。

【注释】

〔1〕理致：义理意致，指作品的思想情感。

〔2〕气调：气韵格调。

〔3〕事义：用事，即运用典实。

〔4〕末：指华丽。　本：指理致、气调、事义。

〔5〕"放逸"句：流宕，流荡、放荡。《艺文类聚》卷二十五引梁简文帝《诫当阳公大心书》："立身先须谨重，文章且须放荡。"与颜之推之说相合，足见当时风尚如此。

〔6〕去泰去甚：不要过头。《老子》二十九章："是以圣人去甚，去奢，去泰。"

【译文】

文章应以义理意致为心肾，气韵才调为筋骨，运用典实为皮肤，华丽辞藻为冠冕。如今相因袭的，都是趋末弃本，大多过于浮艳。文辞与义理相争，文辞优美而义理被掩盖；用事与才思相争，则用事繁复而才思受到了损害。肆意飘逸的，虽行文放荡，却忘掉了文章的本旨；穿凿拘泥的，虽补辑联缀，却文采不足。现在的时尚如此，怎能独自违背？但求不要过分罢了。真要有一位才华横溢、声誉很高的人出来，改革文章的体制，那实在是我所期望的。

9.9　古人之文〔1〕，宏材逸气，体度风格，去今实远；但缉缀疏朴，未为密致耳〔2〕。今世音律谐靡，章句偶对〔3〕，讳避精详，贤于往昔多矣。宜以古之制裁为本，今之辞调为末，并须两存，不可偏弃也。

【注释】

〔1〕古人之文：这里指骈文流行之前的先秦两汉的文章。

〔2〕“但缉缀”二句：这是颜之推用骈文的标准来要求古人之文而产生的看法。缉缀，缝接拼合，指文章的撰写联缀。

〔3〕“今世”二句：这些都是骈文的特征。

【译文】

古人的文章，才气宏大飘逸，其体度风格，与今天的差别实在是太大了。只是在遣词造句方面它还粗疏质朴，不够周密细致。如今文章的音律和谐靡丽，辞句骈偶对称，避讳精细详密，这方面则比古人之文好多了。应该以古人的文章体制为本，以今人的文辞音调为末，二者并存，不可偏废。

9.10　吾家世文章，甚为典正，不从流俗。梁孝元在蕃邸时〔1〕，撰《西府新文》〔2〕，讫无一篇见录者，亦以不偶于世，无郑、卫之音故也〔3〕。有诗、赋、铭、诔、书、表、启、疏二十卷，吾兄弟始在草土〔4〕，并未得编次，便遭火荡尽，竟不传于世。衔酷茹恨，彻于心髓！操行见于《梁史·文士传》及孝元《怀旧志》〔5〕。

【注释】

〔1〕蕃邸：指梁元帝被封为湘东王。　蕃，通“藩”。

〔2〕《西府新文》：《隋书·经籍志》：“《西府新文》十

一卷，并录，梁萧淑撰。”萧淑传附见《南齐书·萧介传》。西府，指江陵。此书大概是萧淑受萧绎所使，辑录各位臣僚的文章。当时颜之推之父颜协正担任镇西府谘议参军，而其文未被收录，故颜之推引以为恨。

〔3〕郑、卫之音：春秋战国时期郑国和卫国的民间音乐，与雅乐有很大的不同。《论语·卫灵公》中有“郑声淫”之说。此处指浮艳的文风。

〔4〕草土：指居丧。《资治通鉴》卷二六三《唐纪七十九》：“时韦贻范在草土。”胡三省注：“居丧者寝苫枕块，故曰草土。”

〔5〕“操行”句：颜协传见《梁书·文学传下》。据前人考证，此处所言《梁史》不是指姚思廉的《梁书》，而是指许亨的《梁史》。许亨，陈领军大著作郎，著《梁史》五十三卷，《隋书·经籍志》著录。　《怀旧志》，梁元帝撰，九卷，《隋书·经籍志》著录。

【译文】

我先父的文章，非常典雅纯正，不随世俗。梁元帝为湘东王的时候，辑录《西府新文》，先父的文章竟没有一篇被收录，这也是因为他不迎合世人的口味，没有浮艳之文的缘故。先父留有诗、赋、铭、诔、书、表、启、疏等各种文体的文章共二十卷，我们兄弟当时在服丧期间，还没有来得及编辑整理，就遭逢火灾，焚烧殆尽，最终没能让它流传于世。我怀痛含恨，达于心髓！先父的操守品行见载于《梁史·文士传》以及梁元帝的《怀旧志》。

9.11　沈隐侯曰〔1〕：“文章当从三易：易见事，

一也；易识字，二也；易读诵，三也。”邢子才常曰[2]：“沈侯文章，用事不使人觉，若胸臆语也。”深以此服之。祖孝徵亦尝谓吾曰[3]：“沈诗云：‘崖倾护石髓[4]。’此岂似用事邪？”

【注释】

〔1〕沈隐侯：即沈约。南朝梁文学家，字休文，吴兴武康(今浙江德清)人。历仕宋、齐、梁三朝，官至尚书令。梁时封为建昌县侯，卒谥隐。传见《梁书》。

〔2〕邢子才：即邢邵。见8.10注〔21〕。

〔3〕祖孝徵：即祖珽。见6.14注〔10〕。

〔4〕石髓：也叫“玉髓”，是一种矿物，石英的隐晶质亚种之一，外形常呈钟乳状、葡萄状等。《晋书·嵇康传》：“(康)遇王烈，共入山。烈尝得石髓如饴，即自服半，余半与康，皆凝而为石。”

【译文】

沈约说：“文章应该遵循‘三易’的原则：一是用典明白易懂，二是文字容易识认，三是易于诵读记忆。”邢子才常说，“沈约的文章，用典录事使人觉察不出来，就好像直抒胸臆一般。”我因此深深地佩服他。祖孝徵也曾对我说：“沈约的诗说‘崖倾护石髓’，这句诗难道像在用典吗？”

9.12 邢子才、魏收俱有重名，时俗准的[1]，以为师匠。邢赏服沈约而轻任昉[2]，魏爱慕任昉而毁沈约，每于谈宴，辞色以之。邺下纷纭，各有朋党。祖孝徵尝谓吾曰：“任、沈之是非，乃邢、魏之优劣也。”

【注释】

〔1〕准的：标准。

〔2〕任昉：南朝梁文学家，字彦升，乐安博昌(今山东寿光)人。历仕宋、齐、梁三朝，梁时官义兴、新安太守等职。传见《梁书》。有才思，善属文，以表、奏、书、启诸体散文擅名，而沈约以诗著称，时人号曰“任笔沈诗”。

【译文】

邢子才、魏收都有盛名，当时的人都将他们视为楷模，奉为宗师。邢子才欣赏钦佩沈约而轻视任昉，魏收爱戴仰慕任昉而诋毁沈约，他们在一起宴饮聊天时，常常为此争论得面红耳赤。邺都之人对此也说法不一，两人各有自己的朋党。祖孝徵曾对我说：“任昉、沈约两人的是和非，实际上就能反映邢子才、魏收二人的优和劣。”

9.13 《吴均集》有《破镜赋》〔1〕。昔者，邑号朝歌，颜渊不舍〔2〕；里名胜母，曾子敛襟〔3〕：盖忌夫恶名之伤实也。破镜乃凶逆之兽，事见《汉书》〔4〕，为文幸避此名也。比世往往见有和人诗者，题云敬同，《孝经》云：“资于事父以事君而敬同。〔5〕”不可轻言也。梁世费旭诗云：“不知是耶非。[6]”殷沄诗云[7]：“飘飏云母舟。”简文曰：“旭既不识其父，沄又飘飏其母。[8]”此虽悉古事，不可用也。世人或有文章引《诗》“伐鼓渊渊”者[9]，《宋书》已有屡游之诮[10]；如此流比，幸须避之。北面事亲[11]，别舅摛《渭阳》之咏[12]；堂上养老，送兄赋桓山之悲[13]，皆大失也。举此一隅，触涂宜慎[14]。

【注释】

〔1〕吴均：南朝梁文学家，字叔庠，吴兴故鄣(今浙江安吉)人。其文工于写景，尤以小品书札见长，文辞清拔，有古气，时人或有仿效，号为“吴均体”。其诗也做得不错，清新不俗。传见《梁书·文学传》。《吴均集》，《隋书·经籍志》著录二十卷，今已不传。

〔2〕颜渊：即颜回，孔子弟子，安贫养志，其德行为孔子所称。一说“邑名朝歌，墨子不人”。

〔3〕曾子：孔子弟子。见4.1注〔5〕。

〔4〕破镜：恶兽名。《汉书·郊祀志上》：“古天子常以春解祠，祠黄帝用一枭、破镜。”注：“孟康曰：枭，鸟名，食母。破镜，兽名，食父。黄帝欲绝其类，使百吏祠皆用之。”

〔5〕“资于”句：见于《孝经·士章》，意思是：奉事君王和奉事父母一样取相同的敬意。

〔6〕费旭：江夏(治今湖北武昌)人。或言费旭当作“费昶”。《南史·何思澄传》：“王子云，太原人，及江夏费昶，并为闾里才子。昶善为乐府，又作《鼓吹曲》。武帝重之。”《隋书·经籍志》集部有梁新田令《费昶集》三卷。《玉台

新咏》亦收有费昶诗。《乐府诗集》卷十七载梁费昶《巫山高》云:“彼美岩之曲,宁知心是非。”此下句有可能是颜之推所引异文。

〔7〕殷沄:卢文弨疑为“殷芸”之误,抑或为“褚沄”。殷芸,字灌蔬,陈郡长平(今河南西华东北)人。励精勤学,博洽群书,曾为昭明太子侍读。传见《梁书》。褚沄,湘东王记室参军,能诗。此二人皆有可能与梁简文相接。

〔8〕“旭既”二句:是说梁简文帝讥笑费、殷二氏作诗不知避讳。南朝俗称父为耶。卢文弨说:“以耶为父,盖俗称也。古《木兰诗》:‘卷卷有耶名。’”

〔9〕伐鼓渊渊:见《诗经·小雅·采芑》。

〔10〕王利器《集解》:李慈铭曰:“案《金楼子·杂记上》云:‘宋玉戏太宰屡游之谈,流连反语,遂有鲍照伐鼓、孝绰布武、韦粲浮柱之作。’此处《宋书》,本亦作‘宋玉’。”刘盼遂曰:“案梁元帝《金楼子·杂记》篇……据孝元之言,是引《诗》‘伐鼓渊渊’者为鲍照,然而沈约《宋书》明远附见《南平王铄传》中,不见‘伐鼓’之文,亦无‘屡游’之诮。《隋书·经籍志》正史类有徐爰《宋书》六十五卷,孙严《宋书》六十五卷,宋大明中撰《宋书》六十一卷,则明远‘伐鼓’‘屡游’故实,当在此三史中矣。”反语,即反音,六朝文人的一种文字游戏,用反切法把一个双音词颠倒反切,使它成为一个新词,借以寓音。如“伐鼓”二字,正着切成“腐”字,倒着切成“骨”字。于是“伐鼓”就成了“腐骨”的隐喻词了。“屡游”反语未详。

〔11〕北面:面向北。古时,臣拜君,卑幼拜尊长,皆面向北行礼,因而居臣下、晚辈之位称“北面”。

〔12〕“别舅”句:《诗·小序》:“《渭阳》,(秦)康公念母也。康公之母,晋献公之女。文公遭丽姬之难,未反,而秦姬卒,穆公纳文公。康公时为太子,赠送文公于渭之阳,

念母之不见也，我见舅氏，如母存焉。”此言丧母者见到舅舅，仿佛见到母亲。而母健在，与舅舅分别时唱吟此诗，大不妥当。

〔13〕“送兄”句:《孔子家语·颜回》: 孔子在卫，颜回侍侧，“闻哭者之声甚哀。子曰:‘回，汝知此何所哭乎?’对曰:‘回以此哭声，非但为死者而已，又有生离别者也。’子曰:‘何以知之?’对曰:‘回闻桓山之鸟，生四子焉，羽翼既成，将分于四海，其母悲鸣而送之，哀声有似于此，谓其往而不返也。回窃以音类知之。’孔子使人问哭者，果曰:‘父死家贫，卖子以葬，与之长诀。’子曰:‘回也，善于识音矣。’”桓山之悲，喻父死而卖子，今父尚在，而送兄引用桓山之事，颜之推认为大不妥当。

〔14〕触涂: 也作“触途”。各处，处处。

【译文】

《吴均集》中有篇《破镜赋》。从前有个城邑名叫朝歌，颜渊就因为这个地名而不在这里停留；有个乡里名叫胜母，曾子到此，整整衣襟而走开: 这大概是因为他们忌讳不好的名称会损害事物本来的内涵吧。“破镜”是一种凶恶的野兽，它的出典见于《汉书》，写文章时希望你们避免用这一类的名称。近世往往见到有人奉和别人的诗作，在和诗的题目上写有“敬同”二字，《孝经》里说:“资于事父以事君而敬同。”因此“敬同”这个词是不能随便说的。梁代费旭的诗中说:“不知是耶非。”殷沄的诗中说:“飘飏云母舟。”简文帝说:“费旭既不认识他的父亲，殷沄又让他母亲到处飘荡。”这些虽然都是过去的事，但也不可随意引用。有人在文章中引用《诗经》“伐鼓渊渊”的诗句，《宋书》对这种不识反语的人曾予以讥诮。诸如此类的词句，希望你们一定要避免使用。尚在事奉母亲，在与舅舅分别时，却尽情吟唱《渭阳》；尚在侍养老父，送别兄长时，却以“桓山之鸟”来表达自己的悲绪，这些都是大大的过失。举这些例子，你们就可以触类旁通，处处都应该慎重。

9.14　江南文制〔1〕，欲人弹射，知有病累，随即改之，陈王得之于丁廙也〔2〕。山东风俗〔3〕，不通击难。吾初入邺，遂尝以此忤人，至今为悔；汝曹必无轻议也。

【注释】

〔1〕文制：制文，写文章。

〔2〕“陈王”句：陈王，指三国魏陈思王曹植。其《与杨德祖书》云：“仆尝好人讥弹其文，有不善者，应时改定。昔丁敬礼尝作小文，使仆润饰之。仆自以才不能过若人，辞不为也。敬礼云：‘卿何所疑难乎？文之佳丽，吾自得之，后世谁相知定吾文者耶？’吾常叹此达言，以为美谈。”

〔3〕山东：地区名。见6.22注〔10〕。

【译文】

江南人写文章，希望人批评指摘，发现有毛病，及时地加以改正。陈思王曹植就从丁廙那儿感受到这种风气。山东的风俗，不懂得请别人对自己的文章进行抨击、诘难。我刚到邺都的时候，就曾经因为批评别人的文章而得罪人，到现在还为这件事感到后悔；

你们千万不要轻率地议论别人的文章。

9.15　凡代人为文，皆作彼语，理宜然矣。至于哀伤凶祸之辞，不可辄代。蔡邕为胡金盈作《母灵表颂》曰：“悲母氏之不永，然委我而夙丧。”〔1〕又为胡颢作其父铭曰：“葬我考议郎君。”〔2〕《袁三公颂》曰：“猗欤我祖，出自有妫。”〔3〕王粲为潘文则《思亲诗》云：“躬此劳悴，鞠予小人；庶我显妣，克保遐年。”〔4〕而并载乎邕、粲之集，此例甚众。古人之所行，今世以为讳。陈思王《武帝诔》，遂深永蛰之思〔5〕；潘岳《悼亡赋》，乃怆手泽之遗〔6〕：是方父于虫，匹妇于考也。蔡邕《杨秉碑》云：“统大麓之重。”〔7〕潘尼《赠卢景宣诗》云：“九五思龙飞。”〔8〕孙楚《王骠骑诔》云：“奄忽登遐。”〔9〕陆机《父诔》云：“亿兆宅心，敦叙百揆。”〔10〕《姊诔》云：“伣天之和〔11〕。”今为此言，则朝廷之罪人也。王粲《赠杨德祖诗》云：“我君饯之，其乐泄泄。”〔12〕不可妄施人子，况储君乎〔13〕？

【注释】

〔1〕“蔡邕”三句：胡金盈，汉代胡广之女。　灵表，文体名，墓表的一种。　“悲母氏”二句意为：“悲伤母亲的不能长寿，为何抛下我而过早地离世。”卢文弨说后句在蔡集中作“胡委我以夙丧”。

〔2〕“又为”二句：胡颢，胡广之孙，名宁。 考，对已亡父亲的称呼。 议郎，汉职官名。一般是特征贤良方正之士担任。秩比六百石，掌顾问应对，为光禄勋所属的郎官之一。此句意为：“安葬我的亡父议郎君。”

〔3〕“猗欤”二句：猗欤，叹词，表示赞美。《广韵·二十一欣》：“袁姓出陈郡、汝南、彭城三望，本自胡公之后。”又《左传·昭公八年》杜注：“胡公满，遂之后也，事周武王，赐姓曰妫，封诸陈。”二句意为：“啊，我的祖先，出自有妫这一姓氏。”

〔4〕“躬此”四句：显妣：对已亡母亲的称呼。 遐年：高龄，长寿。此处引申为永远。四句意为：“您如此操劳憔悴，养育我长大；希望我尊贵的亡母，能保住灵魂永获安宁。”

〔5〕蛰：蛰伏，本指昆虫冬眠，此处曹植以之比喻父亲的死亡。刘勰《文心雕龙·指瑕》说：“永蛰颇疑于昆虫，施之尊极，岂其当乎?”

〔6〕手泽：犹手汗。《礼记·玉藻》：“父没而不能读父之书，手泽存焉尔。”多用之称先人或前辈的遗墨、遗物等。潘岳以称亡妻遗物，大不妥，故颜氏讥之。

〔7〕“统大麓”句：大麓，犹总领，谓领录天子之事。《尚书·舜典》：“纳于大麓，烈风雷雨弗迷。”卢文弨引郑玄注《尚书大传》：“山足曰麓，麓者，录也。古者，天子命大事，命诸侯，则为坛国之外。尧聚诸侯，命舜陟位居摄，致天下之事，使大录之。”此句意为：“担负总领天下大事的重任。”

〔8〕“九五”句：九五，本《易经》中的卦爻位名。九，阳爻；五，第五爻。《易·乾》：“九五，飞龙在天，利见大人。”后因以“九五”指帝位。 龙飞，喻圣人起而为天子。

〔9〕“孙楚”二句：孙楚，字子荆，晋太原中都(今山西平遥西南)人。曾任冯翊太守。传见《晋书》。《隋书·经籍

志》著录《孙楚集》六卷。　奄忽：迅疾。　登遐：本为对死去之人的讳称，后专指帝王之死。

〔10〕“亿兆”二句：亿兆：众庶万民。宅心：归心。敦叙：即“敦序”，亲睦和顺。百揆：指百官。此二句意为：“使万民归心，使百官和睦。”

〔11〕俔天之和：王利器《集解》谓此“和”当作“妹”。《诗经·大雅·大明》：“大邦有子，俔天之妹。”意谓大国有一个女儿，好比天上的仙子。本为赞颂文王所聘之女太姒之语，后以“俔天”借指皇后、公主。

〔12〕“其乐”句：《左传·隐公元年》郑庄公与其母姜氏和好，“公入而赋：‘大隧之中，其乐也融融。’姜出而赋：‘大隧之外，其乐也泄泄。’”

〔13〕储君：太子。从王粲当时的形势看，当指曹丕。“其乐泄泄”本为姜氏与郑庄公母子重新和好的诗句，不可泛用，而王粲用之于储君，故颜之推表示不同意见。

【译文】

凡是代替别人写文章，都要用别人的语气，从道理上讲应该是这样。至于表达哀伤凶祸内容的文章，是不可以随便替人代笔的。蔡邕为胡金盈作《母灵表颂》道：“悲母氏之不永，然委我而夙丧。”又为胡颢代笔替他父亲写墓志铭说：“葬我考议郎君。”还有《袁三公颂》说：“猗欤我祖，出自有妫。”王粲替潘文则写的《思亲诗》说：“躬此劳悴，鞠予小人；庶我显妣，克保遐年。”而这几篇文章都收录在蔡邕、王粲的文集里，这种例子是很多的。古人的这种做法，在现在的人看来就是犯了忌讳。陈思王曹植的《武帝诔》，以“永蛰”一词来表达对亡父的深切怀念之情；潘岳的《悼亡赋》用“手泽”一词以抒发看见亡妻遗物而引起的悲伤。前者是将父亲比作永远冬眠的昆虫，后者则是将亡妻等同于亡父了。蔡邕的《杨秉碑》说：“统大麓之重。”潘尼的《赠卢景宣诗》说：“九五思龙飞。”孙楚的《王骠骑诔》说：“奄忽登遐。”陆机的《父诔》说：“亿兆宅心，敦叙百揆。”《姊诔》说：“伣天之和。”今天要是有人写这些话，就成了朝廷的罪人了。王粲的《赠杨德祖诗》说：“我君饯之，其乐泄泄。”这种表示母子重新和好的话是不可以随便妄用于一般人的儿女的，何况是太子呢？

9.16　挽歌辞者，或云古者《虞殡》之歌[1]，或云出自田横之客[2]，皆为生者悼往告哀之意。陆平原多为死人自叹之言[3]，诗格既无此例，又乖制作本意。

【注释】

〔1〕《虞殡》：送葬歌曲。《左传·哀公十一年》：“公孙夏命其徒歌《虞殡》。”杜预注：“送葬歌曲也。”

〔2〕田横：秦末狄县(今山东高青东南)人。本齐国贵族。秦末，从兄田儋起兵，重建齐国。楚汉战争中自立为齐王，不久为汉军所破，投奔彭越。汉建，率徒众五百余人逃亡海岛。后汉高祖命他到洛阳，被迫前往，因不愿称臣于汉，于途中自尽。留海岛徒众闻田横死讯，亦全部自杀。传见《史记》。赵曦明引崔豹《古今注》：“《薤露》、《蒿里》，并丧歌也。田横自杀，门人伤之，为作悲歌，言人命如薤上之露，易晞灭也；亦谓人死魂魄归乎蒿里，故有二章。至李

延年乃分为二曲，《薤露》送王公贵人，《蒿里》送士大夫庶人，使挽柩者歌之，世呼为挽歌。”

〔3〕陆平原：即陆机。因陆机曾任平原内史，故有是称。赵曦明曰：“陆机《挽歌》诗三首，不全为死人自叹之言，唯中一首云：‘广宵何寥廓，大暮安可晨？人往有反岁，我行无归年！’乃自叹之辞。”

【译文】

挽歌辞，有的说始于古代的《虞殡》之歌，有的说出自田横的门客，它都是活着的人用来追悼死者以表达哀伤之意的。陆机作挽歌大多是死者自叹之言，挽歌诗的格式中既没有这样的例子，也背离了制作挽歌诗的本意。

9.17　凡诗人之作，刺箴美颂，各有源流，未尝混杂，善恶同篇也。陆机为《齐讴篇》〔1〕，前叙山川物产风教之盛，后章忽鄙山川之情〔2〕，殊失厥体。其为《吴趋行》〔3〕，何不陈子光、夫差乎〔4〕？《京洛行》，胡不述赧王、灵帝乎〔5〕？

【注释】

〔1〕《齐讴篇》：即《齐讴行》，见《乐府诗集》卷六十四。

〔2〕“后章”句：《齐讴行》“惟师”以下有指责齐景公的诗句，故颜氏有此说法。赵曦明、王利器等认为陆机只是批评齐景公据形胜之地，而不能如尚父、桓公那样修帝王之业，“非鄙山川也”。

〔3〕《吴趋行》：亦见于《乐府诗集》卷六十四。

〔4〕子光：即春秋时吴王阖庐。一作阖闾，名光。以专诸刺杀吴王僚而自立。在位时，灭徐国，攻破楚国，一度占领楚都郢(今湖北江陵西北)。后被越王勾践打败，重伤而死。　夫差：阖庐之子。阖庐死后继位，兴兵攻破越都，迫使越国屈服。后大败齐兵，北上与晋争霸，越国乘机起兵攻灭吴国，夫差自杀。

〔5〕《京洛行》二句：《乐府诗集》卷三十九的《煌煌京洛行》，录魏文帝以下四首，不见陆机之作。　赧王：即周赧王。周代最后一个君王。　灵帝：指东汉灵帝刘宏。其在位政治混乱，宦官专权，党锢复起，导致各阶层矛盾激化，黄巾起义爆发。

【译文】

大凡诗人的作品，讽刺的、针砭的、歌颂的、赞美的，都各有源流，从来没有将贬恶扬善的内容混杂在同一诗篇中。陆机作《齐讴行》，前半部是叙述山川物产风俗教化的兴盛，后半部忽然出现鄙薄山川的情绪，这也太背离诗的体制了。他写《吴趋行》，为何不陈说公子光、夫差的事呢？写《京洛行》，又为何不说说周赧王、汉灵帝的事呢？

9.18　自古宏才博学，用事误者有矣；百家杂说，或有不同，书傥湮灭，后人不见，故未敢轻议之。今指知决纰缪者，略举一两端以为诫。《诗》云："有鷕雉鸣。"又曰："雉鸣求其牡。"[1]毛《传》亦曰[2]："鷕，雌雉声。"又云："雉之朝雊，尚求其雌。"[3]郑玄注《月令》亦云[4]："雊，雄雉鸣。"[5]潘岳赋曰："雉鷕鷕以朝雊。"[6]是则混杂其雄雌矣。《诗》云："孔怀兄弟。"[7]孔，甚也；怀，思也，言甚可思也。陆机《与长沙顾母书》，述从祖弟士璜死，乃言："痛心拔脑，有如孔怀。"心既痛矣，即为甚思，何故方言有如也？观其此意，当谓亲兄弟为孔怀。《诗》云："父母孔迩。"[8]而呼二亲为孔迩，于义通乎？《异物志》云[9]："拥剑状如蟹，但一螯偏大尔。"[10]何逊诗云："跃鱼如拥剑。"[11]是不分鱼蟹也。《汉书》："御史府中列柏树，常有野鸟数千，栖宿其上，晨去暮来，号朝夕鸟。"[12]而文士往往误作乌鸢用之[13]。《抱朴子》说项曼都诈称得仙，自云："仙人以流霞一杯与我饮之，辄不饥渴。"[14]而简文诗云："霞流抱朴碗。"[15]亦犹郭象以惠施之辨为庄周言也[16]。《后汉书》："囚司徒崔烈以银铛鏁。"[17]银铛，大鏁也；世间多误作金银字。武烈太子亦是数千卷学士[18]，尝作诗云："银鏁三公脚，刀撞仆射头。"为俗所误。

【注释】

〔1〕"有鷕"句、"雉鸣"句：见《诗经·邶风·匏有苦叶》。鷕（yǎo，又读 wěi）：雌雉的鸣叫声。　牡：指雄雉。

〔2〕毛《传》：《毛诗故训传》的简称。为汉人训释《诗经》之作。《汉志》著录三十卷，但言毛公作，未著其名。

郑玄以为此毛公指大毛公毛亨，也有人认为是小毛公毛苌。或言毛亨作后毛苌有所增益。其训诂大抵本先秦学者的意见，保存了很多古义，虽有一些错误，却为研究《诗经》的重要文献。

〔3〕“雊之”二句：见《诗经·小雅·小弁》。 雊(gòu)：雄雉鸣。

〔4〕郑玄句：郑玄，见8.11注〔4〕。《月令》，《礼记》中的篇名。

〔5〕“雊”二句：见《礼记·月令》季冬之月注。郝懿行曰：“郑注《月令》，今本无‘雄’字，而云：‘雊，雉鸣也。’《说文》亦云：‘雊，雄雉鸣。’疑颜氏所见古本有‘雄’字，而今本脱之欤?”

〔6〕“雉鷕”句：赵曦明曰：“徐爰注此赋云：‘延年以潘为误用。案：《诗》“有鷕雉鸣”，则云“求牡”，及其“朝雊”，则云“求雌”，今云“鷕鷕朝雊”者，互文以举，雄雌皆鸣也。’案：徐说甚是，古人行文，多有似此者。”又段玉裁曰：“徐子玉与延年皆宋人也，黄门年代在后，其所作《家训》，当是袭延年说耳。”

〔7〕“孔怀”句：《诗经·小雅·常棣》作“兄弟孔怀”。

〔8〕“父母”句：见《诗经·周南·汝坟》。

〔9〕《异物志》：汉议郎杨孚撰。《隋书·经籍志》著录一卷。

〔10〕拥剑：崔豹《古今注》说：“蟚蚏，不蟹也，生海边，食土，一名长卿。其有一螯偏大，谓之拥剑。”

〔11〕“何逊”二句：何逊，南朝梁诗人。字仲言，东海郯(今山东郯城)人。其诗长于写景及炼字，为杜甫所推许。《梁书》有传。其《渡连圻》二首作“鱼游若拥剑，猿挂似悬瓜”。

〔12〕“御史”五句：见《汉书·朱博传》。

〔13〕“而文士”句：此处“乌”、“鸟”之辨，有的学

者以为作“乌”未必误。如陈直说：“《汉书》刊本，乌鸟二字，往往易混。例如张掖郡鸾鸟县，宋嘉祐本即作鸾乌。苏诗云：‘乌府先生铁作肝。’是宋人所见《朱博传》即作野乌。颜氏所见本作野鸟，或字之异同，未可即定鸟为正确字。”

〔14〕“仙人”二句：见《抱朴子·祛惑》。《抱朴子》，东晋葛洪著。分内篇二十卷和外篇五十卷。内篇言神仙，外篇说人事。　流霞，传说为仙人所喝的一种饮料。

〔15〕《抱朴子》所言项曼都遇仙人事本于王充《论衡·道虚》。且“流霞一杯”是项曼都语，不是葛洪之语。颜之推讥讽梁简文帝不知这一出典，才写出这样不通的诗句。

〔16〕郭象：西晋哲学家。见8.12注〔18〕。　惠施：战国时哲学家。宋国人。与庄子为友。为名家代表人物之一。

〔17〕“囚司徒”句：见《后汉书·崔骃传附崔烈传》。鏁，同“锁”。

〔18〕武烈太子：梁元帝长子，名方等，字实相。侯景之乱时，萧绎与河东王萧誉、岳阳王萧詧发生冲突，派方等南伐长沙，兵败而死。萧绎称帝后，追谥其为武烈太子。

【译文】

自古以来，那些才华横溢、博学多识的人，引用典故出差错也是有的；诸子百家杂说之语，有的对同一件事有不同看法，这些书倘若湮没，后人就看不到了，所以我不敢对它们轻易地妄加议论。现在我只说说那些绝对是属于差错的，略举几个例子为你们提供借鉴。《诗经》说：“有鷕雉鸣。”又说：“雉鸣求其牡。”《毛诗诂训传》也说：“鷕，是雌雉的鸣叫声。”《诗经》又说：“雉之朝雊，尚求其雌。”郑玄注《月令》也说：“雊，是雄雉的鸣叫。”而潘岳的赋说：“雉鸴鸴以朝雊。”这就混淆了雄雌二者的区别了。《诗经》说“孔怀兄弟”，孔，是非常的意思；怀，是思念的意思，孔怀的意思是说十分想念。陆机的《与长沙顾母书》，记述了从祖弟陆士璜之死，却说：“痛心拔脑，有如孔怀。”心中既然感到伤痛，就是表示非常想念，为何还说“有如”呢？看他此句的意思，应当理解为“孔怀”就是指亲兄弟了。《诗经》说“父母孔迩”，按照陆机的用法，将父母称作“孔迩”，这在意思上能说得通么？《异物志》说：“拥剑的形状如蟹，只是有一只螯偏大。”何逊的诗却说：“跃鱼如拥剑。”这是将鱼与蟹不加区分了。《汉书》说：“御史府中排列着一行柏树，常有数千只野鸟栖息在上面。早上飞走了，傍晚又飞回来，因而称之为朝夕鸟。”而文人们往往将“乌”字误当“乌鸢”的“乌”字来用了。《抱朴子》说项曼都诈称遇到了仙人，自言道：“仙人拿一杯‘流霞’给我喝，我就不再有饥渴的感觉了。”而简文帝的诗中说：“霞流抱朴碗。”这就像郭象将惠施辩说的话当作是庄周的话了。《后汉书》说：“囚禁司徒崔烈用锒铛锁。”锒铛，就是大的铁锁链；世人多把“锒”字误作金银的“银”字。武烈太子也是读过数千卷书的学士了，他曾作诗说：“银鏁三公脚，刀撞仆射头。”这是受世俗的影响所造成的失误。

9.19 文章地理，必须惬当。梁简文《雁门太守行》乃云[1]：“鹅军攻日逐[2]，燕骑荡康居[3]，大宛归善马[4]，小月送降书[5]。”萧子晖《陇头水》云[6]：“天寒陇水急，散漫俱分泻，北注徂黄龙[7]，东流会白马[8]。”此亦明珠之颣[9]，美玉之瑕，宜慎之。

【注释】

〔1〕《雁门太守行》：乐府《瑟调曲》名。雁门，郡名。战国时赵国置。秦、西汉治所在善无（今山西右玉南），东汉移治阴馆（今山西代县西北）。辖境相当于今山西北部。

〔2〕鹅：古阵名。　日逐：匈奴官名。地位低于左贤王。

〔3〕康居：古西域国名。东界乌孙，西达奄蔡，南接大月氏，东南临大宛。约在今巴尔喀什湖和咸海之间。

〔4〕大宛：古西域国名。约在今中亚费尔干纳盆地。属邑大小七十余城。以产汗血马闻名。自张骞通西域后，多与中原联系。南北朝时称破洛那。

〔5〕小月：即小月氏。古族名。秦汉之际游牧于敦煌、祁连之间。汉文帝时遭匈奴攻击，大部分西迁，只有一小部分入祁连山，与羌人杂居。这小部分人就称小月氏。颜之推认为此诗把攻匈奴日逐与康居、大宛、小月氏这些互不相干的事都扯到“雁门”来了，是不妥当的。据王利器考证，此诗非简文帝所作，而是梁人褚翔，《乐府诗集》卷三十九收录，除首句作“戎军攻日逐”外，余三句与颜氏所引相同。

〔6〕萧子晖：南朝时梁人。字景光。《梁书》有传。《隋书·经籍志》著录《萧子晖集》九卷。　《陇头水》：或作《陇头流水歌》，乐府《鼓角横吹曲》名。述征人行经曲折高峻的陇坂，备受辛苦。陇坂，指今陕西陇县至甘肃平凉一段。

〔7〕黄龙：即黄龙城。在今辽宁朝阳境。

〔8〕白马：有二说，一说指汉代西南夷之白马氐，一说指今河南浚县境内的白马津。按诗义推之，后说为当。颜氏认为黄龙在漠北，白马在黎阳，与陇水毫不相干，萧子晖此

诗所涉及的有关地理方面的内容也是不当的。王利器《集解》云:“此及《雁门太守行》所侈陈之地理,皆以夸张手法出之,颜氏以为文章瑕颣,未当。”

〔9〕颣(lèi):丝上的疙瘩。引申为小毛病。

【译文】

文章中凡涉及地理的,必须恰当。梁简文帝《雁门太守行》就说:“鹅军攻日逐,燕骑荡康居。大宛归善马,小月送降书。”萧子晖《陇头水》说:“天寒陇水急,散漫俱分泻。北往徂黄龙,东流会白马。”这些地方算是明珠上的一点小毛病,美玉上的瑕疵,也是应该要慎重对待的。

9.20 王籍《入若耶溪》诗云〔1〕:“蝉噪林逾静,鸟鸣山更幽。”江南以为文外断绝,物无异议。简文吟咏,不能忘之,孝元讽味,以为不可复得,至《怀旧志》载于《籍传》。范阳卢询祖〔2〕,邺下才俊,乃言:“此不成语,何事于能?”魏收亦然其论。《诗》云:“萧萧马鸣,悠悠旆旌。〔3〕”毛《传》云:“言不喧哗也。”吾每叹此解有情致,籍诗生于此耳。

【注释】

〔1〕王籍:南朝时梁文学家。字文海,琅琊临沂(今属山东)人。七岁能属文,及长,好学博涉,有才气。此诗是他为湘东王府谘议参军,随府至会稽,游若耶溪时而作。诗

一出，即受盛誉。《梁书》有传。

〔2〕卢询祖：北齐时文学家。范阳（治今河北涿县）人。文章华美。

〔3〕“萧萧”二句：见《诗经·小雅·车攻》。萧萧，马长嘶声。悠悠，闲暇貌。这两句诗是写大猎后整队等待着下令返归时的静肃景象。“萧萧马鸣”，静中有动；“悠悠旆旌”，动中有静。

【译文】

王籍的《入若耶溪》诗说：“蝉噪林愈静，鸟鸣山更幽。”江南人认为这两句诗是独一无二的佳作，没有人对此有异议。简文帝吟诵之后，不能忘怀，梁元帝常诵读品味，认为此作不可多得，以至在《怀旧志》中还将此诗收入《王籍传》中。范阳卢询祖，是邺下的俊雅之才，他却说：“这两句诗不能成为好的联语，看不出他有什么才能。”魏收也赞同这一观点。《诗经》说：“萧萧鹿鸣，悠悠旆旌。”《毛诗诂训传》说：“这是肃静不嘈杂的意思。”我时常叹服这个解释有情致。王籍的这一诗句就是由此而得的。

9.21　兰陵萧悫，梁室上黄侯之子〔1〕，工于篇什。尝有《秋》诗云〔2〕：“芙蓉露下落，杨柳月中疏。”时人未之赏也。吾爱其萧散，宛然在目。颍川荀仲举〔3〕、琅邪诸葛汉〔4〕，亦以为尔。而卢思道之徒〔5〕，雅所不惬。

【注释】

〔1〕“兰陵”二句：《北齐书·文苑传》：“萧悫，字仁祖，梁上黄侯晔之子。天保中入国，武平中太子洗马……曾秋夜赋诗，其两句云‘芙蓉露下落，杨柳月中疏’，为知音所赏。”　兰陵，郡名。在今山东邹城境。

〔2〕《秋》：陈直说：“萧悫原诗现存，题为《秋思》。本文‘秋’下当脱‘思’字。”

〔3〕荀仲举：北齐颍川(治今河南许昌)人。字士高。本仕梁，为南沙令。随萧渊明与北齐战，被俘，遂仕齐。传见《北齐书·文苑传》。

〔4〕诸葛汉：即诸葛颍，建康(今江苏南京)人，字汉。此言琅邪当指郡望。传见《北史·文苑传》，亦见《隋书》。

〔5〕卢思道：隋朝范阳人，字子行。少从邢邵学，及长，先后仕北齐、北周和隋。才学兼著，其诗纤艳。传见《北史》及《隋书》。

【译文】

兰陵萧悫，是梁上黄侯萧晔的儿子，擅长作诗。曾写有《秋》诗，诗中道：“芙蓉露下落，杨柳月中疏。”当时的人不加欣赏。我喜爱它的空远散淡，所描绘的景象宛然在眼前。颍川荀仲举，琅琊诸葛汉，也认为是这样。可卢思道之辈，却不满意这两句诗。

9.22　何逊诗实为清巧，多形似之言〔1〕；扬都论者〔2〕，恨其每病苦辛，饶贫寒气，不及刘孝绰之雍容也〔3〕。虽然，刘甚忌之，平生诵何诗，常云：“‘蘧车响北阙’，懂懂不道车。”〔4〕又撰《诗苑》〔5〕，止取何两篇，时人讥其不广。刘孝绰当时既有重名，无所与让；唯服谢朓，常以谢诗置几案间，动静辄讽味。简文爱陶渊明文，亦复如此。江南语曰："梁有三何，子朗最多。"〔6〕三何者，逊及思澄、子朗也。子朗信饶清巧。思澄游庐山，每有佳篇，亦为冠绝。

【注释】

〔1〕形似：指描写形象生动。

〔2〕扬都：南北朝时称建康为扬都。

〔3〕刘孝绰：南朝梁文学家。见6.36注〔13〕。

〔4〕"蘧车"二句：蘧车，刘向《列女传·卫灵夫人》："卫灵公与夫人夜坐，闻车声辚辚，至阙而止。过阙复有声。公问夫人：'知此谓谁?'夫人曰：'此蘧伯玉也。'公曰：'何以知之?'夫人曰：'妾闻礼，下公门，式路马，所以广敬也。蘧伯玉贤大夫也，仁而有智，敬于事上，此其人必不以暗昧废礼，是以知之。'"后以此为典，指人之知礼而贤能。　懜懜，乖戾貌。蘧车过阙而止声，而何逊《早朝车中听望》诗却说"蘧车响北阙"，所以刘孝绰讥之为无礼之车，懜懜不道之车。

〔5〕《诗苑》：刘氏此书未见著录，恐在唐代修《隋书》时已佚。

〔6〕"梁有"二句：《梁书·文学传下》："初，思澄与宗人逊及子朗俱擅文名，时人语曰：'东海三何，子朗最多。'思澄闻之曰：'此言误耳。如其不然，故当归逊。'思澄意谓宜在己也。"何思澄、何子朗、何逊俱是梁东海郯(今山东郯城)人。思澄字元静，少勤学，工文辞。子朗字世明，早有才思，工清言。

【译文】

何逊的诗确实清新奇巧，多有形象生动之语；而扬都的评论者批评他的诗为深思而得，用心太苦，多了些衰冷萧瑟之气，不如刘孝绰的诗显得那么雍容闲和。即使这样，刘孝绰还是很妒忌他，平时诵读何逊的诗时，常说："'蘧车响北阙'，懽懽不道车。"他又撰写《诗苑》一书，只收录两首何逊的诗，当时的人都讥讽他不够大度。刘孝绰当时已经有盛名，没有什么谦让可言，他只佩服谢朓，常将谢朓的诗放在几案之上，动辄讽诵玩味。梁简文帝喜爱陶渊明的诗文，也常常这样做。江南俗语说："梁朝有三何，子朗才气最足。""三何"就是指何逊、何思澄、何子朗。何子朗的诗文确实多清新奇巧。何思澄游登庐山，常出佳作，也是居当时之冠的诗人。

名实第十

【题解】

“名”与“实”是魏晋南北朝文士喜欢谈论的话题。在本篇中，颜之推就专门讨论“名”与“实”的关系。按理说，“名”随“实”而来，如影随形，其中“实”是根本，“名”是外在。一个人各方面都做得很好，为人也很正直，就会受到人们的称赞，自然就有好的名声。反之，名实相乖，表里不一，若际缘巧合，虽能取名于一时，但终归有露出马脚、自取其辱的时候。如那位以孝著闻的士族为表现孝行，在居丧期间，竟以“巴豆涂脸，遂使成疮，以表哭泣之过”，结局却是声名狼藉。因此作者的态度是：“巧伪不如拙诚。”在唾弃以巧伪图虚名的同时，颜之推也指出崇实求名需要把握一个合理的度，留有余地，不可走向极端，因为“至诚之言”、“至洁之行”反而容易造成人们的误解。在文章之末，他还指出人皆有慕名向善之心，执事者倘能以圣人的言行声名为号召，就能勉励众人一心向善，进而树立起良好的社会风气。本篇中的不少话语对今天仍有一定的启发和教育意义。

10.1　名之与实，犹形之与影也。德艺周厚[1]，则名必善焉；容色姝丽，则影必美焉。今不修身而求令名于世者，犹貌甚恶而责妍影于镜也。上士忘名，中士立名，下士窃名[2]。忘名者，体道合德，享鬼神之福佑，非所以求名也；立名者，修身慎行，惧荣观之不显[3]，非所以让名也；窃名者，厚貌深奸，干浮华之虚称[4]，非所以得名也。

【注释】

〔1〕德艺：德行才艺。　周厚：周洽笃厚。

〔2〕“上士”三句：卢文弨曰：“《庄子·逍遥游》：‘圣人无名。’又《天运篇》：‘老子曰：名，公器也，不可多取。’《后汉书·逸民传》：‘法真逃名而名我随，避名而名我追。’《离骚》：‘老冉冉其将至兮，惧修名之不立。’《逸周书·官人解》：‘规谏而不类，道行而不平，曰窃名者也。’”

〔3〕荣观：犹荣名、荣誉。

〔4〕干：干求，谋求。　虚称：虚名。

【译文】

名声之于实际，就像形体之于影像一样。德才全面深厚的人，则名声必然是好的；容貌秀丽的人，则影像必然是美的。如今有人不修正身心，却企望在世上求得好名声，这就像容貌丑陋的人却要求美丽的影像映显于镜中一样。上德之人忘记名声，中德之人努力树立名声，下德之人只会盗取名声。忘记身外之名的人，内心领会了“道”，行为符合了“德”，因而会受到鬼神的赐福和保佑，他们并不是靠追求而得到名声的；希求树立名声的人，修养身心，谨慎行事，担心自己的荣名不能得到显扬，他们是不会对名声谦让的；盗取名声的人，貌似忠厚，实则心怀奸诈，谋求浮华的虚名，他们是不能获得真正的名声的。

10.2　人足所履，不过数寸，然而咫尺之途，必颠蹶于崖岸，拱把之梁〔1〕，每沈溺于川谷者，何哉？为其旁无余地故也。君子之立己，抑亦如之。至诚之言，人未能信，至洁之行，物或致疑，皆由言行声名无余地也。吾每为人所毁，常以此自责。若能开方轨之路〔2〕，广造舟之航〔3〕，则仲由之言信，重于登坛之盟〔4〕，赵熹之降城，贤于折冲之将矣〔5〕。

【注释】

〔1〕拱把：双手合围为拱，只手所握为把。　梁：桥。拱把之梁，即独木桥。

〔2〕方轨：车辆并行。方轨之路，即指平坦的大道。

〔3〕造舟：在数只船上架上木板，搭成浮桥。《诗·大雅·大明》：“造舟为梁，不显其光。”架设浮桥与开拓大道之说都是喻人之心胸应博大，行事要留有余地。

〔4〕“则仲由”二句：仲由，即子路，孔子弟子。《左传·哀公十四年》：“小邾射以句绎来奔，曰：‘使季路要我，吾无盟矣。’使子路，子路辞。季康子使冉有谓之曰：‘千乘之国，不信其盟，而信子之言，子何辱焉？’对曰：‘鲁有事于小邾，不敢问故，死其城下可也。彼不臣而济其

言，是义之也，由弗能。’”登坛，指诸侯会盟。

〔5〕“赵熹”二句：《后汉书·赵熹传》：“舞阴大姓李氏拥城不下，更始遣柱天将军李宝降之，不肯，云：‘闻宛之赵氏有孤孙熹，信义著名，愿得降之。’……使诣舞阴，而李氏遂降。”

【译文】

人的脚所踩踏的地方，不过几寸的范围，然而人在咫尺宽的山道上行走，一定会从山崖上跌落下去；从不太粗的独木桥上过河，也往往会掉入淹死于溪谷河流中。这是什么缘故呢？是因为人的脚边没有余地。君子立身行事，大概就和这种情况一样。最真诚的话语，人们未必相信，最纯洁的行为，人们或许还产生怀疑，这都是由于人的言行、名声没有留下余地造成的。我每次遭到别人的诋毁，常常这么责备自己。如果能够开拓车辆并行的大道，架设船只相连的浮桥，那么就能像仲由一样，说话真实可信，胜过设坛的盟誓；像赵熹那样劝降敌城，胜过冲锋陷阵的猛将了。

10.3 吾见世人，清名登而金贝入〔1〕，信誉显而然诺亏〔2〕，不知后之矛戟，毁前之干橹也〔3〕。虙子贱云〔4〕：“诚于此者形于彼〔5〕。”人之虚实真伪在乎心，无不见乎迹，但察之未熟耳〔6〕。一为察之所鉴，巧伪不如拙诚，承之以羞大矣〔7〕。伯石让卿〔8〕，王莽辞政〔9〕，当于尔时，自以巧密；后人书之，留传万代，可为骨寒毛竖也。近有大贵，以孝著声，前后居丧，哀毁逾制[10]，亦足以高于人矣。而尝于苫块之中[11]，以巴豆涂脸[12]，遂使成疮，表哭泣之过。左右童竖，不能掩之，益使外人谓其居处饮食，皆为不信。以一伪丧百诚者，乃贪名不已故也。

【注释】

〔1〕金贝：金钱，货币。《汉书·食货志》："金刀龟贝，所以通有无也。"

〔2〕然诺：许诺。

〔3〕干橹：小、大盾牌。干用于防御刀剑之类，橹用于抵御矛戟。

〔4〕虙子贱：一作宓子贱。春秋时鲁国人，名不齐。孔子弟子。

〔5〕"诚于"句：《吕氏春秋·具备》："巫马期短褐衣弊裘，而往观化于亶父，见夜渔者，得则舍之。巫马期问焉，曰：'渔为得也，今子得而舍之，何也？'对曰：'宓子不欲人之取小鱼也，今所舍小鱼也。'巫马期归，告孔子曰：'宓子之德至矣！使小民暗行，若有严刑于旁。敢问宓子何以至于此？'孔子曰：'丘尝与之言曰：诚乎此者刑乎彼。宓子必行此术于亶父也。'"对"诚乎此者刑乎彼"一语，素来有两种解释：一为施诚于近而化之，以刑施于远；一为内诚而外化，"刑"与"形"通。结合上下文，颜氏的理解似为后一种。

〔6〕熟：精审，仔细。

〔7〕承之以羞：《易·恒》有"不恒其德，或承之羞"之语，意即不能经常保有其德，羞辱就会到来。

〔8〕伯石让卿：指春秋时郑国伯石假意推辞太史对自己

的任命一事。《左传·襄公三十年》:“伯有既死,使太史命伯石为卿,辞。太史退,则请命焉。复命之,又辞。如是三,乃受策入拜。子产是以恶其为人也,使次己位。”

〔9〕王莽辞政:指西汉末王莽假意推辞受任大司马一事。赵曦明曰:《汉书》本传:“大司马王根,荐莽自代,上遂擢莽为大同马。哀帝即位,莽上疏乞骸骨。哀帝曰:‘先帝委政于君而弃群臣,朕得奉宗庙,嘉与君同心合意。今君移病求退,朕甚伤焉。已诏尚书待君奏事。’又遣丞相孔光等白太后:‘大司马即不起,皇帝不敢听政。’太后复令莽视事。已因傅太后怒,复乞骸骨。”

〔10〕哀毁:哀痛使身体容貌都受到了损害,指居丧尽哀。

〔11〕苫块:即寝苫枕块。苫,草垫;块,土块。古礼,居父母之丧时以草垫为席,土块为枕。《礼记·问丧》:“寝苫枕块,哀亲之在土也。”故“苫块”又作为居丧的代称。

〔12〕巴豆:植物名。以产于巴蜀一带,果实形如菽豆,故名。种子可入药,有大毒。

【译文】

我见过世上的一些人,清名播扬后便寻钱纳财,信誉显露后就不再信守诺言,不知道后者的戈戟可以刺穿前者的盾牌。虙子贱说过:“内心的诚实,总会在外表显露出来。”人的虚伪或真诚,虽然藏在内心,但不会不在形迹上有所表露,只是人们的观察还不仔细罢了。一旦通过考察来鉴别,再巧妙的伪装总不如实实在在的拙诚,巧伪之人受到的羞辱就大了。伯石再三谦让卿位,王莽假意辞去大司马之职,在那个时候,他们都自以为伪装得很巧妙周密;后人对此事作了记载，世代流传，让人读后为之毛骨悚然。近来有个显贵，因为遵行孝道而闻名，先后服丧都悲伤过度，超过了丧礼的要求，其孝行可谓是超乎寻常的了。然而他在居丧期间，曾经用巴豆涂在脸上，从而造成满脸伤疤，想以此表明他哭泣得十分悲伤。他身边的仆人不能为他掩盖此事，传扬开去更使人们对他在服丧期间饮食起居表现出来的苦行都产生了怀疑。因为一次作假而毁了一百次的真诚，这是因为贪求名声不知满足的缘故。

10.4　有一士族，读书不过二三百卷，天才钝拙，而家世殷厚，雅自矜持〔1〕，多以酒犊珍玩，交诸名士，甘其饵者〔2〕，递共吹嘘。朝廷以为文华，亦尝出境聘〔3〕。东莱王韩晋明笃好文学〔4〕，疑彼制作，多非机杼〔5〕，遂设宴言，面相讨试。竟日欢谐，辞人满席，属音赋韵〔6〕，命笔为诗，彼造次即成〔7〕，了非向韵〔8〕。众客各自沈吟，遂无觉者。韩退叹曰："果如所量！"韩又尝问曰："玉珽杼上终葵首〔9〕，当作何形？"乃答云："珽头曲圜，势如葵叶耳〔10〕。"韩既有学，忍笑为吾说之。

【注释】

〔1〕雅：素常，向来。

〔2〕饵：这里指"酒犊珍玩"之类。

〔3〕聘：指古代国与国之间的通问修好。这里指萧梁去

北齐聘问。

〔4〕韩晋明：北齐人，韩轨之子。《北齐书·韩轨传》："子晋明嗣。天统中，改封东莱王。晋明有侠气，诸勋贵子孙中最留心学问。"

〔5〕机杼：本为织布机，此处用以比喻诗文的构思和布局。《魏书·祖莹传》："莹以文学见重，常语人云：'文章须自出机杼，成一家风骨，何能共人同生活也。'"

〔6〕属音赋韵：作诗的意思。属，连接。

〔7〕造次：急遽，轻率。

〔8〕了：全然。卢文弨说："了非向韵，言绝非向来之体韵也。"

〔9〕玉珽：即玉笏，古代天子所持的玉制手板。《说文·玉部》："珽，大圭，长三尺，杼上，终葵首。" 杼：削薄。卢文弨曰："杼上终葵首，本《周礼·考工记·玉人》文，杼者，杀也，于三尺圭上除六寸之下两畔杀去之，使已上为椎头。言六寸，据上不杀者言。谓椎为终葵，齐人语也。"由此可知，韩晋明所问是把玉珽从下往上削薄到椎头为止该是什么样子。

〔10〕葵叶：指终葵的叶子。终葵，草名。此句是说那士人不明白韩晋明所问何意，也不了解齐人将椎称为终葵，便想当然地以"葵叶"答之。

【译文】

有一位士族，读书不过二三百卷，天生鲁钝笨拙，但家道殷实富有，向来装出矜持的样子，常常宰牛备酒，用珍贵的赏玩之物结交名流雅士。得到好处的人，就轮番吹捧他。朝廷以为他真的有才华，也曾任命他作为使节出访齐国。东莱王韩晋明，甚喜文学，怀疑这位士族的诗文不是他自己所命意构思，于是就设宴款待并与他交谈，想当面试试这人的才学。整整一天，宴会的气氛欢洽和谐，文人雅士济济一堂，大家连音合韵，挥笔赋诗，这位士族也很快写成了，可他的诗作全没有往昔他的作品韵味。好在客人们各自在沉思吟味，没有看出其中的异常。韩晋明退席后感叹地说："果真像我所估量的那样！"韩晋明还曾经问过他："玉珽杼上终葵首，应当是什么形状的呢？"他回答说："玉珽的上部弯曲圆转，那样子如同葵叶。"韩晋明是位博学的人，忍住笑向我说了这件事。

10.5　治点子弟文章[1]，以为声价，大弊事也。一则不可常继，终露其情；二则学者有凭，益不精励。

【注释】

〔1〕治点：修改润色。《隋书·李德林传》："遵彦即命德林制《让尚书令表》，援笔立成，不加治点。"卢文弨曰："点谓点窜润饰之也。"

【译文】

修改子弟的文章，以此来抬高他们的声价，这是一大坏事。一则是这种事不可能长久持续下去，最终总归要露出真相；二则是正在求学的子弟一旦有了依赖，就更不想勤奋用功了。

10.6　邺下有一少年，出为襄国令[1]，颇自勉笃。公事经怀，每加抚恤，以求声誉。凡遣兵役，握手送离，或赍梨枣饼饵〔2〕，人人赠别，云：“上命相烦，情所不忍；道路饥渴，以此见思。”民庶称之，不容于口〔3〕。及迁为泗州别驾〔4〕，此费日广，不可常周，一有伪情，触涂难继，功绩遂损败矣。

【注释】

〔1〕襄国：县名。时属于襄国郡，约在今河北邢台西南。

〔2〕赍：以物送人。　饵：糕饼。

〔3〕不容于口：意为不是口说所能说完的。

〔4〕泗州：州名。《隋书·地理志》：“下邳郡，后魏置南徐州，后周改为泗州。”治所在宿预，约在今江苏宿迁东南。　别驾：官名。《通典·职官》十四：“州之佐史，汉有别驾、治中、主簿等官，别驾从刺史行部，别乘传车，故谓之别驾。”注：“《庾亮集·答郭豫书》：别驾旧与刺史别乘其任居刺史之半。”魏晋以后诸州仍置别驾，或称别驾从事史，职权尤重。

【译文】

邺下有位年轻人，出任为襄国县令，颇能约束自己勤勉笃实。他对公事尽心用力，常常安抚救济百姓，以求得声誉。凡是派遣本地男丁服兵役，他亲自握手送行，有时还赠送梨枣糕饼，与他们一一告别，说：“这是上边的命令要麻烦你们，我感情上实在不忍；怕你们路上饥渴，送这点东西以表思念。”当地民众称扬他的做法，赞不绝口。到他升任泗州别驾后，这种费用越来越大，不可能总是做得面面俱到。可见一有虚情，就处处难以相继，过去的功绩也就随之而毁败了。

10.7　或问曰："夫神灭形消，遗声余价，亦犹蝉壳蛇皮，兽迒鸟迹耳[1]，何预于死者，而圣人以为名教乎?"对曰："劝也[2]，劝其立名，则获其实。且劝一伯夷[3]，而千万人立清风矣；劝一季札[4]，而千万人立仁风矣；劝一柳下惠[5]，而千万人立贞风矣；劝一史鱼[6]，而千万人立直风矣。故圣人欲其鱼鳞凤翼，杂沓参差，不绝于世[7]，岂不弘哉?四海悠悠，皆慕名者，盖因其情而致其善耳。抑又论之，祖考之嘉名美誉，亦子孙之冕服墙宇也[8]，自古及今，获其庇荫者亦众矣。夫修善立名者，亦犹筑室树果，生则获其利，死则遗其泽。世之汲汲者，不达此意，若其与魂爽俱升[9]，松柏偕茂者，惑矣哉!"

【注释】

〔1〕迒：兽迹。

〔2〕劝：勉励。

〔3〕伯夷：见9.4注〔1〕。《孟子·万章下》："孟子曰：'伯夷目不视恶色，耳不听恶声；非其君不事，非其民不使；治则进，乱则退。横政之所出，横民之所止，不忍居也。思与乡人处，如以朝衣朝冠，坐于涂炭也。当纣之时，居北海之滨，以待天下之清也。故闻伯夷之风者，顽夫廉，懦夫有立志。'"

〔4〕季札：即公子札。春秋时吴王诸樊之弟。因封于延陵(今江苏常州)，故又称延陵季子。后再封州来(今安徽凤台)，故又称延州来季子。多次推让君位。事见《史记·吴太伯世家》。

〔5〕柳下惠：即展禽。青秋时鲁国大夫。展氏，名获，字禽。食邑在柳下，谥惠，故有是称。以善讲礼节闻名当时。《孟子·万章下》："柳下惠不羞污君，不辞小官；进不隐贤，必以其道，遗佚而不怨，阨穷而不悯。与乡人处，由由然不忍去也：'尔为尔，我为我，虽袒裼裸裎于我侧，尔焉能浼我哉？'故闻柳下惠之风者，鄙夫宽，薄夫敦。"

〔6〕史鱼：又作史鳍。春秋时卫国大夫，正直敢谏。《论语·卫灵公》："子曰：'直哉史鱼！邦有道，如矢；邦无道，如矢。'"《集解》："孔曰：'卫大夫史鳍，有道无道，行直如矢，言不曲。'"

〔7〕"故圣人"三句：意为圣人希望天下之士，不论其天资禀赋有何差异，皆应该仿效伯夷诸人。

〔8〕冕服：古代帝王、诸侯及卿大夫的礼服。冕指冠冕，服指服饰。

〔9〕魂爽：魂魄精爽。《左传·昭公二十五年》："心之精爽，是谓魂魄。魂魄去之，何以能久？"

【译文】

有人问道："人在灵魂湮灭和形体消失之后，留下的名声就像蝉蜕的壳、蛇蜕的皮、鸟兽的足迹一样了，这与死者有什么相干，圣人为何还要以此来作为教化的内容呢？"我回答说："那是为了勉励世人呀，是勉励大家建立名声，并做到名副其实。况且，劝勉人们效法伯夷，如果千万个人都这样做的话，就会形成清白的风气；劝勉人们效法季札，如果千万个人都这样做的话，就会形成仁慈的风气；劝勉人们效法柳下惠，如果千万个人都这样做的话，就会形成坚贞的风气；劝勉人们效法史鱼，如果千万个人都这样做的话，就会形成正直的风气。所以圣人希望世人不论天资禀赋如何，都要追随效法伯夷、史鱼诸人，并世世代代延续下去，这不是一件很大的事吗？芸芸众生都爱慕名声，要根据人的这种特性来诱导他们走上善道。或许也可以这样说，祖先的美名嘉誉，也就相当于子孙的礼服和豪华宅院，从古到今，得到这种庇荫的人也是很多的。行善事以树立美名，就像盖房子、种果树一样，生前就得到好处，死后还能造福后代。世上急功好利的人，不明白这个道理。如果他们的这种名声能够与魂魄一同升天，如同松柏那样长青不衰的话，那就让人奇怪了！”

涉务第十一

【题解】

经过东晋到南朝后期，门阀制度在南方已日趋没落。那些士族子弟不学无术，对社会实际完全无知。他们不事生产劳动，没有看见过农民起土种苗，可他们的生活却极度奢侈，个个熏衣，剃面，抹粉，涂脂，着高底靴，戴大帽子，穿宽肥的衣服，走路要人扶持，不敢骑马，有的甚至视马如虎。在本篇中，颜之推尖锐地批评了这些士大夫子弟养尊处优、脱离实际的作风，指出了这种生活方式给他们本身及整个社会带来的危害，告诫自己的儿孙要接触实际，做于国于民有用的人，而不要做只知高谈阔论而不会处理世务实事的人。

11.1 士君子之处世，贵能有益于物耳，不徒高谈虚论，左琴右书〔1〕，以费人君禄位也。国之用材，大较不过六事：一则朝廷之臣，取其鉴达治体〔2〕，经纶博雅〔3〕；二则文史之臣〔4〕，取其著述宪章，不忘前古；三则军旅之臣，取其断决有谋，强干习事；

四则藩屏之臣[5]，取其明练风俗，清白爱民；五则使命之臣[6]，取其识变从宜，不辱君命[7]；六则兴造之臣[8]，取其程功节费[9]，开略有术，此则皆勤学守行者所能办也。人性有长短，岂责具美于六涂哉[10]？但当皆晓指趣[11]，能守一职，便无愧耳。

【注释】

〔1〕左琴右书：古人往往琴书并言，以为士大夫的风雅之事。“左”、“右”用来修饰同一类行为。

〔2〕治体：指国家的体制、法度。任昉《王文宪集序》：“若乃明练庶务，鉴达治体。”

〔3〕经纶：本为整理丝缕，引申为筹划治理国家大事的志向和才能。

〔4〕文史之臣：指在帝王身边主管文书档案，起草诏令典章以及修撰国史的官员。

〔5〕藩屏之臣：指地方高级长官，如州刺史、郡太守等。

〔6〕使命之臣：指奉命出使的外交官员。

〔7〕不辱君命：不使君命受到折辱，也就是完成使命之意。《论语·子路》：“使于四方，不辱君命。”

〔8〕兴造之臣：指负责土木建筑的官员。

〔9〕程功：衡量功绩，计算完成工程进度。《礼记·儒行》：“程功积事。”孔颖达疏：“程功，程效其功。”

〔10〕涂：通“途”。六途，指上述“六事”。

〔11〕指趣：同“旨趣”。

【译文】

君子的立身处世，贵在有益于众人，而不光是高谈阔论，弹琴练字，以此耗费人君的俸禄爵位。国家使用的人材，大抵不过六种：一是朝廷之臣，选用他们通晓治理国家的体制纲要，经纶满腹，博学雅正；二是文史之臣，选用他们撰述典章制度，阐释前代兴亡之由，让今人不忘前人的经验和教训；三是军旅之臣，选用他们善断多谋，强力干练，熟悉战阵；四是藩屏之臣，选用他们了解当地民风民俗，为政清廉，爱护百姓；五是使命之臣，选用他们随机应变，因事制宜，完成人君交付的外交使命；六是兴造之臣，选用他们考核工程功效，节约费用，开创筹划有办法。以上种种，都是勤奋学习、遵守操行的人才能做到的。人的秉性各有短长，怎么可以一个人在以上六个方面都做得很好呢？只要对这些都能晓知大意，而做好其中的一个方面，也就问心无愧了。

11.2　吾见世中文学之士，品藻古今[1]，若指诸掌[2]，及有试用，多无所堪。居承平之世[3]，不知有丧乱之祸；处庙堂之下[4]，不知有战陈之急[5]；保俸禄之资，不知有耕稼之苦；肆吏民之上[6]，不知有劳役之勤，故难可以应世经务也[7]。晋朝南渡[8]，优借士族；故江南冠带[9]，有才干者，擢为令仆已下尚书郎中书舍人已上[10]，典掌机要。其余文义之士，多迂诞浮华，不涉世务；纤微过失，又惜行捶楚[11]，所以处于清高，盖护其短也。至于台阁令史[12]，主书监帅[13]，诸王签省[14]，并晓习吏用，济办时须，纵有小人之态，皆可鞭杖肃督，故多见委使，盖用其长也。人每不自量，举世怨梁武帝父子爱小人而疏士大夫[15]，此亦眼不能见其睫耳。

【注释】

〔1〕品藻：评议，鉴定等级。《汉书·扬雄传》："称述品藻。"颜师古注："品藻者，定其差品及文质。"

〔2〕若指诸掌：如指示掌中之物那般容易。《礼记·仲尼燕居》："治国其如指诸掌而已乎！"

〔3〕承平：累代相承太平。

〔4〕庙堂：指宗庙明堂。古代帝王有事则祭告宗庙，议于明堂，故庙堂也指朝廷。

〔5〕战陈：即"战阵"，作战布阵。此指打仗。

〔6〕肆：肆意，肆慢。

〔7〕应世经务：应付当世，处理事务。

〔8〕晋朝南渡：指建武元年(317)西晋灭亡，司马睿南渡并在建康建立东晋一事。

〔9〕冠带：士族、缙绅的代称，以其戴冠束带故。

〔10〕令、仆：指尚书省的长官尚书令和副职尚书左、右仆射。　尚书郎：尚书省属官，掌文书起草。梁时，尚书省下分二十二曹，每曹设郎一人，总称尚书郎，为清贵显要之职。　中书舍人：中书省属官，主进呈奏案之事。梁时亦为显要职位，参与机要。

〔11〕惜：舍不得。　捶楚：杖责。旧制，失职官员要受到杖责，即使尚书郎也难免，但自南齐起，尚书郎等成为显要之职后就不再能杖责了。

〔12〕台阁令史：台阁指尚书省，令史为在尚书省里办事

的低级官吏。

〔13〕主书：尚书省属下官吏。 监帅：即监、帅，亦为尚书省属下官吏。据《隋书·百官志》二：北齐尚书省下设尚令局、尚药局等，各设监四人；又设斋帅局，置斋帅四人。此当颜氏处北地已久，不自觉地混用了北朝官名。

〔14〕签：指典签，南朝以亲王出镇，由朝廷委派典签佐之，名为处理文书，实则监督诸王的言行，品秩虽微，却有很大权力。 省：指州郡里的省事等低级办事人员。

〔15〕梁武帝父子：梁武帝萧衍共有八子，此处仅指梁武帝和后来居君位的简文帝萧纲、元帝萧绎。

【译文】

我看世上的文学之士，品评古今，好像指点掌中之物一般，等到要让他们去干实事，却多数不能胜任。他们生活在升平时代，不知道有丧国乱民之祸；身在朝堂之上，不知道战争攻伐的急迫；有可靠的俸禄供给，不知道耕种庄稼的艰辛；恣行肆意于吏民头上，不知道有从事劳役的愁苦，这样就很难让他们应付时世，处理政务了。东晋南渡后，朝廷对士族优待宽容，所以在江南的官吏中，有才能的，就能提升到尚书令、尚书仆射以下，尚书郎、中书舍人以上的官职，执掌国家机要。其余那些稍懂文义的人，大都迂诞浮华，不会处理世务，若犯有一些小过失，也不好施以杖责，所以只好把他们安置在名高职清的位子上，大概是掩盖他们的短处吧。至于尚书省的令史、主书、监、帅，外镇藩王身边的典签、省事，都是熟悉官吏事务，能够按需要完成任务的人，纵使有些人有不良的表现，都可以施行鞭打杖责的惩罚，严加监督，所以这些人多被委任使用，大概是用其所长吧。人往往有些不自量，当时大家都在抱怨梁武帝父子喜欢小人而疏远士大夫，这就如同自己的眼睛看不到自己的睫毛一样，缺乏自知之明了。

11.3 梁世士大夫，皆尚褒衣博带〔1〕，大冠高履〔2〕，出则车舆〔3〕，入则扶侍，郊郭之内，无乘马者。周弘正为宣城王所爱〔4〕，给一果下马〔5〕，常服御之，举朝以为放达〔6〕。至乃尚书郎乘马，则纠劾之。及侯景之乱〔7〕，肤脆骨柔，不堪行步，体羸气弱，不耐寒暑，坐死仓猝者，往往而然。建康令王复性既儒雅，未尝乘骑，见马嘶歕陆梁〔8〕，莫不震慑，乃谓人曰："正是虎，何故名为马乎？"其风俗至此。

【注释】

〔1〕褒衣博带：即宽袍大带。褒，衣襟宽大之意。

〔2〕高履：高齿屐。

〔3〕舆：本是车，此指肩舆。

〔4〕周弘正：见 8.10 注〔13〕。 宣城王：指南朝梁简文帝嫡长子萧大器，武帝中大通三年(531)受封宣城郡王。简文帝即位后为太子。后死于侯景之乱，谥哀太子。

〔5〕果下马：一种身体矮小的马，高仅约三尺，骑上它能在果树下行走，故有此称。南朝时供富贵人平时乘坐。

〔6〕放达：率性而为，不为世俗礼法所拘束。

〔7〕侯景之乱：指侯景在梁朝发动的叛乱。侯景先属北

魏尔朱荣，继归高欢，为镇守河南的大将。梁太清元年(547)，高欢死，世子高澄继位。侯景惧被杀，以河南叛，降西魏。旋与西魏宇文泰互相猜忌而降梁。梁武帝封其为河南王。次年，他与梁宗室萧正德勾结，举兵叛变，攻破建康，围困台城达五个月之久。太清三年，台城被攻破，武帝忧愤而死；侯景改立萧纲为帝，并分兵四掠。大宝二年(551)，侯景废简文帝萧纲，立萧栋；旋又废萧栋而自立。次年，梁将王僧辩、陈霸先等攻入建康，侯景东逃，为部下所杀。侯景之乱使繁华的建康几成废墟，长江中下游地区遭受到极大的破坏。

〔8〕歕：同“喷”。指马的喷气。 陆梁：跳跃，强横不驯。

【译文】

梁朝的士大夫，都喜好宽袍大带、大冠高履，外出乘车舆，回到家中有僮仆服侍，在城郊以内，看不到有哪个士大夫骑马。周弘正为宣城王所宠信，宣城王赏给他一匹果下马，经常骑着它外出，满朝官员都说他太过放纵。至于像尚书郎那样的官员骑马，就会受到纠举弹劾。到侯景之乱时，这些士大夫肌肤柔嫩、筋骨脆弱，受不了步行；气血不足、体质羸弱，耐不得寒暑。在突然的变乱中坐以待毙的，往往是这批人。建康令王复，性情儒雅，不曾骑过马，一看到马在嘶叫喷气、腾跃不止时，就感到震骇恐惧，对人说：“这正是头老虎，为什么叫它马呢？”当时的风气竟到了这般地步。

11.4 古人欲知稼穑之艰难〔1〕，斯盖贵谷务本之道也〔2〕。夫食为民天，民非食不生矣，三日不粒[3]，父子不能相存。耕种之，茠锄之[4]，刈获之，载积之，打拂之[5]，簸扬之，凡几涉手，而入仓廪，安可轻农事而贵末业哉？江南朝士，因晋中兴[6]，南渡江，卒为羁旅，至今八九世，未有力田，悉资俸禄而食耳。假令有者，皆信僮仆为之[7]，未尝目观起一拨土[8]，耘一株苗；不知几月当下，几月当收，安识世间余务乎？故治官则不了[9]，营家则不办，皆优闲之过也。

【注释】

〔1〕稼穑：指农事。《尚书·无逸》："先知稼穑之艰难。"

〔2〕本：指农业，与下文"末业"相对。末，指商业。

〔3〕粒：指以谷米为食。

〔4〕茠：同"薅"，除草。　锄：锄。

〔5〕打拂：以连枷击禾，使谷粒脱落。

〔6〕中兴：复兴。西晋被灭后，司马睿在南方重建晋朝，号为中兴。

〔7〕信：依靠。

〔8〕拨（bá）：指耕地时一耦所翻起的土。《国语·周语上》："王耕一拨。"韦昭注："一拨，一耦之发也。耜广五寸，二耜为耦。一耦之发，广尺深尺。"

〔9〕不了：不晓事。此指不明为官之道。

【译文】

古人想知道耕种庄稼的艰难，这大概表现在重视谷物、以农为本的思想方面。民以食为天，没有饭吃则不能生存，三天不吃饭，即使是父子之间也顾不上问候了。一茬庄稼的收获，要耕地、播种、除草、收割、运载、脱粒、扬谷，经过好多道工序，粮食才进入仓库，如此怎可轻视农事而贵重商业呢？在江南为官的士大夫们，因晋朝的中兴，渡江南来，最终寄旅此地，至今已有八九代了，还从未下力种过田，全依靠俸禄过生活。即使他们占有些土地，都是靠僮仆们来耕种，自己从未目睹翻一块土、种一株苗；不知道哪个月应当下种，哪个月应当收获，如此怎能知晓世上的其他事务呢？所以他们居官则不明晓为官之道，治家则不会经营，这些都是生活优闲所带来的过错啊。

卷第五

省事　止足　诫兵　养生　归心

省事第十二

【题解】

省事，通俗地说，就是多一事不如少一事，不管闲事，少惹是非，能不管的，即使是正儿八经的事，也尽量少管为好。换句话说，做什么事情，都要把握好分寸，干好分内的事，不可逾矩。在本篇中，颜之推向我们介绍了他的这套处世哲学，并对先秦及秦汉时期流行的上书陈事之风加以斥责，认为这样做，不仅于事无补，反而搞坏了风气，是没有好结果的。这种处世态度和方法的产生有其深刻的社会历史背景，反映出颜氏对乱世之际人情险恶的一种本能防范。在南北朝时期及以后的一些劝诫文章中，持这种观点的人是不少的。从人生经验的角度，颜之推告诫自己的后辈，做事情要专心执一，不可涉猎过广，与其样样通，不如专心一门，使之达到精妙的程度；对于禄位，不可刻意追逐，听从命运的安排；对自己不熟悉的人和事，不可妄加评议，以免遭到羞辱，等等。从总体上看，这些告诫有不少方面是非常消极的，但在复杂的社会中，还是具有一定的实用价值。

12.1 铭金人云:“无多言,多言多败;无多事,多事多患。”[1]至哉斯戒也!能走者夺其翼,善飞者减其指,有角者无上齿,丰后者无前足,盖天道不使物有兼焉也[2]。古人云:“多为少善,不如执一;鼫鼠五能[3],不成伎术。”近世有两人[4],朗悟士也,性多营综[5],略无成名,经不足以待问,史不足以讨论,文章无可传于集录[6],书迹未堪以留爱玩,卜筮射六得三[7],医药治十差五,音乐在数十人下,弓矢在千百人中,天文、画绘、棋博[8],鲜卑语、胡书[9],煎胡桃油[10],炼锡为银,如此之类,略得梗概,皆不通熟。惜乎,以彼神明,若省其异端,当精妙也。

【注释】

〔1〕“铭金人”五句:《说苑·敬慎》:孔子至周,观于太庙,看见有个三缄其口的铜人,背上有铭文,云:“古之慎言人也,戒之哉!戒之哉!无多言,多言多败;无多事,多事多患。”《太平御览》三九〇引《孙卿子》,亦载此铭。

〔2〕“能走者”五句:《大戴礼·易本命》:“四足者无羽翼,戴角者无上齿,无角者膏而无前齿,有角者脂而无后齿。”《汉书·董仲舒传》:“夫天亦有所分予,予之齿者去其角,傅其翼者两其足。”指,郝懿行说:此当为“趾”之讹误。

〔3〕鼫鼠:又称“五伎鼠”,据说它能飞却不能飞过屋脊,能爬却不能爬到树顶,能游却不能渡过涧谷,能躲却不能藏住身体,能跑却不能跑过人。

〔4〕两人：前人以为此二人为祖珽、徐之才，见杭世骏《诸史说疑》、缪荃孙《云自在龛随笔》。又有人认为此说欠妥，因为祖、徐二人并不是“略无成名”之辈。

〔5〕营综：经营综理。

〔6〕集录：辑录文章为集，以为世范。

〔7〕卜筮：古人预测吉凶，以龟甲为占称卜，用蓍草称筮。　射：猜度。

〔8〕棋博：棋，围棋。博，六博，见6.4注〔3〕。

〔9〕胡书：指少数民族文字，此或专指鲜卑族文字。

〔10〕胡桃油：北朝人作画的一种材料。《北齐书·祖珽传》：“珽善为胡桃油以涂画。”

【译文】

周朝的太庙前有一铜人，背上铭文说：“不要多话，多话多受损；不要多事，多事多祸患。”这个训诫真是太对了！会奔跑的，就不让它长上翅膀；会飞行的，就缺少前趾；头上长了双角的，嘴上没有上齿；后肢发达的，前肢就退化，这大抵是自然的法则不让它们兼有各种长处吧。古人说：“做得多，而做好的少，那就不如专心做好一件；鼫鼠有五种本事，却都不成技术。”近世有两位，都是聪明人，兴趣广泛，多所涉猎，却没有一样能给他们树立名声，经学经不起人家的提问，史学不足以同别人讨论，文章够不上辑集流传，墨迹不值得留存赏玩，为人卜筮六次仅猜中三次，给人医病十个治好五个，音乐水平在数十人之下，射箭的技能与众人差不多，天文、绘画、棋博、鲜卑话、鲜卑文字、煎胡桃油、炼锡为银，诸如此类，只懂得个大概，都不能精通熟练。真是可惜啊！以他们的灵气和聪明，如果能抛弃其他种种爱好，专心于一种，应该会达到精妙的程度。

12.2　上书陈事〔1〕，起自战国，逮于两汉，风流弥广〔2〕。原其体度：攻人主之长短，谏诤之徒也；讦群臣之得失，讼诉之类也；陈国家之利害，对策之伍也〔3〕；带私情之与夺，游说之俦也〔4〕。总此四涂，贾诚以求位〔5〕，鬻言以干禄。或无丝毫之益，而有不省之困〔6〕，幸而感悟人主，为时所纳，初获不赀之赏〔7〕，终陷不测之诛，则严助、朱买臣、吾丘寿王、主父偃之类甚众〔8〕。良史所书，盖取其狂狷一介〔9〕，论政得失耳，非士君子守法度者所为也。今世所睹，怀瑾瑜而握兰桂者〔10〕，悉耻为之。守门诣阙，献书言计，率多空薄，高自矜夸，无经略之大体，咸粃糠之微事〔11〕，十条之中，一不足采，纵合时务，已漏先觉，非谓不知，但患知而不行耳。或被发奸私，面相酬证，事途回穴〔12〕，翻惧僭尤〔13〕；人主外护声教〔14〕，脱加含养〔15〕，此乃侥幸之徒，不足与比肩也〔16〕。

【注释】

〔1〕陈事：陈述事情的原委及自己的意见。

〔2〕风流：遗风，流风遗韵。

〔3〕对策：《文心雕龙·议对》："对策者，应诏而陈

政也。”

〔4〕游说：战国时代的策士，周游各国，向统治者陈说形势，提出政治、军事、外交等方面的主张，以求取高官厚禄。《汉纪·孝武纪》：“饰辨辞，设诈谋，驰逐于天下，以要时势者，谓之游说。”　俦：辈，类。

〔5〕贾诚：出卖忠心。诚：即“忠”，避隋文帝杨忠讳而改。

〔6〕省：省悟；不省，即没有理解。

〔7〕不赀之赏：《汉书·盖宽饶传》：“不赀者，言无赀量可以比之，贵重之极也。”《资治通鉴》卷五〇《汉纪四十二》胡三省注云：“赀之为言量也，不赀，谓无量可比也。”

〔8〕严助：西汉会稽(治今浙江绍兴)人。武帝初，郡举贤良对策，擢为中大夫，数与朝臣辩论义理，后迁会稽太守。因与淮南王刘安谋反事牵连，被杀。　朱买臣：西汉会稽吴县(今江苏苏州)人，字翁子。家贫，卖薪自给。武帝时，受严助推荐，为会稽太守、中大夫等职，后告张汤阴事，汤自杀，武帝亦诛朱买臣。　吾丘寿王：西汉赵国(治今河北邯郸西南)人，字子赣。为侍中中郎，坐法免，上书愿击匈奴，拜东郡都尉，征入为光禄大夫侍中。后坐事诛。　主父偃：西汉临淄(今属山东)人。任中大夫，上书主张削弱地方割据势力，为武帝所采纳，颁布“推恩令”。因以上书言事，曾一年四迁。大臣皆畏其口，贿赂以千金。后为齐相，以迫齐王自杀而被诛。

〔9〕一介：耿介。《后汉书·袁绍传》：“以臣颇有一介之节，可责以鹰犬之功，故授臣以督司，谘臣以方略。”

〔10〕瑾瑜：美玉。　兰桂：香草和桂花。古人常以此喻怀才抱德之士。《拾遗记》六《后汉录》曰：“夫丹石可磨而不可夺其坚色，兰桂可折而不可掩其贞芳。”

〔11〕粃糠：比喻琐碎。

〔12〕回穴：迂回，变化不定。《文选》宋玉《风赋》：“回穴错迕。”李善注：“凡事不能定者回穴，此即风不定貌。”

〔13〕僭尤：“僭”同“愆”，指罪过。

〔14〕声教：声威与文教。

〔15〕脱：或许，或然。　含养：包容，包涵。

〔16〕比肩：并肩，与之为伍。

【译文】

向人君上书陈事，起自于战国，到了两汉，这种风气流行更广。推究它的体制：指责人君短长的，属谏诤一类；攻讦群臣得失的，属讼诉一类；陈述国家利害的，属对策一类；以私人情感来党附或裁夺的，属游说一类。归总来说，这四类人的所为，都是靠出卖忠诚以谋取职位，出卖言论以求得利禄。他们所说的可能没有丝毫的益处，反而可能带来不被人君理解的麻烦，即使有幸使人君感悟，被及时采纳，起初他们可能得到无量数的赏赐，但最终还是难逃无法预测的诛杀，就像严助、朱买臣、吾丘寿王、主父偃等人一样，这类人是很多的。有学识的史官所记录的，只是取其狂狷耿介、敢于评论时政得失而已，这不是正人君子和谨守法度的人所做的。现在我们所能看到的，那些怀才抱德之士，都耻于做这种事。守候于朝门或趋赴于宫阙，向人君上书献策的，大多是空疏浅薄，自我吹嘘，没有策划处理国事的大略，尽是些琐碎的小事，十条之中，一条也不值得采纳，即使其中所言合乎当前的事务，那也是人君早就认识到了，不是说人君不知道，只怕是知道了而不能实行罢了。有的上书人被揭发怀有奸诈谋私，当面与人对质，事情在中途反复变化，他反而担心自己会得到罪过。人君为了对外维护朝廷的声威教化，或许对他们予以包涵，但这只能属于侥幸之徒，是不值得让人与他们比肩为伍的。

12.3　谏诤之徒，以正人君之失尔，必在得言之地，当尽匡赞之规，不容苟免偷安，垂头塞耳；至于就养有方〔1〕，思不出位〔2〕，干非其任，斯则罪人。故《表记》云〔3〕："事君，远而谏，则谄也；近而不谏，则尸利也〔4〕。"《论语》曰："未信而谏，人以为谤己也。"〔5〕

【注释】

〔1〕就养：侍奉。《礼记·檀弓上》："事君有犯无隐，左右就养有方。"

〔2〕思不出位：思考问题不超出自己的职权范围。《论语·宪问》："君子思不出其位。"集注："孔曰：'不越其职。'"

〔3〕表记：《礼记》篇名。

〔4〕尸利：犹尸禄，尸位素餐，受禄而不尽职。

〔5〕"未信"二句：《论语·子张》："君子……信而后谏，未信，则以为谤己也。"

【译文】

处于谏诤之位的人，是要纠正人君的过失的，必须在应当说话的地方，尽其匡正辅佐之责，而不容许苟且偷安，低首装聋。至于侍奉人君应该有方，考虑问题不要超出自己的职位，若去干犯不是自己权限中的事，可能就要成为朝廷罪人。所以《表记》说："侍奉人君，关系疏远却要去进谏，那么这种行为如同谄媚；如果关系密切而不去进谏，那就属于受禄而不尽职的人了。"《论语》说："没有取得信任而去进谏，人们就会认为你在毁谤他。"

12.4　君子当守道崇德，蓄价待时〔1〕，爵禄不登，信由天命。须求趋竞〔2〕，不顾羞惭，比较材能，斟量功伐〔3〕，厉色扬声，东怨西怒；或有劫持宰相瑕疵，而获酬谢，或有喧聒时人视听〔4〕，求见发遣；以此得官，谓为才力，何异盗食致饱，窃衣取温哉！世见躁竞得官者〔5〕，便谓"弗索何获"；不知时运之来，不求亦至也。见静退未遇者，便谓"弗为胡成"；不知风云不与〔6〕，徒求无益也。凡不求而自得，求而不得者，焉可胜算乎！

【注释】

〔1〕蓄价：蓄积声价。

〔2〕须求：干求，索求。

〔3〕功伐：功劳。

〔4〕喧聒：闹声刺耳。

〔5〕躁竞：浮躁而急进。

〔6〕风云：《易·乾·文言》："云从龙，风从虎。圣人作而万物睹。"意谓同类相感，后因以"风云"比喻际遇。

【译文】

君子应当操守正道，崇尚德行，蓄积声望，等待时机，即使官爵俸禄不能上升，也应当听从天命的安排。自己去索求奔走，不顾羞耻，与旁人比较才能，酌量功劳，声色俱厉，怨东怒西，或以宰相的缺点为要挟，以此获得酬谢；或喧腾叫嚷，混淆时人的视听，以求得早日被安排任用，用这种手段得到官职，说是他们的才能所为，实则与盗取食物来填饱自己的肚子，窃来衣服以求得自己的温暖有什么两样呢！世人见到那些躁进奔走的人获取了官职，便说："不去索求怎能获得呢？"可他们不知道时运到来时，不求也会自来的；见那些谦让思静之士没有得到赏识重用，便说："不去争取怎能成功呢？"却不晓得际遇未到，徒然去追求也是无用的。这世间，凡不求而得的人，求而不得的人，怎能算得过来呢！

12.5　齐之季世〔1〕，多以财货托附外家〔2〕，喧动女谒〔3〕。拜守宰者，印组光华〔4〕，车骑辉赫，荣兼九族，取贵一时。而为执政所患，随而伺察，既以利得〔5〕，必以利殆，微染风尘〔6〕，便乖肃正，坑阱殊深，疮痏未复〔7〕，纵得免死，莫不破家，然后噬脐〔8〕，亦复何及。吾自南及北，未尝一言与时人论身分也，不能通达，亦无尤焉〔9〕。

【注释】

〔1〕齐：指北齐。　季世：末世。

〔2〕外家：女子出嫁后称娘家为外家。

〔3〕女谒：通过宫廷嬖宠女性，进行干求请托。

〔4〕印：官印。　组：即绶，为系印的丝带。卢文弨曰："古者居官，人各一印，后世凡同曹司者，共一印。组即绶也，所以系佩者。《汉书·严助传》：'方寸之印，丈二之组。'"

〔5〕利：指上述干求请托、官由财进之事。

〔6〕风尘：世俗不洁之事。

〔7〕疮痏：创伤，瘢痕。

〔8〕噬脐：自咬腹脐，不可及。借指后悔不及。

〔9〕尤：怨恨，抱怨。

【译文】

北齐的末世，很多人把钱财托付给外家，通过宫中得宠女性去干求请托。一旦被授为地方长官，则官印绶带，光鲜华丽，车高马大，辉煌显赫，荣耀兼及九族，富贵取于一时。而遭到执政者的忌恨后，随之而来的便是侦视和考察。以钱财求得的好处，也一定会因此招致危险，稍及世间尘事，就会违背为官公正严肃的原则，这样的陷阱是很深的，落下的创瘢难以恢复，纵然求得免于一死，但家庭没有不因此而破败的，到那时再后悔，也已经来不及了。我从南方到北方，从来未向当时人谈过一句有关自己过去地位和资历的话，虽然不能通显发达，却也不怨天尤人。

12.6　王子晋云〔1〕："佐饔得尝，佐斗得伤。〔2〕"此言为善则预，为恶则去，不欲党人非义之事也〔3〕。

凡损于物，皆无与焉。然而穷鸟入怀[4]，仁人所悯；况死士归我，当弃之乎？伍员之托渔舟[5]，季布之入广柳[6]，孔融之藏张俭[7]，孙嵩之匿赵岐[8]，前代之所贵，而吾之所行也，以此得罪，甘心瞑目。至如郭解之代人报仇[9]，灌夫之横怒求地[10]，游侠之徒[11]，非君子之所为也。如有逆乱之行，得罪于君亲者，又不足恤焉。亲友之迫危难也，家财己力，当无所吝；若横生图计，无理请谒，非吾教也。墨翟之徒[12]，世谓热腹，杨朱之侣[13]，世谓冷肠；肠不可冷，腹不可热，当以仁义为节文尔[14]。

【注释】

〔1〕王子晋：周灵王太子。

〔2〕佐饔得尝，佐斗得伤：语出《国语·周语下》。其文曰："佐雝者尝焉，佐斗者伤焉。""雝"与"饔"通。《淮南子·说林》："佐祭者得尝，救斗者得伤。"（又见《文子·上德》）亦本于王子晋语。

〔3〕党人：结伙，为私利结成朋党。

〔4〕穷鸟入怀：无处可栖的鸟被迫投入人的怀抱。喻处境困难而投依别人。

〔5〕"伍员"句：伍员，春秋时吴国大夫。字子胥。楚大夫伍奢次子。及伍奢被杀，他由楚国逃到吴国，帮助吴王阖闾夺得王位，后率吴军攻破楚国。《史记·伍子胥列传》：伍子胥奔吴，"追者在后，至江，江上有一渔父乘船，知伍胥之急，乃渡伍胥"。

〔6〕"季布"句：季布，汉初楚人。楚汉战争时为项羽部将，领军数困刘邦。汉朝建立，被刘邦追捕。后赦免，为

河东守。《史记·季布传》:“季布者,楚人也。为气任侠,有名于楚。项籍使将兵,数窘汉王。及项羽灭,高祖购求布千金……布匿濮阳周氏。”周氏献计,“髡钳布,衣褐衣,置广柳车中,并与其家僮数十人,之鲁朱家所卖之。朱家心知是季布,乃买而置之田,诫其子曰:‘田事听此奴,必与同食。’” 广柳,一种丧车,用于运载棺柩。

〔7〕“孔融”句:张俭,东汉官吏。字元节,山阳高平(今山东微山西北)人。赵曦明引《后汉书·孔融传》曰:“山阳张俭为中常侍侯览所恶,刊章捕俭。俭与融兄褒有旧,亡抵褒,不遇。时融年十六,见其有窘色,谓曰:‘吾独不能为君主邪?’因留舍之。后事泄,俭得脱,兄弟争死,诏书竟坐褒焉。”

〔8〕“孙嵩”句:赵曦明引《后汉书·赵岐传》曰:“岐,字邠卿,京兆长陵人。耻疾宦官,中常侍唐衡兄玹为京兆尹,收其家属尽杀之。岐逃难,自匿姓名,卖饼北海市中。时安丘孙嵩游市,察非常人,呼与共载。岐惧失色。嵩屏人语曰:‘我北海孙宾石,阖门百口,势能相济。’遂以俱归,藏复壁中。”

〔9〕“至如”句:赵曦明引《史记·游侠列传》曰:“郭解,轵人也,字翁伯。为人短小精悍,以躯借交报仇。”

〔10〕“灌夫”句:赵曦明引《史记·魏其武安侯列传》曰:“武安侯田蚡为丞相,使籍福请魏其城南田,不许。灌夫闻,怒骂籍福,福恶两人有郄,乃谩自好,谢丞相。已而武安闻魏其、灌夫实怒不与田,亦怒曰:‘蚡事魏其,无所不可,何爱数顷田?且灌夫何与也?’由此大怨灌夫、魏其。”

〔11〕游侠:《史记·游侠列传》《集解》:“荀悦曰:‘尚意气,作威福,结私交,以立强于世者,谓之游侠。’”

〔12〕墨翟:即墨子。春秋战国之际的思想家、政治家。相传为宋国人,长期住在鲁国。主张“兼爱”、“非攻”、

"尚贤"、"尚同"，创立墨家学说。孟子说他"摩顶放踵利天下为之"。

〔13〕杨朱：战国初哲学家。魏国人。相传他反对墨子的"兼爱"和儒家的伦理，主张"重己"、"贵生"、"为我"，重视个人生命的保存。孟子说他"拔一毛而利天下不为也"。

〔14〕黄叔琳曰："酌量最当，然亦最难，能如是者，君子哉！"卢文弨曰："仁者爱人，而施之有等；义者正己，而处之得宜。墨氏之兼爱，疑于仁而实有害于仁；杨氏之为我，疑于义而实害于义，是以孟子必辞而辟之。"节文：节制修饰。《孟子·离娄上》："礼之实，节文斯二者(指仁、义)是也。"

【译文】

王子晋说："帮人做饭，能尝到美味；帮人打架，要受到伤害。"这话是说看见别人做好事时就应该参与，看见有人做坏事时就应该避开，不要与人结党于不义的事。凡是对人有损害的事，都不要参与。然而，走投无路的小鸟投入人的怀抱，仁慈的人都会怜悯它，何况敢死的义士投奔我，我怎能舍弃他呢？伍子胥被渔父搭救，季布为人藏于广柳车中，孔融掩护张俭，孙嵩藏匿赵岐，这些举动都是前代人所崇尚的，也是我所奉行的。即使因此而获罪，我也心甘情愿，死而瞑目。至于像郭解那样替人报仇，灌夫为人怒责田蚡索要田产，这是游侠之士所做的事，不应该是君子所为。如果有逆乱的行径，进而受到君主与亲友的惩罚和怪罪，那就不值得同情了。亲友迫于危难之时，家里的财产和自己的能力是应该无所吝惜的；如果有人产生不好之心，提出无理请求，那我没有教你们去怜悯这种人。墨翟之类的人，世人认为他们热心肠；杨朱之类的人，世人认为他们是冷心肠。心肠不能冷漠，但也不能太热。应当遵循仁义，节制自己的言行。

12.7 前在修文令曹〔1〕，有山东学士与关中太史竞历〔2〕，凡十余人，纷纭累岁，内史牒付议官平之〔3〕。吾执论曰："大抵诸儒所争，四分并减分两家尔〔4〕。历象之要，可以晷景测之〔5〕；今验其分至薄蚀〔6〕，则四分疏而减分密。疏者则称政令有宽猛，运行致盈缩〔7〕，非算之失也；密者则云日月有迟速，以术求之，预知其度〔8〕，无灾祥也。用疏则藏奸而不信，用密则任数而违经。且议官所知，不能精于讼者，以浅裁深，安有肯服？既非格令所司〔9〕，幸勿当也。"举曹贵贱，咸以为然。有一礼官，耻为此让，苦欲留连，强加考核。机杼〔10〕既薄，无以测量，还复采访讼人，窥望长短，朝夕聚议，寒暑烦劳，背春涉冬，竟无予夺，怨诮滋生，赧然而退，终为内史所迫：此好名之辱也。

【注释】

〔1〕"前在"句：刘盼遂认为此指北齐后主武平三年(572)颜之推在修文殿撰御览之事。其依据是《北齐书》本传所载《观生我赋》自注，其文曰："齐武平中，署文林馆，待诏者阳休之、祖孝徵以下三十余人，之推专掌，其撰《修文殿御览》、《续文章别流》皆诣进贤门奏之。"缪钺

《颜之推年谱》则认为竞历之事约在隋开皇十年(590)。

〔2〕竞历：争论历法。《隋书·百官志下》：秘书省“领著作、太史二曹……太史曹置令、丞各二人，司历二人，监候四人。其历、天文、漏刻、视祲，各有博士及生员。”王利器《集解》：“此当指武平七年(576)董峻、郑元伟立议非难天保历事，见《隋书·律历志》中。《志》称其‘争论未定，遂属国亡’，与此言‘竟无予夺’合。之推自言‘举曹贵贱，咸以为然’，则固在齐修文令曹时事也。”

〔3〕内史：官名，本汉初王国所置，掌民事。魏晋南北朝沿置，为国相的改名，其职位、体制均与地方郡守相同。又北周仿《周礼》，春官府置内史中大夫，掌王言。凡国中大事，皆须内史参议。隋时改中书省为内史省，中书令为内史令，实为宰相之任。　牒：公文。王利器《集解》：“徐师培《文体明辩》：‘公移：案公移者，诸司相移之词也，其名不一，故以公移括之。唐世凡下达上，其制有六：……其六曰牒，有品以上公文皆称牒。宋制……六部相移用公牒。……今制……诸司相移者曰牒。……大略因前代之制而损益之耳。’”

〔4〕四分：指四分历。东汉编䜣、李梵创制，因岁余四分之一日，故名。　减分：减分历。赵曦明引《后汉书·律历志中》曰：“元和二年(85)，《太初》失天益远，召治历编䜣、李梵等，综校其状，遂下诏改行四分，以遵于尧。熹平四年(175)，蒙公乘宗绀孙诚上书，言受绀法术，当复改。诚术：以百三十五月二十三食为法，乘除成月，从建康以上减四十一，建康以来减三十五。”

〔5〕晷景：日晷上晷表的投影。晷指日晷，测度日影以确定时刻的仪器。《汉书·天文志》：“日有中道，月有九行。中道者，黄道，一曰光道。光道北至东井，去北极近；南至牵牛，去北极远；东至角，西至娄，去极中。夏至至于东井，北近极，故晷短；立八尺之表，而晷景长尺五寸八

分。冬至至于牵牛，远极，故晷长；立八尺之表，而晷景长丈三尺一寸四分。春、秋分，日至娄、角，去极中，而晷中；立八尺之表，而晷景长七尺三寸六分。此日去极远近之差，晷景长短之制也。去极远近难知，要以晷景。晷景者，所以知日之南北也。”

〔6〕分至：指春分、秋分、夏至、冬至。　薄蚀：指日食、月食。“蚀”与“食”通。

〔7〕盈缩：亦称赢缩。《汉书·天文志》：岁星“超舍而前为赢，退舍为缩。”王先谦《补注》：“《占经》引《七曜》云：‘超舍而前，过其所舍之宿以上一舍二舍三舍谓之赢，退舍以下一舍二舍三舍谓之缩。’”

〔8〕度：躔度。指日月星辰运行的度次。

〔9〕格令：犹言律令。

〔10〕机杼：胸臆。卢文弨曰：“机杼，言其胸中之经纬也。”参10.4注〔5〕。

【译文】

以前我在修文令曹时，有山东学士和关中太史争论历法，总共十几个人参与争论，众说纷纭，持续数年。内史下公文交付议官们去评议。我发表议论道：“大抵诸位所争论的，其实不过是‘四分历’和‘减分历’两家而已。观测推算天体运行的要领，可以通过日影来测算。现在根据春分、秋分、冬至、夏至、日蚀、月蚀相验证，就看得出‘四分历’比较疏略，而‘减分历’又过于细密。主张疏略的一方声称政令有宽猛之别，天体的运行不断变化，自然会产生前后之分，这并不是历法计算的差误。主张细密的一方认为日月的运行虽有快慢，用正确的方法来推算，就可以预先知道它们运行的躔度，并不存在灾祥之说。如果采用比较疏略的‘四分历’，就可能隐藏奸邪，不真实可信；用太细密的‘减分历’，虽顺应天数却违背经义。况且议官对历法的了解，不可能比争论的双方更精通，用浅薄的知识来裁决深奥的论题，怎么能让双方信服呢？既然不是律令所掌管的，最好不要去裁决。”令曹上下，全都认为我说得有理。有一个礼官，却以这种谦让为耻辱，苦苦地不肯放手，想方设法加以验核。可他又才疏学浅，无法实地进行测核，只得反复地采访争论双方，想以此分出双方优劣，他们日夜聚在一起议论不止，历暑经寒，不胜烦劳，由春至冬，竟然还是无法裁夺，由此引来了抱怨和讥诮，他只好红着脸羞愧地告退，最终受到了内史的斥责。这就是好名所带来的耻辱。

止足第十三

【题解】

止足，简单地说，就是知足的意思。若细究起来，它还有知止这一层含义。所谓知止，按本篇颜之推所说，就是讲居官、积财都要有个限度。官做得大了，钱财蓄积多了，各种各样的麻烦乃至祸患就来了。因此，颜之推告诫其子孙，做官只可做到中品，“前望五十人，后顾五十人”，这样才保险。至于物质生活，以一家二十口计，仆人多则不超过二十人，良田只需十顷，“堂室才弊风雨，车马仅代杖策”，钱财能有个几万就可以了。“卑劣的贪欲是文明时代从它存在的第一日起直至今日的动力。”话虽然不错，但从人与社会的协调角度而言，还是“少欲知足”要好一些。很显然，作者这种“谦虚冲损，可以免害”的想法，是与当时的混乱时世紧密相关的。

13.1 《礼》云：“欲不可纵，志不可满。”〔1〕宇宙可臻其极，情性不知其穷，唯在少欲知足，为立涯限尔〔2〕。先祖靖侯戒子侄曰〔3〕：“汝家书生门户，世无富贵；自今仕宦不可过二千石〔4〕，婚姻勿贪势家[5]。”吾终身服膺，以为名言也。

【注释】

〔1〕“欲不”二句：见《礼记·曲礼上》。

〔2〕涯限：界限。

〔3〕靖侯：指颜之推九世祖颜含。见5.14注〔5〕。

〔4〕二千石：汉制，郡守每年的俸禄二千石粮食，以后“二千石”便成为太守的代称。此指位居二千石的高官。卢文弨曰：“自汉以来，官制有中二千石、二千石、比二千石，此但不至公耳，然于官品亦优矣。郇曼容为官，不肯过六百石，辄自免去，岂不更冲退哉？”王利器《集解》：“二千石，汉人谓之大官，仕宦之徒，冲退与躁进者，于此有以觇其趣焉。《汉书·疏广传》：‘今仕宦至二千石，宦成名立。’又《宁成传》：‘仕不过二千石，贾不至千万，安可比人乎？’《世说新语·贤媛》篇：‘王经少贫苦，仕至二千石，母语之曰：“汝本寒家子，仕至二千石，此可以止乎！”’江淹《自序传》：‘仕所望，不过诸卿二千石。’盖自汉、魏以来，仕途险巇，一般浮沉于宦海者，率以此为持盈之限云。”

〔5〕“婚姻”句：陈直说：“按：颜真卿《颜含大宗碑铭》云：‘桓温求婚姻，因其盛满不许，因诫子孙曰’云云。《晋书》颜含本传，亦叙及桓温求婚事，与《大宗碑》相同。”王利器《集解》：“《景定建康志》四三引晋李阐《右光禄大夫西平靖侯颜府君碑》：‘王处明君之外弟，为子允之求君女婚；桓温君夫人从甥也，求君小女婚；君并不许，曰：“吾与茂伦于江上相得，言及知旧，抆泪叙情，茂伦曰：‘唯当结一婚姻耳。’吾岂忘此言？温负气好名，若其大成，倾危之道，若其(阙)败也，罪及姻党。尔家书生为门，世无富贵，终不为汝树祸。自今仕宦不过二千石，(阙)

婚嫁不须贪世位家。"'《颜鲁公文集·大宗碑铭》:'桓温求婚,以其盛满不许,因诫子孙曰:"自今仕宦不过二千石,婚姻勿贪世家。"'案:二文俱作'世',此作'势',疑出妄改。"

【译文】

《礼记》说:"不可放纵欲望,不可志得意满。"宇宙之大,尚有极限,人的天性却是不知道穷止;只有减少欲望,知道满足,为自己立个限度。先祖靖侯曾告诫子侄说:"你们家是书生门户,世世代代没有富贵过,从现在起你们为官不可超过二千石,婚姻嫁娶不要攀附权势显赫之家。"这句话,我终身服膺,把它作为至理名言。

13.2 天地鬼神之道,皆恶满盈〔1〕。谦虚冲损,可以免害。人生衣趣以覆寒露〔2〕,食趣以塞饥乏耳。形骸之内,尚不得奢靡,己身之外,而欲穷骄泰邪?周穆王、秦始皇、汉武帝〔3〕,富有四海,贵为天子,不知纪极,犹自败累,况士庶乎?常以二十口家,奴婢盛多,不可出二十人,良田十顷,堂室才蔽风雨,车马仅代杖策,蓄财数万,以拟吉凶急速〔4〕,不啻此者〔5〕,以义散之;不至此者,勿非道求之。

【注释】

〔1〕"天地"二句:《易·谦·彖传》:"天道亏盈而益谦,地道变盈而流谦,鬼神害盈而福谦,人道恶盈而好谦。"

〔2〕趣：卢文弨曰："趣者，仅足之意，与《孟子》'杨子取为我'之义同。"

〔3〕周穆王：西周国王。姬姓，名满。传说他曾西行作乐，引起东方徐戎的反叛。《穆天子传》即写其西游故事。汉武帝：西汉皇帝，名彻。在位期间，是西汉诸方面的极盛时期，然好大喜功，虐用民力。晚年连年用兵，致使海内虚耗，人口减半。桓谭《新论》："汉武帝材质高妙，有崇先广统之规，故即位而开发大志……然多过差。既欲斥境广土，乃又贪利，争物之无益者，闻西夷大宛国有名马，即大发军兵，攻取历年，士众多死，但得数十匹耳……多征会邪僻，求不急之方，大起宫室，内竭府库，外罢天下，百姓之死亡不可胜数，此可谓通而弊矣。"

〔4〕吉凶：指婚丧。 急速：指仓卒间发生之事。

〔5〕不啻：不仅，不止。卢文弨："不啻，不但，言过之也。"刘盼遂曰："案：不啻此，谓过于此也。与不至此对文。六朝人以不啻为常谈。"

【译文】

天地鬼神之道，都厌恶满盈；谦虚淡泊，可以免除祸害。人活在世上，穿衣服只是为了覆盖身体以免寒冷袒露，吃东西只是为了填饱肚子以免饥饿而已。身体本身尚且不求奢侈浪费，此身之外还求穷尽奢侈吗？周穆王、秦始皇、汉武帝富有四海，贵为天子，却不知满足，尚且因此给自己带来伤败，何况一般的人呢？我常以为，若是二十口的家庭，奴婢再多也不要超过二十人，良田不超过十顷，房屋只求能遮挡风雨，牛马只求能代步。积蓄数万钱财，用来准备婚丧和应急之事。超过这个数目，就应仗义疏财；没有达到这个数目，切勿用不正当的方法来求取。

13.3 仕宦称泰，不过处在中品，前望五十人，后顾五十人，足以免耻辱，无倾危也。高此者，便当罢谢，偃仰私庭[1]。吾近为黄门郎[2]，已可收退；当时羁旅，惧罹谤讟，思为此计，仅未暇尔[3]。自丧乱已来，见因托风云，徼幸富贵，旦执机权，夜填坑谷，朔欢卓、郑[4]，晦泣颜、原者[5]，非十人五人也。慎之哉！慎之哉！

【注释】

〔1〕偃仰：偃息。《诗·小雅·北山》："或栖迟偃仰。"马瑞辰《通释》曰："偃仰，犹偃息、媅乐之类，皆二字同义。"

〔2〕黄门郎：官名，给事黄门侍郎的省称。东汉始设此官，侍从皇帝，传达诏命。南朝后职掌机密，供皇帝备问，虽秩仅六百石，却权势显重。《隋书·百官志》中记北齐官制云"门下省，掌献纳谏正及司进御之职。侍中、给事黄门侍郎各六人。"又《百官志上》记梁官制云："门下省，置侍中、给事黄门侍郎各四人。"

〔3〕"当时"四句：颜氏此虑亦见《终制篇》："计吾兄弟，不当仕进。但以门衰，骨肉单弱，五服之内，傍无一人，播越他乡，无复资荫，使汝等沉沦厮役，以为先世之耻，故靦冒人间，不敢坠失，兼以北方政教严切，全无隐退者故也。"两说可以相辅。

〔4〕"朔欢"句：卓，指卓氏。战国时大商人。程，指程郑。汉初商人，其祖先于秦始皇时被迁至蜀郡临邛。卢文

昭引《史记·货殖列传》曰："蜀卓氏之先，赵人也，徙临邛，室至僮千人，田池射猎之乐，拟于人君。程郑，山东迁虏也，亦冶铸，富埒卓氏。"

〔5〕"晦泣"句：颜，指颜回。原，指原思。两人均是孔子弟子，以安贫乐道著闻于世，故后人用此泛指贫士。

【译文】

做官做得稳妥的，不过处在中品，前面可以看见五十人，后面可以望见五十人，这样就足以避免耻辱，没有什么倾覆风险。高于中品，就应当谢绝，偃息于家中。我近来任给事黄门侍郎，已经可以引退了，无奈客居他乡，害怕遭到诽谤和非议；心里虽想着告退，只是没有适当的机会。自从天下大乱以来，我看见乘机得势，侥幸获取富贵的人，早上还大权在握，晚上就填尸山谷；月初快乐如卓氏、程郑那样的富豪，月底悲苦如颜回、原思那样的贫士，像这种人并不止五个十个。要谨慎，千万要谨慎啊！

诫兵第十四

【题解】

诫兵，顾名思义，就是颜之推在兵事方面对子孙提出一些告诫。他认为士大夫应以儒雅之业相尚，不该参预军事，更不能只读几部兵书，稍通一点谋略，便以武力自诩，心怀不轨，拥兵作乱。他以颜氏多以儒雅知名，而好武者常无成就，甚至不得善终的史实，告诫子孙不要以习武从戎为事。作者遭逢乱世，对兵祸之害看得很清楚，有这种全身自保的想法，是很正常的。

14.1　颜氏之先，本乎邹、鲁[1]，或分入齐，世以儒雅为业，遍在书记[2]。仲尼门徒，升堂者七十有二，颜氏居八人焉[3]。秦、汉、魏、晋，下逮齐、梁，未有用兵以取达者。春秋世，颜高、颜鸣、颜息、颜羽之徒[4]，皆一斗夫耳。齐有颜涿聚[5]，赵有颜冣[6]，汉末有颜良[7]，宋有颜延之[8]，并处将军之任，竟以颠覆。汉郎颜驷[9]，自称好武，更无事迹。颜忠以党楚王受诛[10]，颜俊以据武威见杀〔11〕，得姓已来，无清操者，唯此二人，皆罹祸败。顷世乱离，衣冠之士，虽无身手，或聚徒众，违弃素业，徼幸战功。吾既羸薄，仰惟前代〔12〕，故置心于此，子孙志之。孔子力翘门关，不以力闻，此圣证也〔13〕。吾见今世士大夫，才有气干，便倚赖之，不能被甲执兵，以卫社稷；但微行险服〔14〕，逞弄拳腕，大则陷危亡，小则贻耻辱，遂无免者。

【注释】

〔1〕邹、鲁：皆为春秋战国时的诸侯国，地处以今曲阜为中心的山东西南一带，是儒家的发源地。陈直曰："颜真卿《家庙碑铭》云：'系我宗，郳颜公，子封郳，鲁附庸。'比本文'本乎邹、鲁'句，叙得姓之始为详。"

〔2〕书记：这里是书籍记载的意思。

〔3〕"升堂"二句：升堂，孔子弟子中凡学问高者以"升堂"为喻，意为上得了学问的厅堂。《论语·先进》："由也升堂矣，未入于室也。"后人便将懂得学问旨趣者谓为升堂入室，或云登堂入室。《史记·仲尼弟子列传》："孔子曰：'受业身通者七十有七人，皆异能之士也。'"《索隐》："《孔子家语》亦有七十七人，唯文翁《孔庙图》作七十二人。"梁玉绳《史记志疑》曰："案弟子之数，有作七十人者，《孟子》云'七十子'，《吕氏春秋·遇合》篇'达徒七十人'，《淮南·泰族》及《要略训》，俱言七十，《汉书·艺文志序》、《楚元王传》所称'七十子丧而大义乖'，是已。有作七十二人者，《孔子世家》、文翁《礼殿图》、《后汉书·蔡邕传》鸿都画像、《水经注》八汉鲁峻冢壁像、《魏书·李平传》、《学堂图》皆七十二人，《颜氏家训·诫

兵》篇所称‘仲尼门徒升堂者七十二’，是已。有作七十七者，此传及《汉地理志》是已。《孔子家语·七十二弟子解》，实七十七人，今本脱颜何，止七十六人，其数无定，难以臆断。”此七十余人中，凡颜氏者八人，即颜回、颜无繇、颜幸、颜高、颜祖、颜之仆、颜哙、颜何。

〔4〕以上四人均为鲁国人。颜高、颜息善射，颜鸣、颜羽曾和齐国作战。事分见《左传》定公八年、昭公二十六年、定公六年和哀公十一年。

〔5〕颜涿聚：春秋时齐国人，后战死。事见《左传·哀公二十七年》和《韩非子·十过》。

〔6〕颜冣：战国时赵将，赵亡，为秦所俘。事见《战国策·赵策下》和《史记·赵世家》。而《史记》“冣”作“聚”，《战国策》作“最”。段玉裁曰：“冣，才句切，上多一点，是俗最字。”

〔7〕颜良：东汉末袁绍部大将，与曹操作战时被杀。事见《三国志·袁绍传》。

〔8〕颜延之：南朝宋临沂人。曾领步兵校尉，未尝为将军。文章冠绝当世，与谢灵运齐名。《宋书》有传。钱大昕曰：“案：延之未尝以将兵颠覆，其子竣虽不善终，亦非由将兵之故，且与其父何与？后读《宋书·刘敬宣传》：‘王恭起兵京口，以刘牢之为前锋，牢之至竹里，斩恭大将颜延。’乃悟此文颜延下衍一‘之’字。牢之事本在晋末，而见于《宋书》，故之推系之宋耳。或后来校书者，因延之为宋人，妄改‘晋’为‘宋’也。”译文从之。

〔9〕颜驷：西汉人。赵曦明引《汉武故事》曰：“颜驷，不知何许人，文帝时为郎，武帝辇过郎署，见驷龙眉皓发，问曰：‘叟何时为郎？何其老也！’对曰：‘臣文帝时为郎，文帝好文而臣好武；至景帝好美，而臣貌丑。陛下即位，好少，而臣已老，是以三世不遇。’上感其言，擢拜会稽都尉。”

〔10〕颜忠：东汉人。《后汉书·天文志中》称永平十三年(70)十二月，楚王英与颜忠等造作妖谋反，事觉，英自杀，忠等皆伏诛。《后汉书·楚王英传》及《济南安王康传》、《耿纯传》、《马武传》、《寒朗传》等皆有记载。

〔11〕颜俊：东汉末人。《三国志·魏书·张既传》："是时，武威颜俊、张掖和鸾、酒泉黄华、西平麴演等并举郡反，自号将军，更相攻击。俊遣使送母及子诣太祖为质，求助。太祖问既，既曰：'俊等外假国威，内生傲悖，计定势足，后即反耳。今方事定蜀，且宜两存而斗之，犹卞庄子之刺虎，坐收其毙也。'太祖曰：'善。'岁余，鸾遂杀俊，武威王秘又杀鸾。"此事《资治通鉴》系于汉献帝建安二十四年(219)。王利器《集解》："张澍《凉州府志备考·人物》卷二据《张既传》以颜俊为武威人，误列入凉州府，使见颜之推此文，当不致有此舛误也。"

〔12〕惟：思。此句意为想起过去那些颜氏好武致祸之事。

〔13〕"孔子"三句：门关，古城门上的悬门。"力翘门关"一事，《左传》襄公十一年说是孔子之父叔梁纥所为，而《吕氏春秋·慎大》、《淮南子·主术》、《论衡·效力》及《列子·说符》等都以为是孔子事。圣证，曹魏时经学家王肃著《圣证论》，用圣人孔子之语论证经学上的问题。此处意为以孔子之事来论证。

〔14〕微行：隐瞒高贵身份，易服外出。　险服：武士之服，后幅较短，便于行动。

【译文】

颜氏的祖先，本居于邹国、鲁国，有的分迁到齐国，世代从事儒雅之业，这些都记载在古书上面。孔子的弟子，学问达到精深的有七十二人，姓颜的就占了八个。秦、汉、魏、晋，直到齐、梁，颜氏家族中没有人靠带兵打仗而显贵的。春秋时代，颜高、颜鸣、颜息、颜羽之流，都是一介武夫而已。齐国有颜涿聚，赵国有颜冣，汉末有颜良，东晋末年有颜延，都担任过将军的职务，最终都以此而倾败。汉朝的郎官颜驷，自称好武，更未见他有什么功绩。颜忠因党附楚王而受诛，颜俊因割据武威而被杀，颜氏自从得此姓以来，节操不清白的，只有这两个人，他们都遭到了祸败。近世遭逢战乱，士大夫和贵族子弟，虽然没有勇力，有的却聚集徒众，放弃一贯从事的儒雅之业，想侥幸获取战功。我既瘦弱单薄，又想起家族前人好兵致祸的教训，所以仍旧将心力放在读书仕宦上，子孙们要牢记这一点。孔子力大能举起城门，却不以武力闻名于世，这就是圣人给我们留下的榜样。我看当今士大夫，稍有些气力强干，就依赖它，不是用来披盔甲、执兵器以保卫国家，而是穿着武士之服，行踪诡秘，卖弄拳勇，如此重则身陷危亡，轻则自取耻辱，没有一人能幸免于此的。

14.2　国之兴亡，兵之胜败，博学所至，幸讨论之。入帷幄之中，参庙堂之上，不能为主尽规以谋社稷，君子所耻也。然而每见文士，颇读兵书，微有经略。若居承平之世，睥睨宫阃[1]，幸灾乐祸，首为逆乱，诖误善良[2]；如在兵革之时，构扇反覆，纵横说诱[3]，不识存亡，强相扶戴：此皆陷身灭族之本也。诫之哉！诫之哉！

【注释】

〔1〕睥睨(pì nì)：窥视、占察。　宫阃：指帝王居处的宫室。

〔2〕诖(guà)误：连累。陈直曰："《汉书·霍光传》：'谋为大逆，欲诖误善良。'为之推所本。"

〔3〕纵横：本指战国时纵横家向国君游说时所用的"合纵"、"连横"两种策略。此指在各个势力间游说煽动。

【译文】

国家的兴亡，战争的胜败，在学识已达到渊博的时候，也是可以讨论这类问题的。在军中运筹帷幄，在朝廷里参与议政，如果不能为人主尽谋划之责以确保江山社稷的安全，这是君子所引以为耻的。然而我常见一些文士，粗略地读过几本兵书，稍懂得一些谋略。如果生活在太平盛世，他们就窥视宫室，一旦有点事就幸灾乐祸，带头叛逆作乱，以致连累贻害善良之辈；如果是在兵荒马乱的时代，就勾结煽动，反复无常，四处游说，拉拢诱骗，不识存亡之势，相互竭力扶植拥戴：这些都是招致杀身灭族的祸根。要警诫呀！要警诫！

14.3　习五兵[1]，便乘骑，正可称武夫尔。今世士大夫，但不读书，即称武夫儿，乃饭囊酒瓮也。

【注释】

〔1〕五兵：五种兵器。所指不一。《周礼·夏官·司兵》："掌五兵。"郑玄注："五兵者，戈、殳、戟、酋矛、

夷矛也。”此指车之五兵。步卒之五兵，则无夷矛而有弓矢。

【译文】

熟练五种兵器，擅长骑马，这才可以称得上武夫。当今的士大夫，只要不肯读书，就称自己是武夫，实则酒囊饭袋而已。

养生第十五

【题解】

经过寇谦之、陆修静、陶弘景等人的改造，南北朝时期，道教逐渐走向成熟。道教追求的目标是长生不老，得道成仙。其特点就是追求生命的永恒。为了达到这一理想，道教十分重视养生，千方百计地寻觅长生之术。对于这些，颜之推的看法是清醒而又实际的。他虽然没有否认道教的修道成仙之说，但主张人的"性命在天"，受制于自然规律的支配。"华山之下，白骨如莽"，一意求仙而造成的悲剧实在是太多了。在作者眼里，所谓养生，就是全身保性，避免祸患加身，没有必要到深山老林里去炼丹求成神仙。虽然作者重视生命，认为为了一点利益而无谓地冒生命之险是不可取的，但又认为一个人逢到大是大非的事情，就不能过于吝惜自己的生命。这种"不可不惜，不可苟惜"的生命态度在今天看来仍是可取的。

15.1　神仙之事，未可全诬；但性命在天，或难钟值〔1〕。人生居世，触途牵絷〔2〕：幼少之日，既有供养之勤；成立之年，便增妻孥之累。衣食资须，公私驱役；而望遁迹山林，超然尘滓，千万不遇一尔。加以金玉之费[3]，炉器所须，益非贫士所办。学如牛毛，成如麟角。华山之下，白骨如莽[4]，何有可遂之理？考之内教[5]，纵使得仙，终当有死，不能出世，不愿汝曹专精于此。若其爱养神明，调护气息，慎节起卧，均适寒暄，禁忌食饮，将饵药物，遂其所禀，不为夭折者，吾无间然[6]。诸药饵法，不废世务也。庾肩吾常服槐实[7]，年七十余，目看细字，须发犹黑。邺中朝士，有单服杏仁、枸杞、黄精、术、车前得益者甚多[8]，不能一一说尔。吾尝患齿，摇动欲落，饮食热冷，皆苦疼痛。见《抱朴子》牢齿之法，早朝叩齿三百下为良[9]；行之数日，即便平愈，今恒持之。此辈小术，无损于事，亦可修也。凡欲饵药，陶隐居《太清方》中总录甚备[10]，但须精审，不可轻脱。近有王爱州在邺学服松脂[11]，不得节度，肠塞而死，为药所误者甚多。

【注释】

〔1〕钟值：正好遇上。钟，适逢；值，遇上。

〔2〕絷：本义为用绳索绊住马足，引申为绊住。

〔3〕金玉：指修仙炼丹所用的黄金、玉石、丹砂、云母等物。

〔4〕“华山”二句：华山，即今陕西东部的华山，古代传说为仙人居住之处。白骨如莽，谓修仙不成反遇祸害，死于山下。《抱朴子·登涉》云：“凡为道合药及避乱隐居者，

莫不入山。然不知入山法者，多遇祸害。故谚有之曰：‘太华之下，白骨狼藉。’”

〔5〕内教：指佛教。信佛之人称儒学为外学，佛学为内学，儒籍为外典，佛经为内典，故也称儒家为外教，佛教为内教。

〔6〕无间然：就是没有什么可非议的意思。

〔7〕庾肩吾：南朝梁人，字子慎。能诗赋，初为晋安王国常侍，历王府中郎，湘东王录事参军，荆州大中正，太子率更令。简文帝萧纲在藩时，雅好文学，他与陆杲、刘遵等人同受赏识。及侯景攻陷建康，萧纲即位，为度支尚书。后奔江陵，未几死。传附见《梁书·文学上》。　槐实：槐树的果实，能入药。《名医别录》：“槐实味酸咸，久服，明目益气，头不白，延年。”

〔8〕杏仁、枸杞、黄精、术、车前：均为中草药名。卢文弨曰：“古有服杏金丹法，云出左慈，除瘖、盲、挛、跛、疝、痔、瘿、痫、疮、肿，万病皆愈；久服，通灵不死云云。其说妄诞，杏仁性热，降气，非可久服之药。《本草经》：‘枸杞，一名杞根，一名地骨，一名地辅，服之，坚筋骨，轻身，耐老。’《博物志》：‘黄帝问天老曰：天地所生，岂有食之令人不死者乎？天老曰：太阳之草，名曰黄精，饵而食之，可以长生。’《列仙传》：‘涓子好饵术，节食其精，三百年。’《神仙服食经》：‘车前实，雷之精也，服之行化，八月采地衣，地衣者，车前实也。’”

〔9〕“见《抱朴子》”二句：《抱朴子·杂应》：“或问坚齿之道。抱朴子曰：‘能养以华池，浸以醴液，清晨建齿三百过者，永不摇动。’”

〔10〕陶隐居：即陶弘景。南朝时丹阳秣陵(今江苏江宁)人，字通明。初为齐诸王侍读，齐末辞官，止于句容之句曲山，于山中立馆，自号华阳隐居。《太清方》：《隋书·经籍志》云：“《太清草木集要》二卷，陶隐居撰。”陈直

曰:“道家传说神仙居住有三清，谓上清、太清、玉清。此隐居医方命名之所本。”另据《道藏》洞真部所录《茅山志》卷九，陶隐居在山上所著书，有《太清玉石丹药集要》三卷、《太清诸草木方集要》三卷。

〔11〕松脂:《本草纲目》:“松脂，一名松膏，久服，轻身，不老延年。”

【译文】

修道成仙的事，不可说全是假的；只是人的性命取决于天意，很难碰上这种机会。人活在世上，处处都受到牵挂羁绊。小的时候，有供养侍奉父母的辛劳；成年以后，又增加了妻子儿女的拖累。既要解决吃饭穿衣的费用，又要为公事和私事操劳奔波，这种情况下要想隐身于山林，超脱于尘世，怕千万个人中也遇不到一个。加上炼丹所需的费用以及炉、鼎等器具，更不是一般贫士所能办到的。学仙的人多如牛毛，成仙之人却少如麟角。华山之下，白骨有如草莽，哪里有遂心如愿的道理？查考佛教之说，即使能成仙，最终还是得死，不能摆脱尘世的羁绊，我不愿意让你们专心致力于此事。如果你们爱惜保养精神，调理护卫气息，起居有节，适应天气的冷暖变化，重视诸种饮食的禁忌，服用药物以养生，能达到上天所赋予人的年限，不至于中途夭折，这样的话，我也就没什么可说的了。掌握了诸种服药之法，就不会因此而荒废世间事务。庾肩吾常服用槐实，到了七十多岁，眼睛还能看得清小字，胡须头发仍然是黑的。邺城的朝官，有人单服杏仁、枸杞、黄精、术、车前，从中得到的好处很多，难以具说。我曾患有牙病，牙齿松动快掉了，饮食冷热的东西，都要疼痛受苦。看了《抱朴子》中固齿的方法，说早上起来叩齿三百次可获良效；我依此做了几天，牙就好了，到现在我还坚持这么做。诸如此类的一些小方法，对行事没有什么妨碍，也是可以学学的。凡是想要服药，陶隐居的《太清方》中收录的药方很完备，但必须精心挑选，不能轻率。近世有个叫王爱州的人，在邺城学服松脂，没有节制，结果因肠子梗塞而死，这种为药物所害的例子是很多的。

15.2　夫养生者先须虑祸，全身保性，有此生然后养之，勿徒养其无生也。单豹养于内而丧外，张毅养于外而丧内〔1〕，前贤所戒也。嵇康著《养生》之论〔2〕，而以傲物受刑；石崇冀服饵之征，而以贪溺取祸〔3〕，往世之所迷也。

【注释】

〔1〕“单豹”二句：这一典故见于《庄子·达生》，其文曰：“鲁有单豹者，岩居而水饮，不与民共利，行年七十而犹有婴儿之色，不幸遇饿虎，饿虎杀而食之。有张毅者，高门县簿，无不走也，行年四十而有内热之病以死。豹养其内而虎食其外，毅养其外而病攻其内。此二子者，皆不鞭其后者也。”又《淮南子·人间训》云：“单豹倍世离俗，岩居谷饮，不衣丝麻，不食五谷，行年七十，犹有童子之颜色，卒而遇饥虎杀而食之。张毅好恭，遇宫室廊庙必趋，见门闾聚众必下，厮徒马圉，皆与伉礼。然不终其寿，内热而死。豹养其内而虎食其外；毅修其外而疾攻其内。”

〔2〕嵇康：见8.12注〔17〕。

〔3〕“石崇”二句：石崇，西晋渤海南皮(今河北南皮东北)人，字季伦。历修武令、荆州刺史、侍中等职，以劫掠客商而致富。曾于河阳建金谷园，与贵戚斗富。八王之乱时，党附齐王冏，后为赵王伦所杀。《文选》石季伦《思归引序》：“又好服食咽气，志在不朽，傲然有凌云之操。”《晋书·石苞传》：石崇有一妓名绿珠，孙秀使人求之。崇尽出数十人以示，曰：“在所择。”使者曰：“本受命指索绿珠。”崇曰：“绿珠吾所爱，不可得也。”使者还报孙秀，秀怒，乃矫诏收崇。绿珠自投楼下而死。崇母兄妻子无少长，皆被杀害。

【译文】

养生的人首先必须考虑避免祸患，先要保住身家性命。有了这个生命，然后才得以保养它；不要徒费心思地去保养不存于世上的生命。单豹善于保养身心，却因外部的因素丧失生命；张毅善于防备外部的灾祸侵害，却因体内发病而死亡，这都是前代贤人所引以为戒的。嵇康写了《养生论》，但由于傲慢无礼而遭刑戮；石崇希望服药有效延年，而因贪得钱财溺爱美女而取杀身之祸，这都是过去时代糊涂人的例子。

15.3　夫生不可不惜，不可苟惜。涉险畏之途，干祸难之事，贪欲以伤生，谗慝而致死，此君子之所惜哉；行诚孝而见贼[1]，履仁义而得罪，丧身以全家，泯躯而济国，君子不咎也。自乱离已来，吾见名臣贤士，临难求生，终为不救，徒取窘辱，令人愤懑。侯景之乱[2]，王公将相，多被戮辱，妃主姬妾，略无全者。唯吴郡太守张嵊[3]，建义不捷[4]，为贼所害，辞色不挠；及鄱阳王世子谢夫人[5]，登屋诟怒，见射而毙。夫人，谢遵女也。何贤智操行若此之难？婢妾引决若此之易[6]？悲夫！

【注释】

〔1〕诚孝：即忠孝，颜之推避隋文帝杨坚父杨忠之讳改。

〔2〕侯景之乱：见11.3注〔7〕。

〔3〕张嵊：南朝梁人，字四山。《梁书·张嵊传》：武帝大同中，嵊迁吴兴太守。太清二年，侯景陷建康。嵊收集士卒，缮筑城垒。侯景将刘神茂遣使招降之，嵊斩其使。及为刘神茂所败，“乃释戎服，坐于听事，贼临之以刃，终不为屈。乃执嵊以送景，景刑之于都市，子弟同遇害者十余人”。

〔4〕建义：此指组织义军讨伐侯景。

〔5〕世子：即古代帝王、诸侯的嫡长子。此指萧嗣。《梁书·鄱阳王恢传》：萧恢孙萧嗣，性骁果有胆略，倜傥不护细行，而能倾身养士。侯景乱时，其据晋熙，城中粮尽，士卒饥乏。侯景遣任约来攻，嗣出垒拒之。“时贼势方盛，咸劝且止，嗣按剑叱之，曰：‘今之战，何有退乎？此萧嗣效命死节之秋也。’遂中流矢，卒于阵。”　谢夫人：萧嗣的妻子。

〔6〕引决：自杀，自裁。

【译文】

生命不能不珍惜，也不能无原则地珍惜。走危险可畏的道路，做招致灾难的事情，因贪恋欲望而损伤身体，因恶言恶语而枉遭死命，在这些方面君子是应该珍惜生命的；恪行忠孝而被杀，奉行仁义而获罪，舍一身而全家，捐一躯而救国，在这些方面君子舍弃生命是不抱怨的。自丧乱以来，我见到一些名吏和贤士，面对危难苟且求生，结果不仅无法得救，还白白地招致窘迫和羞辱，真令人愤懑。侯景叛乱时，王公将相，大多遭杀受辱，妃殡、公主、姬妾，几乎没有保全的。只有吴郡太守张嵊，组织义军反抗侯景，未能成功，被叛贼杀害，言语面色不屈不挠。还有鄱阳王嫡长子萧嗣的夫人谢氏，登上房顶怒骂叛贼，被箭射死。谢夫人是谢遵的女儿。为什么那些贤良明智的吏士坚守操行就那么困难？而侍婢、小妾自杀取义竟如此容易？真让人悲哀呀！

归心第十六

【题解】

佛教自汉代传入中国之后，到南北朝，已经历了四五百年的时间。在这四五百年中，印度佛教逐渐渗入中国文化，使中国文化结构发生了重大变化。这其中，士大夫及官僚阶层对佛教的认识和接受起了至关重要的作用。颜之推在本篇中就专门谈了他对佛教的认识。看得出来，他是十分信崇佛教的，认为佛教不仅博大精深，且其中的道理与儒学多有相契之处，是可以相互调适融合的，人们没有必要、也不应该“归周、孔而背释宗”。他列举了世人攻击佛教的五种观点，并逐条加以辩说。以今天的认识水准来衡量，作者的看法有不少是幼稚牵强的，且文末所谓“因果报应”的例证，尤显得荒唐可笑，但那个时期有不少人是相信这一套的。通过本篇的阅读，我们可以体会南北朝时期的佛教对统治阶层意识的调整具有多大的影响。

16.1　三世之事〔1〕，信而有征，家世归心〔2〕，勿轻慢也。其间妙旨，具诸经论〔3〕，不复于此，少能赞述；但惧汝曹犹未牢固，略重劝诱尔。

【注释】

〔1〕三世：用于因果轮回，指个体一生的存在时间，即过去世、现在世、将来世。

〔2〕归心：心悦诚服而归附。此指归心于佛教。

〔3〕经论：指佛教典籍。佛教以经、律、论为三藏，经为佛自说，论是经义的解释，律记戒规诸仪。

【译文】

佛教所言过去、现在、将来三世的事，是可信而有应验的，我们家世代皈依佛教，对此不可轻慢。佛教精妙的意旨，都记载在佛教典籍中，我不用在此多作赞美转述了；只是怕你们对此信念尚未牢固，我就稍微再作一些劝说诱导。

16.2　原夫四尘五荫〔1〕，剖析形有；六舟三驾〔2〕，运载群生：万行归空，千门入善〔3〕，辩才智惠〔4〕，岂徒《七经》〔5〕、百氏之博哉？明非尧、舜、周、孔所及也。内外两教，本为一体，渐极为异〔6〕，深浅不同。内典初门，设五种禁〔7〕；外典仁义礼智信，皆与之符。仁者，不杀之禁也；义者，不盗之禁也；礼者，不邪之禁也；智者，不酒之禁也；信者，不妄之禁也〔8〕。至如畋狩军旅，燕享刑罚〔9〕，因民之性，不可卒除，就为之节，使不淫滥尔。归周、孔而背释宗〔10〕，何其迷也！

【注释】

〔1〕四尘：指色、香、味、触。《楞严经》曰：“我今观此，浮根四尘，衹在我面，如是识心，实居身内。”五荫：即“五蕴”。蕴，覆蔽之意。佛教认为人身并无一个自我实体，只是由色、受、想、行、识集合而成的。色指组成身体的物质；受指随感官而生的苦、乐、忧、喜等情感；想是指意象作用；行是指意志活动等；识指意识、心灵。

〔2〕六舟：即六度。指从生死此岸到达涅槃彼岸的六种途径：布施(檀那)、持戒(尸罗)、忍(羼提)、精进(毗梨耶)、定(禅那)、智慧(般若)。此为大乘佛教修习的主要内容。三驾：即三乘。见《法华经》。佛教以羊车喻声闻乘、以鹿车喻缘觉乘、以牛车喻菩萨乘。以此三种方法引导众生达到解脱。

〔3〕千门：指种种修行的法门。《仁王经》：“若菩萨摩诃萨住千佛刹，作忉利天，修千法名门，说十善道，化一切众生。”

〔4〕惠：同“慧”。

〔5〕七经：指儒家的七种经典，即《诗》、《书》、《礼》、《乐》、《易》、《春秋》和《论语》。

〔6〕渐极为异：历来有两种释法：一谓通过逐渐的演变而产生差异。一说渐为渐教，指佛理；极为宗极，指儒学。渐极为异是指中土之民与天竺之民因所处地域不同，其悟道的过程、方式也有所不同。后一释较为妥当。

〔7〕五种禁：指佛教五戒。《魏书·释老志》：“又有五戒：去杀、盗、淫、妄言、饮酒，大意与仁、义、礼、智，信同，名为异耳。”

〔8〕不妄：即“不妄言”。不乱说假话。

〔9〕燕享：同“宴飨”。

〔10〕释宗：即佛教。因佛教创始者汉译为释迦牟尼，故人们习称佛教为释教、释宗。

【译文】

推究“四尘”和“五蕴”的道理，剖析世间万事万物的奥妙；运用“三乘”和“六舟”的修行方法，超度万物众生：佛教有种种行修，让众生归依于空，有种种法门，使人进入善道，其中的辩才和智慧，岂只是儒家七经和诸子百家所具有广博的学问？佛教的最高境界，显然非尧、舜、周公、孔子之道所能及。佛教与儒学，本来是一体的，由于两者在悟道过程和方式诸方面有所不同，境界的深浅也就有些差异。佛典的初学门径，设有五种禁戒；儒家经典中所强调的仁、义、礼、智、信这五种德行，皆与之符合。仁，就是不杀生的禁戒；义，就是不偷盗的禁戒；礼，就是不邪恶的禁戒；智，就是不酗酒的禁戒；信，就是不妄言的禁戒。至于像狩猎、战争、宴饮、刑罚等，这些原本就是人类的本性，不可能一下子消除，只能让它们有所节制，使它们不至于过分。尊崇周公、孔子之道，却违背佛教宗义，这是多么糊涂啊！

16.3　俗之谤者，大抵有五：其一，以世界外事及神化无方为迂诞也；其二，以吉凶祸福或未报应为欺诳也；其三，以僧尼行业多不精纯为奸慝也；其四，以糜费金宝减耗课役为损国也[1]；其五，以纵有因缘如报善恶〔2〕，安能辛苦今日之甲，利益后世之乙乎？为异人也。今并释之于下云。

【注释】

〔1〕课役：课，指国家规定数额征收的赋税；役，徭役。《旧唐书·职官志》二："凡赋役之制有四：一曰租，二曰调，三曰役，四曰课。"

〔2〕因缘：佛教语，指得以形成事物、引起认识和造就"业报"等现象所依赖的原因和条件。《俱舍论》卷六："因缘合，诸法即生。"在生"果"中起主要直接作用的条件叫"因"，起间接辅助作用的条件叫"缘"。

【译文】

世俗对佛教的指责，大概有以下五种：第一，认为佛教所讲述的是现实世界以外以及神秘离奇、无法测定的事，是迂阔荒诞的；第二，认为人世间的吉凶祸福，未必有相应的报应，佛教强调因果报应是迷惑欺骗众人；第三，认为和尚、尼姑这一行业中人，品行大多不清白，道行大多不纯熟，寺庵成了藏奸纳垢之地；第四，认为寺庵耗费黄金宝物，僧尼不交租、不服役，损害了国家利益；第五，认为即使有因缘之事，善恶报应存在，又怎能使今天辛苦劳作的甲某去为来世的乙某预谋利益呢？这是不同的两个人呀。现在，我对以上的指责一并解释如下。

16.4　释一曰：夫遥大之物，宁可度量？今人所知，莫若天地。天为积气，地为积块，日为阳精，月为阴精，星为万物之精，儒家所安也。星有坠落，乃为石矣；精若是石，不得有光，性又质重，何所系属？一星之径，大者百里〔1〕，一宿首尾〔2〕，相去数万；百里之物，数万相连，阔狭从斜，常不盈缩。又星与日月，形色同尔，但以大小为其等差；然而日月又当石也？石既牢密，乌兔焉容〔3〕？石在气中，岂能独运？日月星辰，若皆是气，气体轻浮，当与天合，往来环转，不得错违，其间迟疾，理宜一等；何故日月五星二十八宿，各有度数，移动不均〔4〕？宁当气坠，忽变为石？地既滓浊，法应沈厚，凿土得泉，乃浮水上；积水之下，复有何物？江河百谷，从何处生？东流到海，何为不溢？归塘尾闾，渫何所到〔5〕？沃焦之石〔6〕，何气所然〔7〕？潮汐去还，谁所节度？天汉悬指〔8〕，那不散落？水性就下，何故上腾？天地初开，便有星宿；九州未划〔9〕，列国未分，翦疆区野，若为躔次〔10〕？封建已来〔11〕，谁所制割？国有增减，星无进退，灾祥祸福，就中不差；乾象之大，列星之伙，何为分野〔12〕，止系中国？昴为旄头〔13〕，匈奴之次；西胡、东越，雕题、交阯〔14〕，独弃之乎？以此而求，迄无了者，岂得以人事寻常，抑必宇宙外也？

【注释】

〔1〕“一星”二句：卢文弨曰：“徐历《长历》：‘大星径百里，中星五十，小星三十，北斗七星间相去九千里，皆

在日月下。’”

〔2〕宿：指二十八宿。

〔3〕乌兔：古代神话传说日中有乌，月中有兔。赵曦明引《春秋元命苞》曰：“阳数起于一，成于三，故日中有三足乌。月两设以蟾蜍与兔者，阴阳双居，明阳之制阴，阴之制阳。”

〔4〕“何故”三句：五星，指金、木、水、火、土五大行星。二十八星宿，我国古代天文学家为了观测天象及日、月、五星在天空中的运行，在黄道带与赤道带的两侧绕天一周，选取了二十八个星座作为观察时的标志，称为“二十八星宿”。《尚书·尧典》正义：“《六历》诸纬与《周髀》皆云：‘日行一度，月行十三度十九分度之七。’”又《汉书·律历志》：金、水皆日行一度，木日行千七百二十八度之百四十五，土日行四千三百二十分度之百四十五，火日行万三千八百二十四分度之七千三百五十五。又二十八星宿所载黄赤道度各不同。

〔5〕“归塘”二句：归塘，一作“归墟”，为古代传说海中无底之谷。《列子·汤问》：“渤海之东不知几亿万里，有大壑焉，实惟无底之谷，其下无底，名曰归墟，八纮九野之水，天汉之流，莫不注之，而无增无减焉。”尾闾，古代传说中海水所泄之处。《庄子·秋水篇》：“天下之水，莫大于海：万川归之，不知何时止而不盈；尾闾泄之，不知何时已而不虚。” 渫：同“泄”。

〔6〕沃焦：古代传说中东海南部的大石山。《玄中记》：“天下之强者，东海之沃焦焉。沃焦者，山名也，在东海南三万里，海水灌之而即消。”又《文选》录嵇康《养生论》中“泄之以尾闾”，李善注引司马彪曰：“一名沃焦……在扶桑之东，有一石，方圆四万里，厚四万里，海水注者无不焦尽，故名沃焦。”

〔7〕然：同“燃”。

〔8〕天汉：即银河。《晋书·天文志上》："天汉起东方，经尾箕之间，谓之汉津，乃分为二道……在七星南而没。"

〔9〕九州：传说中的我国中原上古行政区划，州名未有定说。《尚书·禹贡》为冀、兖、青、徐、扬、荆、豫、梁、雍。

〔10〕躔次：日月星辰运行的度次。古人认为地上各州郡邦国与天上一定的区域存在一一对应关系，如《史记·天官书》："角、亢、氐，兖州；房、心，豫州；尾、箕，幽州；斗，江、湖；牵牛，婺女，扬州；虚、危，青州；营室至东壁，并州；奎、娄、胃，徐州；昴、毕，冀州；觜觿、参，益州；东井、舆鬼，雍州；柳、七星、张，三河；翼、轸，荆州。"

〔11〕封建：此指周时的封邦建国。

〔12〕分野：王利器《集解》引毛奇龄之言曰："分野即是分星。第'分野'二字，出自《周语》'岁在鹑火，我有周之分野'语。'分星'二字，出自《周礼》保章氏'以星土辨九州之地，所封封域皆有分星'语。虽分星、分野两有其名，而皆不得其所分之法。大抵古人封国，上应天象。在天有十二辰，在地有十二州。上下相应，各有分属；则在天名分星，在地名分野，其实一也。"

〔13〕昴：二十八星宿之一。《史记·天官书》："昴曰旄头，胡星也。"

〔14〕雕题、交阯：《后汉书·南蛮传》："《礼记》称'南方曰蛮、雕题、交阯'。其俗男女同川而浴，故曰交阯。"卢文弨曰："雕题、交阯，《礼记·王制》文。雕谓刻也，题谓额也，非惟雕额，亦文身也。"

【译文】

对于第一种指责的解释：极远极大的东西，难道可以测量吗？现在人们所知道的，没有比对天地更熟悉的了。天是各种云气积聚而成，地是各种实块积聚而成，太阳是阳气的精华，月亮是阴气的精华，星辰是宇宙万物的精华，这是儒家所信服的观点。星辰有时坠落在地上，就成了石头了；如果精华是石头，就不会有光芒，其特质沉重，靠什么力量使它悬挂在天上？一颗星的直径，大的有一百里长，星宿之间从头到尾，相隔几万里；直径百里之长的物体，相隔万里连成一片，它们之间的宽窄、纵横排列都是一定的常态，没有盈缩的变化。再者，星星与日月的形体、色泽相似，只是在大小上有不同的差别，可是，日月也是石头吗？石头的特质既是牢固细密的物体，那太阳中的三足乌、月亮中的玉兔又如何于其中存身呢？石头漂浮在气体中，怎么能自行运转？日月星辰，如果全是气体，那么，气体轻飘，应当与天合而为一，来回环绕运转，不可能互相交错。其中的速度快慢，按理应该是一致的；为什么日月、五大行星、二十八星宿各有各的速度与位置，移动的快慢不均衡呢？难道是气体坠落地上，忽然变成石头吗？大地既然是实物积聚而成，按理应该沉重，可是往地下挖能发现泉水，说明地是浮在水上的；那么积水下面又有些什么东西？长江、黄河以及众多的川溪，其水流从那里来的？东流到海，海水为何不溢出地面？海水经过归塘、尾闾泄水，那么这些水又泄到哪里去了？如果说海水被沃焦山的石头烧掉了，那么是什么样的气体让石头燃着了？潮汐的涨落，又是谁在控制呢？天河挂在空中，为什么不散落下来？水的特性是从高处往低处流，为什么又升腾到天上去了呢？天地初开的时候，就有了星宿；当时九州的地域尚未划分，诸侯列国尚未分封，此疆彼界是如何依据星辰运行的位置来确定的呢？诸侯在分封的区域内建国以来，又是谁来主宰这些事呢？诸侯国有增有减，星辰的位置却没有改变，而其中的吉凶祸福照样发生，没有偏差；天象之大，星辰之多，为何以天上星宿的位置来对应划分地上州郡的区域只是发生于中原？被称为旄头的昴星是对应匈奴的；西胡、东越、雕题、交阯这些地域，就独独地被抛弃，没有对应的分星吗？诸如此类的问题，要去追究是绝无终了之日的。怎么可以用寻常的人事道理去判断茫茫宇宙之外的无穷事理呢？

16.5 凡人之信，唯耳与目；耳目之外，咸致疑焉。儒家说天，自有数义：或浑或盖[1]，乍宣乍安[2]。斗极所周[3]，管维所属[4]，若所亲见，不容不同；若所测量，宁足依据？何故信凡人之臆说，迷大圣之妙旨，而欲必无恒沙世界[5]、微尘数劫也[6]？而邹衍亦有九州之谈[7]。山中人不信有鱼大如木，海上人不信有木大如鱼；汉武不信弦胶[8]，魏文不信火布[9]；胡人见锦，不信有虫食树吐丝所成；昔在江南，不信有千人毡帐，及来河北，不信有二万斛船：皆实验也。

【注释】

〔1〕浑：指浑天说。为我国古代的一种宇宙论，认为天

的形体浑圆如弹丸，天地的关系好像鸟卵壳包着卵黄一样。 盖：指盖天说。此说起初认为天圆像张开的伞，大地方如棋盘；后改为天像一个斗笠，地像覆着的盘。天在上，地在下，日月星辰随天盖而运动。

〔2〕宣：指宣夜说。其说认为天没有形质，气体构成无垠的宇宙，日月星辰自然漂浮在无边的虚空之中，无所根系。 安：指《安天论》。此著为汉代会稽虞喜据宣夜说写成。

〔3〕斗：指北斗七星。 极：指北极星。

〔4〕管维：一作："斡维"，即斗枢。

〔5〕恒沙："恒河沙数"的略称，言其数多至无可计量。《金刚经》："是诸恒河所有沙数，佛世界如是，宁为多不?"恒河，南亚有名的大河。

〔6〕微尘：指极细微的物质。 劫：佛教以天地的形成到毁灭为一劫。《法华经》："如人以力摩三千大千土，复尽末为尘，一尘为一劫，如此诸微尘数，其劫复过是。"

〔7〕邹衍：即驺衍。战国时齐国人，阴阳家的代表人物。《史记·孟子荀卿列传》：驺衍著书"以为儒者所谓中国者，于天下乃八十一分居其一分耳。中国名曰赤县神州。赤县神州内自有九州，禹之序九州是也，不得为州数。中国外如赤县神州者九，乃所谓九州也"。

〔8〕"汉武"句：此事见于东方朔《十洲记》。《云笈七签》卷二六引《十洲记》凤麟洲曰："仙家煮凤喙及麟角，合煎作胶，名之为续弦胶，或名连金泥。此胶能续弓弩已断之弦，连刀剑已断之金，更以胶连续之处，使力士掣之，他处乃断，所续之际，终无所损也。天汉三年(前98)，帝幸北海，祠恒山，四月，西国王使至，献灵胶四两，及吉光毛裘，武帝受以付外库，不知胶裘二物之妙用也，以为西国虽远，而上贡者不奇，稽留使者未遣。"《博物志》卷二也有类似记载。

〔9〕"魏文"句：火布，火浣之布。《列子·汤问》："火

浣之布，浣之必没于火；布则火色，垢则布色；出火而振之，皓然疑乎雪。”《三国志·魏书·三少帝纪》：“西域重译献火浣布。”裴松之注引《搜神记》：“汉世西域旧献此布，中间久绝。至魏初，时人疑其无有，文帝以为火性酷烈，无含生之义，著之《典论》，明其不然之事，绝智者之听。……至是西域使至而献火浣布焉，于是刊灭此论而天下笑之。”

【译文】

一般人所相信的，只是耳闻目睹的事物；眼见与耳闻之外的事物，都加以怀疑。儒家对天的看法，本来就有好几种：有的持浑天说，有的持盖天说，有的持宣夜说，有的则信服《安天论》。此外还认为北斗七星绕着北极星转动，是依靠斗枢为转轴。如果是亲眼看见，就不会有这么多的看法；如果是凭推测度量，那么哪种看法足以为据？我们为何相信这些凡人的臆测而怀疑大圣人释迦牟尼的精妙教义呢？为什么认定绝不会有像印度恒河中的沙子那样多的世界，一粒微小的尘埃也经历过数次劫波呢？而且，邹衍也有中国之外还有九州的说法呢。山里的人不相信有树木那么大的鱼，海上的人不相信有鱼那么大的树木，汉武帝不相信世上有可以黏合断裂弓弦刀剑的弦胶，魏文帝不相信有在火上烧可以去垢的火浣布；胡人看见锦，不相信是用吃桑叶的蚕吐的丝织成的；过去我在江南的时候，不相信有容纳千人的毡帐；等到了黄河之北，发现这里的人们不相信有容纳二万斛的大船。而这些都是得到事实验证的。

16.6 世有祝师及诸幻术〔1〕，犹能履火蹈刃，种瓜移井，倏忽之间，十变五化〔2〕。人力所为，尚能如此；何况神通感应，不可思量，千里宝幢，百由旬座〔3〕，化成净土〔4〕，踊出妙塔乎〔5〕？

【注释】

〔1〕祝：祭祀时司告鬼神之人。

〔2〕“犹能”四句：《列子·周穆王篇》、张衡《西京赋》、《搜神记》、《后汉书·张衡传》等皆记有诸多幻术。《抱朴子·对俗》：“变形易貌，吞刀吐火。”又云：“瓜果结实于须臾，鱼龙瀺灂于盘盂。”则颜之推所言诸种幻术在秦汉魏晋南北朝时期均曾流行。

〔3〕由旬：古印度度量单位。亦译作“踰缮那”、“由延”、“俞旬”。释玄应注《放光般若经》云：“八拘卢舍为一踰缮那，即此方三十里也”。另有四十里之说，见支僧载《外国传》。

〔4〕净土：佛教谓庄严洁净，没有五浊(劫浊、见浊、烦恼浊、众生浊、命浊)的极乐世界，与“秽土”相对。

〔5〕“踊出”句：《妙法莲华经见宝塔品》第十一云：“尔时，佛前有七宝塔，高五百由旬，纵广二百五十由旬，从地涌出，住在空中，种种宝物而庄校之。”踊出妙塔事盖出于此。

【译文】

世上的巫师及晓习诸种幻术的人，尚能穿行火焰，在刀刃上行走，种下的瓜果即刻成熟，还能挪动井口，片刻之间，千变万化。人力所作所为，尚且如此；何况佛的神通感应之力，更是不可思量，高达千里的幢旗，广达数千里的莲华宝座，庄严洁净的极乐世界，从地上踊出座座宝塔，还不是刹那间就能变幻出来？

16.7　释二曰：夫信谤之征，有如影响〔1〕；耳闻目见，其事已多，或乃精诚不深，业缘未感〔2〕，时傥差阑〔3〕，终当获报耳。善恶之行，祸福所归。九流百氏〔4〕，皆同此论，岂独释典为虚妄乎？项橐、颜回之短折〔5〕，伯夷、原宪之冻馁〔6〕，盗跖、庄蹻之福寿〔7〕，齐景、桓魋之富强〔8〕，若引之先业，冀以后生，更为通耳。如以行善而偶钟祸报，为恶而傥值福征，便生怨尤，即为欺诡；则亦尧、舜之云虚，周、孔之不实也，又欲安所依信而立身乎？

【注释】

〔1〕影响：影子和回声。《尚书·大禹谟》："惠迪吉，从逆凶，惟影响。"伪孔《传》："吉凶之报，若影之随形，响之应声，言不虚。"

〔2〕业缘：指业的因缘和业的果报。佛教谓人由身、口、意三业的善恶，必将得到相应的报应，一切众生的境遇和生死都由前世业缘所决定。

〔3〕阑：迟，晚。此句谓报应或有前后和早迟的差别。

〔4〕九流：指战国时的九个学术流派，即儒家、道家、法家、名家、墨家、纵横家、阴阳家、杂家、农家，《汉书·艺文志》又加小说家，成十家，后作为各种学派的泛称。百氏：诸子百家。

〔5〕项橐：春秋时人。《战国策·秦策》："甘罗曰：'项

橐生七岁而为孔子师。’”卢文弨曰：“《淮南·修务训》作项托，其短折未详。”　颜回：孔子弟子，年二十九生白发，三十一岁死。

〔6〕原宪：春秋时人，字子思，又叫原思，孔子弟子。传说其蓬户褐衣蔬食，不减其乐。事见《史记·仲尼弟子传》、《韩诗外传》及《庄子·让王篇》等。

〔7〕盗跖：相传为春秋末期人。《史记·伯夷列传》：“盗跖日杀不辜，肝人之肉，暴戾恣睢，聚党数千人横行天下，竟以寿终。”　庄蹻：战国时楚将。楚顷襄王时率军通过黔中向西南进兵，越过且兰(今贵州贵阳附近)、夜郎(今贵州西部及西部地区)，直至滇池。后因黔中被秦攻占，与楚交通断绝，遂在滇称王，号庄王。一说为庄王之后。事见《华阳国志·南中志》。

〔8〕齐景：即齐景公。　桓魋：即向魋，春秋时宋司马。为宋景公嬖幸，后欲谋害景公，不成而出奔。

【译文】

对第二种责难的解释：我相信你们所诽谤的佛教因果报应之说，这报应就如同形体与影子，声音与回响的关系一样。这样的事我耳闻目睹已经很多了。有的虽没有得到应验，或许是当事者的精诚还不够深厚，因缘还没有发生感应，报应推迟了，虽有早晚的差别，但终归会得到报应的。一个人善恶的行为，决定了他会招致祸与福。九流百家都持这个观点，难道唯独佛家这么说，就是虚妄的吗？像项橐、颜回的短命而死，伯夷、原宪的受冻挨饿，盗跖、庄蹻的得福获寿，齐景公、桓魋的富足强大，如果把这看成是他们的前辈功德或恶业，报应在后代人身上，道理就说得通了。

如果因为行善事而偶然蒙祸，做坏事又意外得到福报，就产生怨恨之心，认为因果报应之说是欺诈蒙骗，那么这就像是指责尧、舜的事迹是虚假的，周公、孔子也不可信。如果是这样的话，那么又能相信什么，靠什么信念来立身处世呢？

16.8　释三曰：开辟已来〔1〕，不善人多而善人少，何由悉责其精洁乎？见有名僧高行，弃而不说；若睹凡僧流俗，便生非毁。且学者之不勤，岂教者之为过？俗僧之学经律，何异士人之学《诗》、《礼》？以《诗》、《礼》之教，格朝廷之人〔2〕，略无全行者；以经律之禁，格出家之辈，而独责无犯哉？且阙行之臣，犹求禄位；毁禁之侣，何惭供养乎〔3〕？其于戒行，自当有犯。一披法服，已堕僧数，岁中所计，斋讲诵持，比诸白衣〔4〕，犹不啻山海也。

【注释】

〔1〕开辟：开天辟地。我国古代有盘古开天辟地的神话。

〔2〕格：度量，衡量。

〔3〕供养：一般指以香花、灯明、饮食、衣物等供佛、菩萨及亡灵，也指斋僧尼。这里指后者。

〔4〕白衣：南北朝时中国佛教徒穿缁衣，为黑色，故称教外在家的世俗人为白衣。王利器《集解》：“释氏称在俗人曰白衣，以天竺之婆罗门及俗人多服鲜白衣也。六朝以与缁流并称，则曰缁素，或曰黑白。”

【译文】

对于第三种责难的解释：自从开天辟地有了人类以来，就是不善人多而善人少，怎么可以要求每一个僧尼都是纯净清白呢？看见名僧高尚的德行，放在一边不提不说；但若是见了凡庸僧尼同于流俗，就要非议诋毁。况且，受学的人不勤奋，难道是施教者的过错？凡庸僧尼学习经、律，与士人学习《诗经》、《礼记》有什么不同？用《诗经》、《礼记》的教义去衡量朝廷的官员，大概没有几个人是够格的；用佛经的戒律度量出家人，怎么能独独要求他们一点都不能违犯呢？而且，行为有缺点的官员，还照样能求俸禄职位；犯戒的僧徒，又何必惭愧受供养呢？他们在戒行上，自然难免有所违犯。一旦披上法衣，就是加入了僧侣的行业，一年中所做的事，就是吃斋念经、持戒修行，比起那些世俗之人，其德行高低的差距不止于高山与深海了。

16.9　释四曰：内教多途，出家自是其一法耳。若能诚孝在心，仁惠为本，须达、流水，不必剃落须发[1]；岂令罄井田而起塔庙，穷编户以为僧尼也[2]？皆由为政不能节之，遂使非法之寺，妨民稼穑，无业之僧，空国赋算，非大觉之本旨也[3]。抑又论之：求道者，身计也；惜费者，国谋也。身计国谋，不可两遂。诚臣徇主而弃亲，孝子安家而忘国，各有行也。儒有不屈王侯高尚其事，隐有让王辞相避世山林；安可计其赋役，以为罪人？若能偕化黔首〔4〕，悉入道场〔5〕，如妙乐之世〔6〕，禳佉之国〔7〕，则有自然稻米，无尽宝藏，安求田蚕之利乎？

【注释】

〔1〕须达：为舍卫国给孤独长者的本名，祇圆精舍的施主。见《经律异相》、《须达经》及《中阿含须达多经》。流水：即流水长者。《金光明经》："流水长者见涸池中有十千鱼，遂将二十大象，载皮囊，盛河水置池中，又为称祝宝胜佛名。后十年，鱼同日升忉利天，是诸天子。"王利器《集解》："此举流水长者救鱼事，以为仁惠之证。"

〔2〕编户：指编入户籍须向国家交纳赋税且服徭役的平民。

〔3〕大觉：佛教谓领悟真理为"觉悟"。这里以"大觉"指代佛教。

〔4〕黔首：战国及秦对平民的称谓。

〔5〕道场：佛成道之所及作佛事之处。这里以"入道场"喻信佛教。

〔6〕妙乐：古代西印度国名。

〔7〕禳佉：即转轮王，印度古代神话中国王名。

【译文】

对于第四种指责的解释：佛教修行的方法很多，出家只是其中一种。如果能把忠孝放在心上，以仁爱施惠为立身之本，像须达、流水两位长者那样，也就用不着剃掉须发为僧了；哪里用得着用所有的田地去建寺庙佛塔，让所有的编户齐民都去当僧尼呢？那是由于执政者不能很好地节制佛事，才使得不守法纪的寺院，妨碍了民众的农事，没有德行的僧尼，空享国家的赋税，这不是佛教的本旨。但我再强调一下，信奉佛教，这是个人的计划；珍惜费用，则是国家的谋划。个人的计划与国家的谋划，不可能两全其美。这就像忠臣献身于君主而放弃抚养双亲的责任，孝子为了承担家庭而忽略了对国家应尽的义务，各自有不同的行为准则。儒家中有不屈从于王侯自诩清高的人；隐士中有辞让相位遁世山林的人；怎能算计他们的赋税徭役，并认定他们是逃避赋役的罪人呢？如果能感化百姓都信奉佛教，皈依释迦，那么这就像佛经中所说的妙乐、禳佉国那样，会有自然生长的稻米，无尽的宝藏，哪里用得着去求取种田、养蚕的利益呢？

16.10　释五曰：形体虽死，精神犹存。人生在世，望于后身似不相属〔1〕；及其殁后，则与前身似犹老少朝夕耳。世有魂神，示现梦想〔2〕，或降童妾，或感妻孥，求索饮食，征须福祐，亦为不少矣。今人贫贱疾苦，莫不怨尤前世不修功业；以此而论，安可不为之作地乎〔3〕？夫有子孙，自是天地间一苍生耳，何预身事？而乃爱护，遗其基址〔4〕，况于己之神爽，顿欲弃之哉？凡夫蒙蔽，不见未来，故言彼生与今非一体耳；若有天眼〔5〕，鉴其念念随灭，生生不断〔6〕，岂可不怖畏邪？又君子处世，贵能克己复礼〔7〕，济时益物。治家者欲一家之庆，治国者欲一国之良，仆妾臣民，与身竟何亲也，而为勤苦修德乎？亦是尧、舜、周、孔虚失愉乐耳。一人修道，济度几许苍生？免脱几身罪累？幸熟思之！汝曹若观俗计，树立门户，不弃妻子，未能出家；但当兼修戒行，留心诵读，以为来世津梁。人身难得，无虚过也。

【注释】

〔1〕后身：佛教认为人死后要转生，故有前身后身、今世来世之说。

〔2〕示现梦想：灵魂出现于生存者的梦中，即所谓托梦。

〔3〕作地：留有余地。

〔4〕基址：基业，产业。

〔5〕天眼：即天趣之眼。佛教五眼之一，能透视六道、远近、上下、前后、内外及未来等。《涅槃经》："天眼通非碍，肉眼碍非通。"

〔6〕生生不断：指生死轮回，无休无止。

〔7〕克己复礼：语本《论语·颜渊》："克己复礼为仁，一日克己复礼，天下归仁焉。"

【译文】

对于第五种指责的解释：人的形体虽然死了，精神仍然存在。人活在世上的时候，看看自己来世的后身，似乎毫不相属；等到他死后，才发现后身与前身的关系，就像老人和小孩，早晨与晚上一般关系密切。世上有死者的魂灵，会在活人梦中出现，有的托梦于仆人婢妾，有的托梦于妻子儿女，向他们索求食物，乞求福佑，这类事也是不少的。现在有人看到自己处于贫贱痛苦的境地，无不怨恨前世没有修好功德。从这一点上说，生前怎么能不为来世留有余地呢？至于人有子孙，他们都不过是天地间的苍生而已，跟自身有什么相干？而人们尚且要尽心爱护，将家业留给他们，何况对于自己的灵魂，怎能舍弃不顾呢？凡夫俗子蒙昧蔽塞，无法预知来世，所以就说今生与来世并非一回事。如果人有洞察万物的天趣之眼，就能看到生生死死，轮回不断，如此他难道不感到惧怕吗？再者，君子处世，最可贵的是克制自己，使言行都合乎礼仪，匡时救世，有益于人。理家者希望这个家庭幸福美满，治国者希望这个国家兴旺发达。仆人、侍妾、臣僚、民众，和我自身究竟有什么相干？而为什么要为他们辛苦操持呢？这也和尧、舜、周公、孔子一样，为了别人的幸福而牺牲自己的欢乐罢了。一个人修身求道，可以超度几个苍生，能使几个人解脱罪恶？希望你们好好想想这个问题。你们如果顾及世俗的生计，建立门户，不能舍弃妻子儿女，不能出家当和尚，但要兼及修行，留心于诵读佛经，以此为来世的幸福架好桥梁。人生是很宝贵的，不要虚度啊。

16.11　**儒家君子，尚离庖厨，见其生不忍其死，闻其声不食其肉〔1〕。高柴、折像〔2〕，未知内教，皆能不杀，此乃仁者自然用心。含生之徒〔3〕，莫不爱命；去杀之事，必勉行之。好杀之人，临死报验，子孙殃祸，其数甚多，不能悉录耳，且示数条于末。**

【注释】

〔1〕“儒家”四句:《孟子·梁惠王上》:“君子之于禽兽也,见其生,不忍见其死;闻其声,不忍食其肉。是以君子远庖厨也。”

〔2〕高柴:春秋时人,孔子弟子。《孔子家语·弟子行》:高柴“启蛰不杀,方长不折。”折像:东汉时人,字伯式。《后汉书·方术传》:“像幼有仁心,不杀昆虫,不折萌牙。”

〔3〕含生:谓有生命之物。

【译文】

儒家的君子,尚且能远离厨房,看见活的动物,不忍心见到它们被杀死,听到动物被宰杀时的惨叫声,就不忍心吃它们的肉。高柴、折像二人,不知道佛教教义,都能做到不杀生,这就是仁慈之人天然的善心。有生命的东西,没有不爱惜自己生命的;不要去做杀生的事,一定要努力做到这一点。喜欢杀生的人,临死会遭到报应,子孙要遭殃,这样的例子很多,不能一一记录,姑且举几例于本文之末。

16.12　梁世有人,常以鸡卵白和沐,云使发光,每沐辄二三十枚。临死,发中但闻啾啾数千鸡雏声。

【译文】

梁朝有个人,常常用蛋清和在水中洗发,说是能使头发富有光泽,每次洗发就用去二三十个鸡蛋。待他临死之时,听到头发中传出几千只小鸡的啾啾鸣叫声。

16.13　江陵刘氏，以卖鳝羹为业。后生一儿头是鳝，自颈以下，方为人耳。

【译文】

江陵有个姓刘的人，以卖鳝鱼羹为业。后来生了一个小孩，头像鳝鱼，自颈部以下，才是人形。

16.14　王克为永嘉郡守〔1〕，有人饷羊，集宾欲宴。而羊绳解，来投一客，先跪两拜，便入衣中。此客竟不言之，固无救请。须臾，宰羊为羹，先行至客。一脔入口，便下皮内，周行遍体，痛楚号叫；方复说之，遂作羊鸣而死。

【注释】

〔1〕王克：南朝梁、陈时人。陈直曰："王克见《南史》卷二十三《王彧传》，为彧之曾孙。又王克官主客，见《酉阳杂俎》卷三。"王利器《集解》："《北周书·王褒传》：'江陵城陷，元帝出降，褒与王克等同至长安，俱授仪同大将军。'又《庾信传》：'时陈氏与朝廷通好，南北流寓之士，各许还其旧国。陈氏乃请王褒及信等数十人；高祖惟放王克、殷不害等，信及褒并留不遣。'即此人也。"永嘉：治所在永宁(今温州)，辖境相当今温州、永嘉、乐清及以南地区。

【译文】

王克任永嘉太守时，有人送了只羊给他，他就集邀宾客想办一个宴会。那只羊挣断了绳子，冲到一位客人面前，先跪下拜了两拜，就钻入客人的衣服里。那位客人竟然没有对人说，没去为那只羊向王克求情。过了一会儿，羊被宰杀，做成了羹汤，先送到那位客人面前。他夹了一块肉，刚入口，便觉得那肉窜入皮内，周身乱窜，他疼痛号叫不已。此时他才说出刚才羊向他求救之事，尔后他发出几声羊叫声，死去了。

16.15　梁孝元在江州时，有人为望蔡县令〔1〕，经刘敬躬乱〔2〕，县廨被焚，寄寺而住。民将牛酒作礼，县令以牛系刹柱〔3〕，屏除形象〔4〕，铺设床坐，于堂上接宾。未杀之顷，牛解，径来至阶而拜，县令大笑，命左右宰之。饮啖醉饱，便卧檐下。稍醒而觉体痒，爬搔隐疹〔5〕，因尔成癞，十许年死。

【注释】

〔1〕望蔡：《宋书·州郡志二》："(望蔡县)，汉灵帝中平中，汝南上蔡民分徙此地，立县名曰上蔡，晋武帝太康元年(280)更名。"

〔2〕刘敬躬乱：《梁书·武帝纪下》：大同八年(542)春正月，"安城郡民刘敬躬挟左道以反，内史萧诜委郡东奔。敬躬据郡，进攻庐陵，取豫章，妖党遂至数万，前逼新淦、柴桑。二月戊戌，江州刺史湘东王绎遣中兵曹子郢讨之……擒敬躬，送京师，斩于建康市。"

〔3〕刹柱：幡柱，寺中悬挂旗幡的高竿。

〔4〕形象：指佛像。

〔5〕隐疹：一种皮肤病。

【译文】

梁元帝在江州的时候，有个人在望蔡县当县令，恰遇刘敬躬叛乱，县里的官署被烧毁了，他暂时在一所寺庙里寄住。老百姓将一头牛和几缸酒作礼物送给他。县令将牛拴在幡柱上，搬掉佛像，摆上坐具，在佛堂上接待宾客。牛快被宰杀的时候，挣脱了绳子，直奔到台阶前向县令跪拜。县令大笑，还是令旁边的侍从把牛杀了。县令酒足饭饱之后，就躺在屋檐下睡着了。醒来后感到身体发痒，抓搔后身上就起了疙瘩。他因此得了恶疮，十几年后病死了。

16.16　杨思达为西阳郡守[1]，值侯景乱，时复旱俭，饥民盗田中麦。思达遣一部曲守视[2]，所得盗者，辄截手腕，凡戮十余人。部曲后生一男，自然无手。

【注释】

〔1〕西阳：郡名。东晋时置，治所在今湖北黄冈东。

〔2〕部曲：本为军队的编制单位。《后汉书·百官志》："大将军营五部，部校尉一人……部下有曲，曲有军侯一人。"魏晋以降，逐渐演化为私人武装。

【译文】

杨思达在任西阳郡守的时候，遇侯景为乱，当时又旱灾，饥饿的老百姓就去偷官田里的麦子。杨思达派了手下一名部曲去守麦田。凡是抓到偷麦子的人，就砍掉他们的手腕，一共砍了十几个人。后来他生了一个儿子，天生就没有手。

16.17　齐有一奉朝请[1]，家甚豪侈，非手杀牛，啖之不美。年三十许，病笃，大见牛来，举体如被刀刺，叫呼而终。

【注释】

〔1〕奉朝请：古代诸侯春季朝见天子叫朝，秋季朝见天子叫请，统称春朝秋请。汉代对退职大臣、皇室、外戚，多给以奉朝请名义，使得参加朝会。晋代以奉车、驸马、骑三都尉奉朝请。南朝自宋起以此安置闲散官员。

【译文】

齐国有个奉朝请，家里非常豪华奢侈。如果不是自己亲手宰的牛，他吃起来就会觉得味道不够鲜美。三十多岁时，他得了重病，看见一大群牛向他跑来，他觉得全身如刀割般疼痛，大声呼叫而死。

16.18　江陵高伟，随吾入齐，凡数年，向幽州淀中捕鱼[1]。后病，每见群鱼啮之而死。

【注释】

〔1〕幽州淀：王利器《集解》："北方亭水之地，皆谓之淀。此幽州淀，疑即今赵北口地。"

【译文】

江陵的高伟，随我一同来齐国。几年以来，他时常到幽州的湖泊中捕鱼。后来病重，常看见成群的鱼来咬他，因此而死了。

16.19　世有痴人，不识仁义，不知富贵并由天命。为子娶妇，恨其生资不足，倚作舅姑之尊〔1〕，蛇虺其性，毒口加诬，不识忌讳，骂辱妇之父母，却成教妇不孝己身，不顾他恨。但怜己之子女，不爱己之儿妇。如此之人，阴纪其过〔2〕，鬼夺其算〔3〕。慎不可与为邻，何况交结乎？避之哉！

【注释】

〔1〕舅姑：公婆。

〔2〕阴：指阴曹地府。

〔3〕算：寿命。《太上感应篇》："太上曰：祸福无门，唯人自召。善恶之报，如影随形。是以天地有司过之神，依人所犯轻重，以夺人算……算尽则死。又有三台北斗神君，在人头上，录人罪恶，夺其纪算。"

【译文】

世上有那么一种痴人，不懂得仁义，不晓得人的富贵皆由天命所定。为儿子娶媳妇，怨恨女家的嫁妆不多，仗着自己是公公婆婆的尊长身份，性如毒蛇，对儿媳恶毒辱骂，甚至不顾忌讳，谩骂起女方的父母。这样做反而教会了媳妇不孝顺自己，也不顾及她的怨恨会带来祸害。只知道疼爱自己的儿女，却不懂得爱护自己的儿媳。像这样的人，阴曹会将其罪过记录下来，让恶鬼夺去他的寿命。你们要谨慎些，不可与这样的人比邻而居，更不能与之结为朋友了。还是避开些吧！

卷第六

书证

书证第十七

【题解】

范文澜先生曾经说过：颜之推“是当时南北两朝最通博最有思想的学者，经历南北两朝，深知南北政治、俗尚的弊病，洞悉南学北学的短长。当时所有大小知识，他几乎都钻研过，并且提出自己的见解”。本篇录有颜氏对经、史典籍以及各种字书、韵书的考证四十七条，是《颜氏家训》中文字最长的一篇，具有较高的学术价值。颜氏认为文字是坟籍的根本，所以他重视《说文解字》，解释字义及说明音注，往往引以为证。但是他又认为文字尤其是字体，是随时代的不同而变化着的，那种凡写字“必依小篆”的做法自然是拘泥固执，而任意增减改换笔划的“鄙俗”也是不可取的，合适的做法是，在著书作文时，应参考《说文》，矫正俗体，但写一般的应用文章时，则当用流行的字体，以通变合时。这是一个很通达的见解。颜氏博览群书，见多识广，故于训诂方面，不仅能引证文献，而且能以方言口语和实物(如碑刻、文物等)进行印证。尽管他所得的一些结论未必正确，但方法是可取的。

17.1 《诗》云:“参差荇菜[1]。”《尔雅》云:“荇,接余也[2]。”字或为莕。先儒解释皆云:水草,圆叶细茎,随水浅深。今是水悉有之,黄花似蓴[3],江南俗亦呼猪蓴[4],或呼为荇菜。刘芳具有注释[5]。而河北俗人多不识之,博士皆以参差者是苋菜,呼人苋为人荇[6],亦可笑之甚。

【注释】

〔1〕“参差”句:见《诗经·周南·关雎》。荇菜,一种水生植物。即莕菜。

〔2〕“荇”二句:《尔雅·释草》:“莕,接余,其叶苻。”郭注云:“丛生水中,叶圆,在茎端,长短随水深浅。江东菹食之。亦呼为莕,音杏。”又《齐民要术》九引《诗义疏》:“接余,其叶白,茎紫赤,正圆,径寸余,浮在水上,根在水底,茎与水深浅等,大如钗股,上青下白,以苦酒浸之为菹,脆美,可案酒,其华蒲黄色。”

〔3〕蓴(chún):植物名。

〔4〕“江南”句:卢文弨曰:“《政和本草》:‘凫葵,即莕菜也。一名接余。’唐本注云:‘南人名猪蓴,堪食。’别本注云:‘叶似蓴,茎涩,根极长,江南人多食,云是猪蓴,全为误也。猪蓴与丝蓴同一种,以春夏细长肥滑为丝蓴,至冬短为猪蓴,亦呼为龟蓴,此与凫葵,殊不相似也。’”陆玑《诗疏》:“蓴乃是茆,非荇也,茆荇二物相似而异,江南俗呼荇为猪蓴误矣。”

〔5〕刘芳:见8.10注〔20〕。《隋书·经籍志》:“《毛诗笺音证》十卷,后魏太常卿刘芳撰。”

〔6〕人苋:卢文弨注引《本草图经》云:“苋有六种:有人苋,赤苋,白苋,紫苋,马苋,五色苋。入药者人、白

二苋，其实一也，但人苋小而白苋大耳。”

【译文】

《诗经》上说：“参差荇菜。”《尔雅》解释说：“荇，就是接余。”字或写作“莕”。从前的学者皆解释说：荇是水草，叶圆茎细，它的长短取决于水的深浅。现在凡是有水的地方都长有荇菜，那种开黄花的像莼菜，江南民间也把它称作“猪莼”，或叫作“荇菜”。刘芳有详细的解释。但在河北地区，一般人多不认识这种植物，连博士们都将水中长得参差不齐的荇菜当作“苋菜”，把“人苋”称作“人荇”，这也太可笑了。

17.2 《诗》云：“谁谓荼苦[1]？”《尔雅》、《毛诗传》并以荼，苦菜也。又《礼》云：“苦菜秀[2]。”案：《易统通卦验玄图》曰[3]：“苦菜生于寒秋，更冬历春，得夏乃成。”今中原苦菜则如此也。一名游冬[4]，叶似苦苣而细，摘断有白汁，花黄似菊。江南别有苦菜，叶似酸浆[5]，其花或紫或白，子大如珠，熟时或赤或黑，此菜可以释劳。案：郭璞注《尔雅》，此乃“蘵，黄蒢”也[6]。今河北谓之龙葵。梁世讲《礼》者，以此当苦菜；既无宿根，至春子方生耳，亦大误也。又高诱注《吕氏春秋》曰[7]：“荣而不实曰英[8]。”苦菜当言英，益知非龙葵也。

【注释】

〔1〕“谁谓”句：见《诗经·邶风·谷风》。

〔2〕“苦菜”句：见《礼记·月令》。

〔3〕《易统通卦验玄图》：撰者不详。《隋书·经籍志》著录一卷。

〔4〕游冬：《广雅·释草》：“游冬，苦菜也。”

〔5〕酸浆：草名。卢文弨注引《尔雅·释草》云：“今酸浆草，江东呼曰苦葴。”

〔6〕“郭璞”二句：郭璞，东晋时人。《隋书·经籍志》：“《尔雅》五卷，郭璞注。《图》十卷，郭璞撰。”《尔雅·释草》：“藏，黄蒢。”郭璞注：“藏草，叶似酸浆，华小而白，中心黄，江东以作菹食。”

〔7〕高诱：东汉时涿郡(今河北涿县)人。《隋书·经籍志》：“《吕氏春秋》二十六卷，秦相吕不韦撰，高诱注。”

〔8〕“荣而”句：此注见《吕氏春秋·孟夏纪》。

【译文】

《诗经》上说：“谁谓荼苦?”《尔雅》、《毛诗传》都把“荼”解释成苦菜。《礼记》也说：“苦菜秀。”案:《易统通卦验玄图》说：“苦菜生于寒秋，经历冬春两季，到夏天才成熟。”现在中原地区的苦菜就是这样的。苦菜又称作“游冬”，菜叶像苦苣而比苦苣细，折断后会渗出白色的浆汁，菜花是黄色的，类似菊花。江南有另一种“苦菜”，菜叶像酸浆草，菜花有的是紫色的，有的是白色的，菜籽如珠子般大小，成熟时或是红色的，或是黑色的，服食这种菜可以消除疲劳。案：郭璞注《尔雅》，认为它是蘵，也就是黄蒢。现今河北地区的人称其为“龙葵”。梁代讲述《礼》的人，把它当作中原地区的苦菜；它没有经冬留存的宿根，又是到春天籽才发芽生长的，把它认作苦菜是个大误解。另外，高诱注《吕氏春秋》说："植物开花而不结果称作英。"因此，苦菜应该说是英，这更说明它绝不是龙葵。

17.3 《诗》云："有杕之杜[1]。"江南本并木傍施大，《传》曰："杕，独皃也[2]。"徐仙民音徒计反[3]。《说文》曰："杕，树皃也。"在《木部》。《韵集》音次第之第，而河北本皆为夷狄之狄[4]，读亦如字，此大误也。

【注释】

〔1〕"有杕"句：见于《诗经·唐风·杕杜》、《有杕之杜》及《小雅·杕杜》。杜，即杜梨。

〔2〕皃：古"貌"字。王利器《集解》注引臧琳《经义杂记》十八："《释文》云：'杕杜本或作夷狄字，非也。下篇同。'据此，则《唐风·杕杜》、《有杕之杜》两篇，杕字皆有作狄者，颜、陆并以为误，是也。颜引《毛传》云：'杕，独皃也。'今《杕杜》篇孔、陆本皆作'特貌'，特字训独，颜引《毛诗》竟作独，非。"

〔3〕徐仙民：即徐邈。见8.20注〔2〕。据《隋书·经籍志》，徐邈有《毛诗音》二卷。

〔4〕河北本：指河北地区流行的《诗经》版本。许彦宗《鉴止水斋集》十四《记南北学》云："经学自东晋后，分为南北。自唐以后，则有南学而无北学……《五经正义》所谓定本，盖出于颜师古。师古之学，本之之推。之推《家

训·书证》篇，每是江南本而非河北本。师古为定本时，辄引晋、宋以来之本，折服诸儒，则据南本为定可知已。”

【译文】

《诗经》上说：“有杕之杜。”江南流传的各种《诗经》版本，都将“杕”字写成“木”旁加个“大”字。《毛诗传》说：“杕，孤零零之状。”徐仙民注音为徒计反。《说文解字》解释说：“杕，树的样子。”字在《木部》。《韵集》注音为“次第”的“第”，而河北地区流传的《诗经》版本都把它写作“夷狄”的“狄”字，读法也与“狄”相同，这就是一个大错误了。

17.4 《诗》云：“駉駉牡马[1]。”江南书皆作牝牡之牡，河北本悉为放牧之牧。邺下博士见难云：“《駉颂》既美僖公牧于坰野之事[2]，何限騲骘乎[3]?”余答曰：“案:《毛传》云：‘駉駉，良马腹干肥张也。’其下又云：‘诸侯六闲四种[4]：有良马、戎马、田马、驽马。’若作牧放之意，通于牝牡，则不容限在良马独得駉駉之称。良马，天子以驾玉辂[5]，诸侯以充朝聘郊祀[6]，必无騲也。《周礼·圉人》职：‘良马，匹一人。驽马，丽一人[7]。’圉人所养[8]，亦非騲也；颂人举其强骏者言之，于义为得也。《易》曰：‘良马逐逐[9]。’《左传》云：‘以其良马二[10]。’亦精骏之称，非通语也。今以《诗传》良马，通于牧騲，恐失毛生之意[11]，且不见刘芳《义证》乎〔12〕？”

【注释】

〔1〕“駉駉”句：见《诗经·鲁颂·駉》。駉，肥壮之貌。

〔2〕“《駉颂》”句：《诗序》曰：“駉，颂僖公也。僖公能遵伯禽之法，俭以足用，宽以爱民，务农重谷，牧于坰野，鲁人尊之。于是季孙行父请命于周，而史克作是颂。”坰(jiōng)，遥远的郊野。

〔3〕騲(cǎo)：牝马。　騭：牡马。

〔4〕闲：马厩。《周礼·夏官·校人》：“天子十有二闲，马六种；邦国六闲，马四种；家四闲，马二种。”

〔5〕玉辂：古代帝王所乘之车，以玉为饰。

〔6〕朝聘：指古代诸侯按期朝见天子。郊祀：于郊外祭祀天地。郊为大祀，祀为群祀。

〔7〕“良马”四句：《周礼·夏官·圉人》无此文，当为作者误记。丽，双，谓两匹。

〔8〕圉人：养马之人。卢文弨曰：“‘所养’下当有‘良马’二字。”

〔9〕“良马”句：《易·大畜》：“九三，良马逐，利艰贞。”赵曦明曰：“案：《释文》：‘郑康成本作逐逐，云两马走也。’是此书所本。”

〔10〕“以其”句：见《左传·宣公十二年》。

〔11〕毛生：指毛苌。为汉河间太守，撰《诗传》十卷，今传。《史记·儒林列传》《索隐》：“自汉以来，儒者皆号生。”

〔12〕《义证》：指刘芳所撰的《毛诗笺音义证》。《魏书》本传为此书名，而《隋书·经籍志》为《毛诗笺音证》。

【译文】

《诗经》上说:“駉駉牡马。”江南流传的《诗经》版本都将“牡”字写作“牝牡”的“牡”,而河北地区的流传本皆写成了“放牧”的“牧”字。邺下博士诘问我说:“《駉颂》既然是赞美僖公在远郊放牧之事,何必去计较什么雌马、雄马呢?”我回答说:“据我考证:《毛诗传》说:‘駉駉是形容良马的躯体肥壮。’下文又说:‘诸侯有六个马厩,畜养四种马匹:良马、兵马、田马、驽马。’如果诗中的‘牡’字作‘放牧’的‘牧’,那么用于赞美雌马、雄马同样说得通,而不是仅限于用来形容‘良马’了。‘良马’,天子用它驾玉车,诸侯用它朝觐天子或到郊外祭祀天地。《周礼·圉人》职说:‘良马,一人养一匹;驽马,一人养两匹。’圉人所养的马,也不是雌马。作颂人以良马的健壮强劲来赞美鲁僖公,这是得其深义的。《易》说:‘良马逐逐。’《左传》说:‘以其良马二。’这也是对强壮骏马的称呼,不是通指一般的马。现在有人以《诗传》中所言‘良马’,等同于所牧之马或雌马中的好马,恐怕误解了毛苌的本意。再说,难道没见过刘芳《毛诗笺音义证》中对这一句的解释吗?”

17.5　《月令》云[1]:“荔挺出。”郑玄注云:“荔挺,马薤也[2]。”《说文》云:“荔,似蒲而小,根可为刷。”《广雅》云:“马薤,荔也。”《通俗文》亦云马蔺[3]。《易统通卦验玄图》云:“荔挺不出,则国多火灾。”蔡邕《月令章句》云:“荔似挺[4]。”

高诱注《吕氏春秋》云："荔草挺出也。"然则《月令注》荔挺为草名，误矣[5]。河北平泽率生之。江东颇有此物，人或种于阶庭，但呼为旱蒲，故不识马薤。讲《礼》者乃以为马苋；马苋堪食，亦名豚耳，俗名马齿。江陵尝有一僧，面形上广下狭；刘缓幼子民誉[6]，年始数岁，俊晤善体物，见此僧云："面似马苋。"其伯父绍因呼为荔挺法师。绍亲讲《礼》名儒，尚误如此。

【注释】

〔1〕《月令》:《礼记》篇名。

〔2〕马薤：草木植物名。

〔3〕《通俗文》：见8.20注〔8〕。　马蔺：多年生草本，花及种子可入药，叶有韧性，根可制刷子。

〔4〕"荔似"句：卢文弨曰："荔似挺，语不明，据《本草图经》引作'荔以挺出'，当是也。"译文从之。

〔5〕"然则"二句：颜氏认为郑玄将"荔挺"二字释作草名是错误的，后人则有不同意见。王利器《集解》注引郝懿行之言曰："《周书·时训》篇云：'荔挺不生，卿士专权，'合之《通卦验》，则知康成之读，未可谓非也。"又王引之《经义述闻》卷十四云："如高氏所说，则是荔草挺然而出也。检《月令》篇中：凡言'萍始生'，'王瓜生'，'半夏生'，'芸始生'；草名二字者则但言生，一字者则言始生以足其文，未有状其生之貌者。倘经义专以荔之一字为草名，则但言荔始出可矣，何烦又言挺也？且据颜氏引《易通卦验》'荔挺不出'，则以荔挺为草名者，自西汉时已然。《逸周书·时训篇》亦曰：'荔挺不出，卿士专权。'郑氏注

殆相承旧说，非臆断也。挺之言莛也。《说文》曰：‘莛，茎也。’荔草抽茎作华，因谓之荔挺矣。”

〔6〕刘缓：见6.33注〔2〕。

【译文】

《礼记·月令》说：“荔挺出。”郑玄注解说：“荔挺，就是马薤。”《说文解字》说：“荔，类似蒲草而比它小，根可以做成刷子。”《广雅》说：“马薤，就是荔。”《通俗文》又把它说成是马蔺。《易统通卦验玄图》说：“如果荔草茎长不出，国家就会多生火灾。”蔡邕的《月令章句》说：“荔草是以它的茎而冒出地面。”高诱注解《吕氏春秋》说：“荔草茎生出来了。”如此看来，郑玄《月令注》将“荔挺”当作一种草名是错误的了。河北地区的水泽大多生长有这种草。江东也有此物，有人把它种在庭院里，只是把它叫做旱蒲，所以就不知道它就是马薤。而讲解《礼》的人把它当作“马苋”；马苋可以食用，又名豚草，民间称为马齿。江陵曾有一位僧人，脸形上宽下窄，刘缓的小儿子刘民誉，年纪才几岁，聪明卓异，善于描绘事物，他看见这位僧人就说：“这人的脸长得像马齿苋。”他伯父刘绍因此将这位僧人称为“荔挺法师”。刘绍本人就是讲解《礼》的有名学者，尚且误解到如此地步。

17.6　《诗》云：“将其来施施〔1〕。”《毛传》云：“施施，难进之意。”郑《笺》云：“施施，舒行皃也〔2〕。”《韩诗》亦重为施施〔3〕。河北《毛诗》皆云施施。江南旧本，悉单为施，俗遂是之，恐为少误[4]。

【注释】

〔1〕“将其”句：见《诗经·王风·丘中有麻》。

〔2〕“施施”二句：今本郑《笺》作“施施，舒行伺间独来见已之貌”。

〔3〕《韩诗》：《诗》今文学派之一。汉初燕人韩婴所传。文帝时曾立为博士。此后传“韩诗”者代有数人。《汉书·艺文志》著录《内传》四卷、《外传》六卷，另有《韩故》三十六卷、《韩说》四十一卷。西晋时，“韩诗”虽存，却无有传者。南宋之后，仅存《外传》。清赵怀玉曾辑《内传》佚文，附于《外传》之后。陈乔枞辑有《韩诗遗说考》。

〔4〕“江南”四句：王利器《集解》注引臧琳《经义杂记》二八曰：“考《诗·丘中有麻》，三章，章四句，句四字，独‘将其来施施’五字，据颜氏说，知江南旧本皆作‘将其来施’，颜氏以《传》、《笺》重文而疑其有误。然颜氏述江南、河北书本，河北者往往为人所改，江南者多善本，则此文之悉单为施，不得据河北本以疑之矣。若以毛、郑皆云施施，而以作施施为是，则更误。经传每正文一字，释者重文，所谓长言之也。”

【译文】

《诗经》说：“将其来施施。”《毛传》说：“施施，难以行进的意思。”郑《笺》说：“施施，行进舒缓的样子。”《韩诗》中也是重叠为“施施”。河北本《毛诗》都是“施施”。江南过去的《诗经》版本，全单作一个“施”字，人们也就认可了，恐怕这是个小错误。

17.7 《诗》云:“有渰萋萋,兴云祁祁[1]。”《毛传》云:“渰,阴云皃。萋萋,云行皃。祁祁,徐皃也。”《笺》云[2]:“古者,阴阳和,风雨时,其来祁祁然,不暴疾也。”案:渰已是阴云,何劳复云“兴云祁祁”耶?“云”当为“雨”,俗写误耳。班固《灵台》诗云:“三光宣精,五行布序,习习祥风,祁祁甘雨[3]。”此其证也[4]。

【注释】

〔1〕“有渰”二句:见《诗经·小雅·大田》。

〔2〕《笺》:指郑《笺》。

〔3〕“三光”四句:大意是:日、月、星辰散发着光芒,金、木、水、火、土安排着时令,祥风习习地吹拂,甘雨舒缓地降落。三光,指日、月、星。序,季节,时令。

〔4〕“此其”句:对颜氏此说,清人段玉裁、臧琳等人有不同意见。臧琳曰:“颜氏说《诗》……皆引河北本、江南本为证,则当时犹有两书,独此止云‘云当为雨’,而不言有本作‘雨’,可见此条出自颜氏臆说,绝无凭据,而顿欲轻改千年已来相传之本,甚矣,其误也!陆、孔所见本有作‘兴云’,而以‘兴雨’为是,《开成石经》亦作‘兴雨’,皆为颜氏所惑也。”王利器曰:“清人正颜氏失言,甚是。”

【译文】

《诗经》说:“有渰萋萋,兴云祁祁。”《毛传》说:“渰,云兴起的样子。萋萋,云移动的样子。祁祁,慢行的样子。”郑《笺》说:“古时候,阴阳调和,风雨及时，它们来时是缓缓的，不是暴烈迅疾。”案：“渰”既已是阴云兴起之意，何必又重复说“兴云祁祁”呢？“云”字当写作“雨”字，这是人们抄写时弄错的吧。班固的《灵台》诗说：“三光宣精，五行布序，习习祥风，祁祁甘雨。”这是“云”当写作“雨”的一条证据。

17.8　《礼》云：“定犹豫，决嫌疑[1]。”《离骚》曰：“心犹豫而狐疑。”先儒未有释者。案：《尸子》曰[2]：“五尺犬为犹。”《说文》云：“陇西谓犬子为犹。”吾以为人将犬行，犬好豫在人前，待人不得，又来迎候，如此往还，至于终日，斯乃豫之所以为未定也，故称犹豫。或以《尔雅》曰：“犹如麂，善登木[3]。”犹，兽名也，既闻人声，乃豫缘木，如此上下，故称犹豫[4]。狐之为兽，又多猜疑，故听河冰无流水声，然后敢渡[5]。今俗云：“狐疑，虎卜[6]。”则其义也。

【注释】

〔1〕“定犹豫”二句：《礼记·曲礼上》：“决嫌疑，定犹与。”《释文》：“与音预，本亦作豫。”

〔2〕《尸子》：《隋书·经籍志》：“《尸子》二十卷，秦相卫鞅上客尸佼撰。”已佚。尸佼，晋国人，一说鲁国人。曾入秦参与商鞅变法的策划。商鞅被杀后，逃亡入蜀。

〔3〕“犹如”二句：见《尔雅·释兽》。

〔4〕“犹”六句：颜氏此说，后人有不同意见。宋人王

观国《学林》九曰:“犹豫者,心不能自决定之辞也。《尔雅·释言》曰:‘犹,图也。’《释兽》曰:‘犹如麂,善登木。’所谓犹图者,图谋之而未定也。犹豫者,《尔雅·释言》所谓犹图是已,颜师古注《汉书》与《颜氏家训》,不悟《尔雅·释言》自有犹图之训,而乃引《释兽》‘犹如麂’以训之,误矣。《广韵》去声曰:‘犹音救。’注引《尔雅》:‘犹如麂,善登木。’然则犹兽音救也。且先事而图之为犹,后事而图之为豫,故《曲礼》曰:‘卜筮者,所以使民决嫌疑,定犹豫也。’以嫌疑对犹豫,则犹非兽也。”

〔5〕“狐之”四句:《水经注·河水一》注引《述征记》曰:“盟津……比淮、济为阔,寒则冰厚数丈,冰始合,车马不敢过,要须狐行,云此物善听,冰下无水乃过,人见狐行,方渡。”

〔6〕虎卜:卜筮的一种。据说虎能以爪画地,观奇偶以卜食,后人效之以为卜术。《太平御览》卷七二六引《博物志》云:“虎知冲破,又能画地卜。今人有画物上下者,推其奇偶,谓之虎卜。”

【译文】

《礼记》说:“定犹豫,决嫌疑。”《离骚》说:“心犹豫而狐疑。”从前的学者对此没有解释。案:《尸子》说:“五尺犬为犹。”《说文解字》说:“陇西谓犬子为犹。”我认为人带着狗行路时,狗喜欢预先跑在人的前面,等人不得时,又回来迎候,如此来回往返,整天都是这样,这就是“豫”字为迟疑不决的来历,所以称作“犹豫”。或者以《尔雅》所说:“犹如麂,善登木。”犹为一种野兽的名称,它一听到人的声音,就预先上树,像这样上上下下,迟疑不定,所以称之为“犹豫”。狐狸这种野兽是很多疑的，所以它要听到冰河下没有流水的声音，然后才敢渡河。当今的俗语说：“狐疑，虎卜。”就是这个意思。

17.9 《左传》曰：“齐侯痎，遂痁[1]。”《说文》云：“痎，二日一发之疟。痁，有热疟也。”案：齐侯之病，本是间日一发，渐加重乎故，为诸侯忧也。今北方犹呼痎疟，音皆。而世间传本多以痎为疥，杜征南亦无解释[2]，徐仙民音介，俗儒就为通云[3]：“病疥，令人恶寒，变而成疟。”此臆说也。疥癣小疾，何足可论，宁有患疥转作疟乎[4]？

【注释】

〔1〕“齐侯”二句：见《左传·昭公二十年》。孔颖达疏：“痎是小疟，痁是大疟。” 齐侯：齐景公。

〔2〕杜征南：即杜预。撰有《春秋左氏经传集解》等。曾任征南大将军，故有此称。

〔3〕通：解说。

〔4〕“宁有”句：颜氏此说，后世学者多有非议。段玉裁曰：“改‘疥’为‘痎’，其说非是。”臧琳、郝懿行、李慈铭等也认为颜氏有误，其中臧琳辨之最详，见《经义杂记》卷十六。

【译文】

《左传》说：“齐侯痎，遂痁。”《说文解字》说：“痎，二日发作一次的疟疾。痁，是有热度的疟疾。”

案：齐侯的病本来是隔日发作的疟疾，后来逐渐加重，为诸侯们所担心。现在北方仍然叫作痎疟，痎读作“皆”。而世间的《左传》流传本大多将“痎”写作“疥”，杜预对此也没有解释，徐仙民注音为“介”，一般的学者就依此解说道：“得了疥癣，使人畏寒，就变成了疟疾。”这纯是一种臆说。疥癣这种小病，有什么值得谈论的？哪里会有生疥癣转成疟疾的呢？

17.10 《尚书》曰：“惟影响〔1〕。”《周礼》云：“土圭测影，影朝影夕〔2〕。”《孟子》曰：“图影失形〔3〕。”《庄子》云：“罔两问影〔4〕。”如此等字，皆当为光景之景。凡阴景者，因光而生，故即谓为景。《淮南子》呼为景柱〔5〕，《广雅》云：“晷柱挂景〔6〕。”并是也。至晋世葛洪《字苑》，傍始加彡〔7〕，音於景反。而世间辄改治《尚书》、《周礼》、《庄》、《孟》从葛洪字，甚为失矣。

【注释】

〔1〕“惟影”句：《尚书·大禹谟》：“从逆凶，惟影响。”意为吉凶之报，若影之随形，响之应声。

〔2〕土圭：古代用以测日影、正四时的器具。《周礼·地官·大司徒》：“以土圭之法测土深，正日景，以求地中。日南则景短，多暑；日北则景长，多寒；日东则景夕，多风；日西则景朝，多阴。”

〔3〕“图影”句：见《孟子外书·孝经》第三。孙志祖《读书脞录》二曰：“近刻《孟子外书》四篇……掇拾子书

中所引《孟子》逸篇以成文，词旨深陋，通儒疑之。”

〔4〕“罔两”句：见《庄子·齐物论》。罔两，郭璞释为景外之微阴，即影子的影子。

〔5〕景柱：即影柱。测量日影定时的表柱。

〔6〕晷柱：即晷表。日晷上测量日影的标竿。

〔7〕《字苑》：《要用字苑》的省称。两《唐志》均著录葛洪有《要用字苑》一卷。后佚，今有清任大椿辑本。陈直曰：“按：或说《汉张平子碑》即有影字，不始于葛洪。张碑原石久佚，殊不可据……景之作影，在六朝时始盛行耳。葛洪《字苑》久佚，今影字始见于《广韵》。”

【译文】

《尚书》说：“惟影响。”《周礼》说：“土圭测影，影朝影夕。”《孟子》说：“图影失形。”《庄子》说：“罔两问影。”像这些“影”字，都应该写作“光景”的“景”字。凡是阴影，都是由于光的作用而形成的，所以就称作景。《淮南子》称为“景柱”，《广雅》说：“晷柱挂景”，都是这样的。到了晋代葛洪所著的《字苑》中，才在“景”字旁加上“彡”，注音於景反。而世间的人随意就将《尚书》、《庄子》、《孟子》等书中的“景”字改成葛洪《字苑》中的“影”字，这实在是大错了。

17.11　太公《六韬》[1]，有天陈、地陈、人陈、云鸟之陈[2]。《论语》曰：“卫灵公问陈于孔子[3]。”《左传》：“为鱼丽之陈[4]。”俗本多作阜傍车乘之车[5]。案诸陈队，并作陈、郑之陈。夫行陈之义，取于陈列耳，此六书为假借也[6]。《苍》、《雅》及近世字书[7]，皆无别字；唯王羲之《小学章》[8]，独阜傍作车，纵复俗行，不宜追改《六韬》、《论语》、《左传》也。

【注释】

〔1〕太公：即姜太公吕尚。见5.12注〔1〕。　《六韬》：兵书。《隋书·经籍志》："太公《六韬》五卷，《文韬》、《武韬》、《龙韬》、《虎韬》、《豹韬》、《犬韬》。"是书实为战国时人托名太公所作。

〔2〕陈：通"阵"。

〔3〕"卫灵公"句：见《论语·卫灵公》篇。

〔4〕"为鱼丽"句：见《左传·桓公五年》。鱼丽，军阵名。杜预注引《司马法》："车战，二十五乘为偏，以车居前，以伍次之，承偏之隙，而弥缝阙漏也。五人为伍。此盖鱼丽阵法。"

〔5〕阜傍：即左偏旁"阝"。

〔6〕六书：古人分析汉字的造字方法而归纳出的六种条例，即象形、指事、会意、形声、转注、假借。假借：六书之一。《说文·叙》："假借者，本无其字，依声托事。"意为汉字中某些词有音无字，借用同音字来表示。

〔7〕《苍》、《雅》：指《苍颉篇》和《尔雅》。见6.35注〔4〕、6.15注〔3〕。

〔8〕"唯王"句：赵曦明曰："《隋书·经籍志》：'《小学篇》一卷，晋下邳内史王义撰。'诸本并作'王羲之'，乃妄人谬改，而《佩觿》及《唐志》皆从之，失考之甚。"孙志祖《读书脞录》七："案：王羲之为会稽内史，非下邳，故注以为误。然王羲之《小学篇》，亦见《北史·任城王云

传》，安知非《隋志》误邪？恐当仍以旧本为是。”

【译文】

太公的《六韬》中，说到天陈、地陈、人陈、云鸟之陈。《论语》说：“卫灵公问陈于孔子。”《左传》中有“为鱼丽之陈”的话。一般的流传本大多是将以上几个“陈”字，写作“阜”旁加上“车乘”的“车”。案表示各种军阵队列的“阵”字，都应写作陈国、郑国的“陈”字。行陈的含义，是从陈列之义取用过来的，这在六书中属于假借法，《苍颉篇》、《尔雅》以及近代的字书，都没有其他写法；只有王羲之的《小学章》中，独独是“阜”旁加上“车”字，即使今人从俗都将“陈”字写成了“阵”字，也不应该以此来追改《六韬》、《论语》、《左传》等古书。

17.12 《诗》云：“黄鸟于飞，集于灌木〔1〕。”《传》云：“灌木，丛木也。”此乃《尔雅》之文〔2〕，故李巡注曰〔3〕：“木丛生曰灌。”《尔雅》末章又云：“木族生为灌。”族亦丛聚也。所以江南《诗》古本皆为丛聚之丛，而古丛字似冣字，近世儒生，因改为冣〔4〕，解云：“木之冣高长者〔5〕。”案：众家《尔雅》及解《诗》无言此者，唯周续之《毛诗注》〔6〕，音为徂会反；刘昌宗《诗注》〔7〕，音为在公反，又祖会反。皆为穿凿，失《尔雅》训也。

【注释】

〔1〕“黄鸟”二句：见《诗经·周南·葛覃》。黄鸟，黄鹂，一说黄雀。

〔2〕“此乃”句：见《尔雅·释木》。

〔3〕李巡：东汉人。《隋书·经籍志一》：“梁有汉刘歆，犍为文学、中黄门李巡《尔雅》各三卷，亡。”李巡事迹附见于《后汉书·吕强传》。

〔4〕冣：同“最”。郝懿行曰：“古丛字作菆，或作藂，并似冣字，故俗儒因斯致误。”

〔5〕“木之”句：意为树木中最高大者。

〔6〕周续之：南朝时宋广武(今山西代县西南)人。字道祖。通儒学。传见《宋书·隐逸传》。

〔7〕刘昌宗：卢文弨考证其为晋人，有《毛诗音》、《尚书音》、《左传音》、《周礼音》、《仪礼音》、《礼记音》等著作。但《隋书·经籍志》均未著录。

【译文】

《诗经》说：“黄鸟于飞，集于灌木。”《毛传》说：“灌木，就是树木丛生。”这是根据《尔雅》的解释，所以李巡注解说：“木丛生曰灌。”《尔雅》的末章又说：“木族生曰灌。”族，也就是丛聚的意思。所以江南的《诗经》古本都写成“丛聚”的“丛”字了，而古丛字很像“冣”这个字，近代的儒生因此就改作“冣”字，解释为“树木之冣高长者”。案：各家的《尔雅》和《诗经》注本，对此都没有注解，只有周续之的《毛诗注》，对这个字注音作徂会反，刘昌宗的《诗注》注作在公反，又注作祖会反：这些都是穿凿附会，偏离了《尔雅》的解释。

17.13　“也”是语已及助句之辞[1]，文籍备有之矣。河北经传，悉略此字，其间字有不可得无者，至如“伯也执殳[2]”，“于旅也语[3]”，“回也屡空[4]”，“风，风也，教也[5]”，及《诗传》云：“不戢，戢也；不傩，傩也[6]。”“不多，多也[7]。”如斯之类，傥削此文，颇成废阙。《诗》言：“青青子衿[8]。”《传》曰：“青衿，青领也，学子之服。”按：古者，斜领下连于衿，故谓领为衿。孙炎[9]、郭璞注《尔雅》，曹大家注《列女传》[10]，并云：“衿，交领也。”邺下《诗》本，既无“也”字，群儒因谬说云：“青衿、青领，是衣两处之名，皆以青为饰。”用释‘青青’二字，其失大矣！又有俗学，闻经传中时须也字，辄以意加之，每不得所，益成可笑。

【注释】

〔1〕语已：语尾。

〔2〕“伯也”句：见《诗经·卫风·伯兮》。伯，这里是妇人对丈夫的爱称。殳，古兵器。长一丈二，头上不用金属为刃，八棱而尖，似今之杖。

〔3〕“于旅”句：见《仪礼·乡射礼》。意为乡射礼完毕方可言语。

〔4〕“回也”句：见《论语·先进》篇。今本为：“回也其庶乎，屡空。”回，指颜回。

〔5〕“风”三句：见《毛诗大序》。第一个“风”是指

《诗经》的十五国风。第二个“风”是讽训之义。

〔6〕“不戢”四句：是对《诗经·小雅·桑扈》的解释。戢，和，平和。傩，今本作难，恭敬之义。不戢不难，即和且敬的意思。两个“不”皆为语助词。

〔7〕“不多”二句：为《毛传》释《诗经·大雅·卷阿》“矢诗不多”句。“不”为语助词。

〔8〕“青青”句：见《诗经·郑风·子衿》。子衿，古代衣服的交领为衿，子衿指穿青领衣服的学生。

〔9〕孙炎：三国时魏人。字叔然，曾受郑玄之学。注《尔雅》，久佚。

〔10〕曹大家(gū)：即班昭。班固之妹。有才学，曾续完班固《汉书》。嫁曹世叔，世叔死后为汉和帝召入皇宫，为皇后贵人师，号曹大家。“家”通“姑”。《列女传》：刘向撰，述汉代及其之前妇女的事迹。《隋书·经籍志》：“《列女传》十五卷，刘向撰，曹大家注。”《列女传》今存，但班昭之注久已失传。

【译文】

“也”字是用在语尾或作语助的词，文章典籍中都能见到这个字。河北地区流传的经、传中都省略此字，而其中有的是不能省略的，比如像“伯也执殳”，“于旅也语”，“回也屡空”，“风，风也，教也”，以及《毛诗传》说：“不戢，戢也；不傩，傩也。”“不多，多也。”诸如此类的句子，倘若删略了“也”字，就成了残缺不全的句子了。《诗经》说：“青青子衿。”《毛传》解释说：“青衿，青领也，学子之服。”案古时候，斜领下面连着衣衿，所以将领子称作“衿”。孙炎、郭璞注解《尔雅》、曹大家注解《列女传》，都说：“衿，交领也。”邺下的《诗经》传本，就没有“也”字，许多儒生因而错误地说：“青衿、青领，是指衣服的两个部分的名称，都用青色来装饰。”用以解释“青青”两字，这错误就太大了！还有一些平庸的学人，听说经传中常须有“也”字，就凭自己的意见加上去，往往加得不是地方，这就更加可笑了。

17.14　《易》有蜀才注〔1〕，江南学士，遂不知是何人。王俭《四部目录》〔2〕，不言姓名，题云：“王弼后人〔3〕。”谢炅、夏侯该〔4〕，并读数千卷书，皆疑是谯周〔5〕；而《李蜀书》一名《汉之书》〔6〕，云：“姓范名长生，自称蜀才〔7〕。”南方以晋家渡江后〔8〕，北间传记，皆名为伪书，不贵省读〔9〕，故不见也。

【注释】

〔1〕“《易》有”句：《隋书·经籍志》：“《周易》十卷，蜀才注。”

〔2〕王俭：南朝齐人，字仲宝，祖籍琅琊临沂(今属山东)。曾佐萧道成建齐，历侍中、尚书令等职。好读书，精通儒家经典，尤擅长礼学及目录学，依刘歆《七略》例作《七志》，又撰《宋元徽四部书目》(即《四部目录》)等。传见《南齐书》及《南史》。

〔3〕王弼：见8.12注〔6〕。

〔4〕谢炅：一作谢吴。南朝梁人。曾任中书郎。撰有《梁书》、《梁皇帝实录》等。　夏侯该：一作夏侯詠。南朝时梁人。撰有《汉书音》、《四声韵略》等。

〔5〕谯周：三国时巴西西充(今四川阆中西南)人。字允南。通经学，善书札。在蜀，任中散大夫、光禄大夫。因劝刘禅降魏，受魏封阳城亭侯。入晋，任散骑常侍等职。撰有《古史考》、《五经论》等。传见《三国志·蜀志》。

〔6〕而《李蜀书》句：《隋书·经籍志》："《汉之书》十卷，常璩撰。"严式诲曰："案：'一名《汉之书》'五字，颜氏自注语，当旁注。据此，则《李蜀书》即《汉之书》，而《唐志》乃有《蜀李书》九卷，又有《汉之书》十卷，盖未见其书而据旧文录之耳。"又《史通·古今正史》："蜀初号成，后改称汉，李势散骑常侍常璩撰《汉书》十卷，后入晋秘阁，改为《蜀李书》。"

〔7〕"姓范"二句：王利器《集解》注引《经典释文叙录》："蜀才注，十卷。《蜀李书》云：'姓范，名长生，一名贤，隐居青城北，自号蜀才。李雄以为丞相。'"范长生之事迹于《魏书·李雄传》、《晋书·李雄载记》及《华阳国志》中多有记述。

〔8〕晋家渡江：西晋灭亡后，司马睿在王导等人的帮助下，南渡长江，于建康建立东晋政权。

〔9〕省读：阅读。

【译文】

《易经》有蜀才的注本，江南的学士，竟然不知道蜀才是何许人。王俭的《四部目录》中，没有注明姓名，只是题为"王弼后人"。谢炅、夏侯该，都饱读过数千卷的书籍，他们都怀疑蜀才便是谯周；而《李蜀书》(又名《汉之书》)说："姓范，名长生，自称蜀才。"南方自晋室渡江以后，便将北方的书籍都称作伪书，不去认真地阅读，所以没有见过这段记载。

17.15　《礼·王制》云："裸股肱。"郑注云："谓擐衣出其臂胫。"今书皆作擐甲之擐。国子博士萧该云[1]："擐当作擐，音宣，擐是穿著之名，非出臂之义。"案《字林》[2]，萧读是，徐爰音患[3]，非也。

【注释】

〔1〕萧该：隋朝人。南朝梁鄱阳王萧恢之孙。江陵陷落后，被送往长安。隋初封山阴县公，拜国子博士。撰有《汉书音义》、《文选音义》等。传见《隋书·儒林传》。

〔2〕《字林》：字书。晋吕忱撰。收字一万二千余。为补《说文》漏落而作。后亡佚。清任大椿有《字林考逸》八卷，陶方琦有《〈字林考逸〉补本》一卷。

〔3〕徐爰：南朝时宋人。曾任中散大夫，有《礼记音》二卷，《隋书·经籍志》著录。

【译文】

《礼记·王制》说："裸股肱"，郑玄注解说："谓擐衣出其臂胫。"当今人都将"擐"字写作"擐甲"的"擐"字。国子博士萧该说："擐，当作'擐'，读音为'宣'，擐是穿着的意思，不是指露出手臂之义。"依据《字林》，萧该的读法是对的。徐爰注音为"患"，是不对的。

17.16　《汉书》："田肎贺上[1]。"江南本皆作"宵"字。沛国刘显[2]，博览经籍，偏精班《汉》，梁代谓之《汉》圣。显子臻[3]，不坠家业。读班史[4]，呼为田肎。梁元帝尝问之，答曰："此无义可求，但臣家旧本，以雌黄改'宵'为'肎'。"元帝无以难之。吾至江北，见本为"肎"。

【注释】

〔1〕"田肎"句：见《汉书·高帝纪》六年(前201)。肎，即"肯"字。

〔2〕刘显：南朝时梁沛国相(今安徽濉溪西北)人。字嗣芳。博学多通，以精研《汉书》著名当时。曾任浔阳太守。传见《梁书》。

〔3〕刘显有子三人：荂、荏、臻。臻以精《汉书》和《后汉书》而知名。传见《北史·文苑》和《隋书·文学》。

〔4〕班史：指班固所著《汉书》。

【译文】

《汉书》说："田肎贺上"。江南的《汉书》流传本都将"肎"写作"宵"字。沛国的刘显，博览群书，偏爱并精通班固的《汉书》，梁代人称他为"《汉》圣"。刘显的儿子刘臻，不失家传之业。他读《汉书》时，将"田宵"读成"田肎"。梁元帝曾经因此而问他为何这样读，他回答说："这没有什么含义可求，只是臣子家藏的《汉书》旧本中，用雌黄把'宵'改为'肎'了。"梁元帝也没法诘难他。我到了北方，见到这里的《汉书》传本就写作"肎"。

17.17　《汉书·王莽赞》云："紫色蠅声，余分闰位[1]。”盖谓非玄黄之色[2]，不中律吕之音也[3]。近有学士，名问甚高[4]，遂云：“王莽非直鸢髆虎视[5]，而复紫色蝇声。”亦为误矣。

【注释】

〔1〕“紫色”二句：见8.18注〔20〕。

〔2〕玄黄：玄为天色，黄为地色，见《易·坤》。

〔3〕律吕：古代十二律中，六阳律称律，六阴律称吕。

〔4〕名问：名闻。

〔5〕鸢髆：老鹰的肩膀。髆，同“膊”。赵曦明说：“此条已见前《勉学》篇，‘鸢髆虎视’，彼作‘鸱目虎吻’，与《汉书》合。”

【译文】

《汉书·王莽赞》说：“紫色蝇声，余分闰位。”大意是说(王莽篡位)不合玄黄正色，不符律吕正声。近代有位学士，名望甚高，竟然说：“王莽不仅长有鹰样的肩膀，虎样的眼睛，而且肤色发紫，声如蛙音。”这也就搞错了。

17.18　简策字[1]，竹下施朿，末代隶书[2]，似杞、宋之宋，亦有竹下遂为夹者；犹如刺字之傍应为朿，今亦作夹。徐仙民《春秋礼音》[3]，遂以筴为正字，以策为音，殊为颠倒。《史记》又作悉字，误而为述，作妬字，误而为姤，裴、徐、邹皆以悉字音述，以妬字音姤[4]。既尔，则亦可以亥为豕字音，以帝为虎字音乎〔5〕？

【注释】

〔1〕简策：编连成册的竹简。

〔2〕隶书：字体名。由篆书简化演变而成。始于秦代，汉魏时普遍运用。

〔3〕即《春秋左氏传音》和《礼记音》。《隋书·经籍志》："《春秋左氏传音》三卷，《礼记音》三卷，并徐邈撰。"

〔4〕"裴徐"二句：裴，即裴骃，字龙驹。裴松之之子。徐，即徐广，字野民。邹，即邹诞生。《隋书·经籍志二》："《史记》八十卷，宋南中郎外兵参军裴骃注。《史记音义》十二卷，宋中散大夫徐野民撰。《史记音》三卷，梁轻车录事参军邹诞生撰。"王利器曰："炻者，妒之俗体，妒作炻，又以形近误为姤耳。"

〔5〕"则亦"二句：《孔子家语·七十二弟子解》："(子夏)尝反卫，见读史志者云：'晋师伐秦，三豕渡河。'子夏曰：'非也，己亥耳。'读史志者问诸晋史，果曰己亥。"《抱朴子·遐览》："谚曰：'书三写，鱼成鲁，帝成虎。'"皆指书籍传写过程中因形近而误。

【译文】

简策的"策"字，是"竹"字头下加个"朿"，后代的隶书，写得很像杞国、宋国的"宋"字，也有的在"竹"字头下竟加个"夹"字，就像"刺"字左偏旁应为"朿"，现在人写作"夹"一样。徐仙民的《春秋左氏传音》、《礼记音》，就以"筴"字为正字，以"策"字作其读音，恰好是弄颠倒了。《史记》又将

“悉”字，误写为“述”字，将“妬”字误写作“姤”。裴骃、徐广、邹诞生都用“悉”字作“述”字注音，用“妬”字作“姤”字注音。既然这样，那不也可以将“亥”字作“豕”字注音，将“帝”字作“虎”字注音吗？

17.19　张揖云〔1〕：“虙，今伏羲氏也。”孟康《汉书》古文注亦云〔2〕：“虙，今伏。”而皇甫谧云〔3〕：“伏羲或谓之宓羲。”按诸经史纬候〔4〕，遂无宓羲之号。虙字从虍，宓字从宀，下俱为必，末世传写，遂误以虙为宓，而《帝王世纪》因误更立名耳。何以验之？孔子弟子虙子贱为单父宰〔5〕，即虙羲之后，俗字亦为宓，或复加山。今兖州永昌郡城，旧单父地也，东门有“子贱碑”，汉世所立，乃云：“济南伏生〔6〕，即子贱之后。”是虙之与伏，古来通字，误以为宓，较可知矣。

【注释】

〔1〕张揖：见8.20注〔7〕。

〔2〕孟康：三国时安平（今山东益都西北）人，字公休。曾任曹魏散骑侍郎、典农校尉、中书令等职。事见《三国志·魏志·杜恕传》注引《魏略》。

〔3〕皇甫谧：见8.9注〔9〕。

〔4〕纬候：指纬书和占验之书。

〔5〕虙子贱：《史记·仲尼弟子列传》：“宓不齐，字子贱，少孔子三十岁（《孔子家语》曰少四十九岁）。孔子谓：

‘子贱，君子哉！鲁无君子，斯焉取斯?’子贱为单父宰，反命于孔子，曰：‘此国有贤不齐者五人，教不齐所以治者。’孔子曰：‘惜哉！不齐所治者小；所治者大，则庶几矣。’”单父：在今山东单县南。

〔6〕伏生：一作“伏胜”。济南(今山东章丘南)人。秦时为博士。汉文帝时，曾派晁错向他学《尚书》。西汉的《尚书》学者，皆出于其门下。为今文《尚书》的最早传授者。

【译文】

张揖说：“虙，就是现在所说的伏羲氏。”孟康的《汉书》古文注也说：“虙，就是现在的伏。”而皇甫谧说：“伏羲有人说是宓羲。”案：查考各种经书、史书、纬书及占验之书，就是没有见到“宓羲”这个称号。“虙”字从“虍”，“宓”字从“宀”，下面都为“必”字，后代人传抄，就误将虙字写成了宓字，因而皇甫谧的《帝王世纪》就错改成“宓羲”的名字。用什么来证明“宓”字是抄写错误呢？孔子弟子虙子贱是单父的邑宰，他就是虙羲氏的后代，俗字也写作了“宓”字，或“必”下加山写作“密”。现在兖州永昌郡城，是单父的旧地，城东门的子贱碑是汉代时树立的，上面写着：“济南伏生，就是子贱的后代。”由此可知“虙”与“伏”在古代是通用字，那么将“虙”字误写作“宓”，就可以明显地看出来了。

17.20 《太史公记》曰[1]：“宁为鸡口，无为牛后[2]。”此是删《战国策》耳[3]。案：延笃《战国策音义》曰[4]："尸，鸡中之王。從，牛子。"[5]然则，"口"当为"尸"，"後"当为"從"，俗写误也。

【注释】

〔1〕《太史公记》：即《史记》。汉魏南北朝时人所习称。

〔2〕"宁为"二句：见于《史记·苏秦列传》，张守节《正义》曰："鸡口虽小犹进食，牛后虽大，乃出粪也。"

〔3〕"此是"句：《战国策·韩策一》："臣（苏秦）闻鄙语曰：'宁为鸡口，无为牛後。'今大王西面交臂而臣事秦，何以异于牛後乎？"删，节取。

〔4〕延笃：东汉时人。字叔坚。曾从马融受业，精通经传及百家之言，以善文而名闻京师。传见《后汉书》。然其《战国策音义》不见于本传，《隋书·经籍志》仅著录其《战国策论》一卷。

〔5〕"尸"四句：《史记·苏秦列传》《索隐》引《战国策》延笃注曰："尸，鸡中主也；從，谓牛子也。言宁为鸡中之主，不为牛之從後也。"王利器《集解》引张萱《疑耀》四："苏秦说韩：'宁为鸡口，无为牛後。'今本《战国策》、《史记》皆同，惟《尔雅翼·释豵》篇：'宁为鸡尸，无为牛從。尸，主也，一群之主，所以将众者。從，从物者也，随群而往，制不在我也，'此必有据，且于纵横事相合。今本'口'字当是'尸'字之误，'後'字当是'從'字之误也。"

【译文】

《史记》说："宁为鸡口，无为牛後。"这是节录《战国策》中的文字。案：延笃的《战国策音义》说："尸，鸡中之王。從，牛子。"如此，"口"字当作"尸"，"後"字当作"從"，世俗的传本是抄写错了。

17.21 应劭《风俗通》云[1]:“《太史公记》:‘高渐离变名易姓[2],为人庸保[3],匿作于宋子[4],久之作苦,闻其家堂上有客击筑[5],伎痒[6],不能无出言。’”案:伎痒者,怀其伎而腹痒也。是以潘岳《射雉赋》亦云[7]:“徒心烦而伎痒。”今《史记》并作“徘徊”,或作“徬徨不能无出言”[8],是为俗传写误耳。

【注释】

〔1〕应劭:见8.20注〔5〕。《风俗通》:即《风俗通义》。《隋书·经籍志》著录三十一卷,今止存十卷,内容为考议名物及时俗等。

〔2〕高渐离:战国时燕人,善击筑。燕太子丹派荆轲前往秦国欲刺杀秦王时,他曾至易水击筑送行。秦建,他刺杀秦始皇未遂,被杀。事见《史记·刺客列传》。

〔3〕庸保:即为人雇佣、役使。

〔4〕宋子:县名。约在今河北钜鹿。

〔5〕筑:一种击弦乐器。形似筝,有十三弦,弦下设柱。

〔6〕伎:同“技”。

〔7〕潘岳:见8.18注〔26〕。其《射雉赋》见《文选》。

〔8〕“今《史记》”二句:今本《史记》作“傍徨不能去,每出言曰”。

【译文】

应劭的《风俗通》说:“《太史公记》:‘高渐离变名易姓,为人庸保,匿作于宋子,久之作苦,闻其家堂上有客击筑,伎痒,不能无出言。’”案:所谓伎痒，是擅长某种技艺并想表现出来，如腹痒难忍。因此，潘岳的《射雉赋》也说："徒心烦而伎痒。"现在的《史记》传本都将"伎痒"写作"徘徊"，或写作"傍徨不能出无言"，这是世俗流传本抄写错了。

17.22　《太史公》论英布曰[1]："祸之兴自爱姬，生于妬媚，以至灭国[2]。"又《汉书·外戚传》亦云："成结宠妾妬媚之诛[3]。"此二"媚"并当作"媢"，媢亦妬也，义见《礼记》、《三苍》[4]。且《五宗世家》亦云："常山宪王后妬媢[5]。"王充《论衡》云："妬夫媢妇生，则忿怒斗讼。"[6]益知媢是妬之别名。原英布之诛为意贲赫耳[7]，不得言媚。

【注释】

〔1〕英布：汉初诸侯王。六县(今安徽六安东北)人。曾坐法黥面，徙骊山，故又称黥布。秦末率骊山刑徒起义，归项羽，作战常为前锋，封九江王。后归汉，封淮南王，从刘邦灭项羽于垓下。汉初，以彭越、韩信相继为刘邦所杀而起兵，战败被诱杀。传见《史记》。

〔2〕"祸之"三句：谓英布起兵被杀的原因。英布在彭越、韩信被杀后，阴集兵马欲反。其时，"布所幸姬疾，请就医。医家与中大夫贲赫对门，姬数如医家，贲赫自以为侍中，乃厚饷遗，从姬饮医家。姬侍王，从容语次，誉赫长者也……具说状。王疑其与乱……欲捕赫。赫言变事，乘传诣长安……言布谋反有端……(布)遂族赫家，发兵反。"

〔3〕"成结"句：乃议郎耿育疏中语，言赵飞燕事。赵为汉成帝后，与其妹专宠后宫十余年，却无子。成帝亡，司

隶解光奏言赵氏杀后宫所产诸子，哀帝没有追究。平帝即位，赵被废为庶人，自杀。

〔4〕《三苍》：古字书。见6.35注〔4〕。

〔5〕常山宪王：即刘舜。汉景帝少子，卒谥宪。骄怠多淫，王宫多纳，故引起王后妒忌。刘舜病，王后与太子不常侍疾。此事被告发，王后及太子被废。事见《史记·五宗世家》。

〔6〕“王充”三句：《论衡·论死》：“妒夫媢妻，同室而处，淫乱失行，忿怒斗讼。”

〔7〕意：猜忌，怀疑。

【译文】

《史记》在评论英布时说：“祸之兴自爱姬，生于妒媚，以至灭国。”另，《汉书·外戚传》也说：“成结宠妾妬媚之诛。”这两句中的“媚”都应当作“媢”，“媢”也就是“妒”，这个字的意思见于《礼记》、《三苍》。而且《史记·五宗世家》也说：“常山宪王后妬媢。”王充《论衡》说：“妬夫媢妇生，则忿怒斗讼。”更可以知道“媢”是“妬”的别名。本来英布被杀是由于他猜疑贲赫引起的，不能说是“媚”所导致。

17.23 《史记·始皇本纪》：“二十八年〔1〕，丞相隗林、丞相王绾等，议于海上〔2〕。”诸本皆作山林之“林”。开皇二年五月〔3〕，长安民掘得秦时铁称权〔4〕，旁有铜涂镌铭二所〔5〕。其一所曰：“廿六年，皇帝尽并兼天下诸侯，黔首大安，立号为皇帝，乃诏丞相状、绾，灋度量鼎不壹歉疑者，皆明壹之。[6]”凡四十字。其一所曰：“元年，制诏丞相斯、去疾，灋度量，尽始皇帝为之，皆□刻辞焉。今袭号而刻辞不称始皇帝，其于久远也，如后嗣为之者，不称成功盛德，刻此诏□左，使毋疑。[7]”凡五十八字，一字磨灭，见有五十七字，了了分明。其书兼为古隶[8]。余被敕写读之，与内史令李德林对[9]，见此称权，今在官库；其“丞相状”字，乃为状貌之“状”，爿旁作犬；则知俗作“隗林”，非也，当为“隗状”耳。

【注释】

〔1〕二十八年：即秦始皇二十八年(前219)。

〔2〕海上：指东海之滨。时始皇抚东土，至于此。

〔3〕开皇：隋文帝年号(581—600)。

〔4〕权：秤锤。

〔5〕铜涂镌铭：陈直曰：“当为以铜片嵌置在铁质之上，其制造手法，与甘肃庆阳所出铁权形式相同。”

〔6〕“廿六年”至“壹之”：灋，法，规范。劓，则。歉，当为嫌。王利器《集解》注引乔松年《萝摩亭札记》四：“此拓本予见之，谛审‘歉疑’之‘歉’，盖是‘嫌’字，其‘女’旁在右耳。”此段意思是：二十六年，皇帝完全地兼并了天下诸侯，百姓大安，确立了皇帝的称号，于是就下诏命令丞相隗状、王绾，以秦国的度量衡为准则来规范混乱不一者，使它们明确一致起来。

〔7〕“元年”至“毋疑”：斯，李斯。去疾，即冯去疾。时为秦右丞相。前一□据王利器曰：“宋本空一格，拓本及《广川书跋》、沈揆《考证》作‘有’。”后一□即下文所谓

“一字磨灭”者。此段意思是：元年，皇帝下诏书命令丞相李斯、去疾规范天下度量衡。这些都是秦始皇的作为，皆有刻辞记载。现今皇上都承用着皇帝的称号，而原有刻辞并未用始皇帝的称号。对于后代人来说，(就区别不出是哪一代皇帝所为了)，好像是后继者做的，这与始皇帝的创业功德不相称。故刻此诏书于左，使后人不致生疑。

〔8〕古隶：指秦汉隶书，与三国后盛行的隶书(楷书)对称。

〔9〕内史令：官名。隋文帝时讳改中书省为内史省，置监、令各一人。寻废监，置令二人，为宰相之职。　李德林：字公辅，博陵安平(今河北安平)人。仕齐时与颜之推同在文林馆。入隋为丞相府属，后为内史令。传见《隋书》。

【译文】

《史记·秦始皇本纪》说：“始皇二十八年，丞相隗林、王绾等人，议事于海上。”各种传本都将“隗林”的“林”字写成“山林”的“林”字。隋文帝开皇二年五月，有长安百姓挖出秦朝的铁秤锤，其旁嵌着两块刻有铭文的铜板，其中一块说：“廿六年，皇帝尽并兼天下诸侯，黔首大安，立号为皇帝，乃诏丞相状、绾，灋度量鼎不壹歉疑者，皆明壹之。”原文共有四十个字。另一块铜板上说：“元年，制诏丞相斯、去疾，灋度量，尽始皇帝为之，皆□刻辞焉。今袭号而刻辞不称始皇帝，其于久远也，如后嗣为之者，不称成功盛德，刻此诏□左，使毋疑。”原文共五十八字，其中有一字被磨掉了，剩下的五十七字，清清楚楚，易于辨明。这些字都是用秦汉隶书写成的。我接受皇帝的命令描摹抄写这些刻辞，与内史令李德林对校，因此见到这块铁秤锤，它现在收藏在官库里。刻辞中“丞相状”的“状”字，就是状貌的“状”，“爿”旁加一“犬”字；由此可知通常所写的“隗林”是错误的，应当写作“隗状”。

17.24 《汉书》云：“中外禔福〔1〕。”字当从示。禔，安也，音匙匕之匙，义见《苍》、《雅》、《方言》〔2〕。河北学士皆云如此。而江南书本，多误从手〔3〕，属文者对耦〔4〕，并为提挈之意，恐为误也。

【注释】

〔1〕“中外”句：见《汉书·司马相如传》。

〔2〕《方言》：语言及训诂书。全称《輶轩使者绝代语释别国方言》。西汉扬雄撰。原本十五卷，今本为十三卷。体例仿《尔雅》，类集古今各地同义的词语，大部分注明通行范围。是研究古代语汇的重要资料。

〔3〕误从手：即成了“提”字。

〔4〕对耦：即对偶。指字句两两相对，以加强语句的表达效果。

【译文】

《汉书》说：“中外禔福”，“禔”字应当从“示”旁。禔，就是安的意思，读音为“匙匕”的“匙”音，字义的解释见于《三苍》、《尔雅》、《方言》。河北的学者都认为是这样。而江南传本中大多误为“手”旁，写文章的人作对偶句时，都将其作为“提挈”之意，这恐怕是错误的。

17.25 或问:“《汉书注》:‘为元后父名禁,故禁中为省中[1]。’何故以‘省’代‘禁’?”答曰:“案:《周礼·宫正》:‘掌王宫之戒令纠禁[2]。’郑注云:‘纠,犹割也,察也。’李登云[3]:‘省,察也。’张揖云:‘省,今省詧也[4]。’然则小井、所领二反,并得训察。其处既常有禁卫省察,故以‘省’代‘禁’。詧,古察字也。”

【注释】

〔1〕“为元”二句:为《汉书·昭帝纪》“共养省中”下伏俨注引蔡邕文。禁中、省中均指宫禁之中。

〔2〕纠:赵曦明曰:“纠,今书作‘纠’。”

〔3〕李登:三国魏人。《隋书·经籍志》:“《声类》十卷,魏左校令李登撰。”

〔4〕“省”二句:段玉裁曰:“此盖出《古今字诂》。”此书已佚,有清任大椿辑本。

【译文】

有人问:“《汉书注》说:‘因为汉元帝的皇后之父名禁,因此禁中改称省中。’为什么要用‘省’代替‘禁’字呢?”我回答说:“案:《周礼·宫正》说:‘掌王宫之戒令纠禁。’郑玄注解说:‘纠,犹如宰割、督察的意思。’李登说:‘省,就是察看的意思。’张揖说:‘省,今省詧之义。’这样的话,省字读音小井反或所领反,都有表示察看的意思。那个地方既然常有禁卫四处省察,所以就用‘省’代替‘禁’。詧,就是古代的察字。”

17.26 《汉明帝纪》[1]：“为四姓小侯立学[2]。”按：桓帝加元服[3]，又赐四姓及梁、邓小侯帛，是知皆外戚也[4]。明帝时，外戚有樊氏、郭氏、阴氏、马氏为四姓。谓之小侯者，或以年小获封，故须立学耳。或以侍祠猥朝[5]，侯非列侯[6]，故曰小侯，《礼》云：“庶方小侯[7]。”则其义也。

【注释】

〔1〕《汉明帝纪》：指《后汉书·明帝纪》。

〔2〕小侯：旧时称功臣或外戚封侯者之子弟。李贤注引袁宏《后汉纪》曰：“又为外戚樊氏、郭氏、阴氏、马氏诸子弟立学，号四姓小侯，置五经师。以非列侯，故曰小侯。”

〔3〕元服：指冠。颜师古曰：“元者，首也；冠者，首之所著，故曰元服。”古时称行冠礼为加元服。

〔4〕外戚：指帝王的母族和妻族。

〔5〕侍祠：即侍祠侯。猥朝：即猥朝侯，一称猥诸侯。按汉代制度，王子封为侯者称诸侯；群臣异姓以功封者称彻侯。其有赐特进者，位在三公下，称朝侯。位次九卿以下者，仅侍祠而无朝位，称侍祠侯。其非朝侯侍祠，而以下土小国或以肺腑宿亲，若公主子孙，或奉先侯坟墓在京师者，随时见会，称猥诸侯。

〔6〕列侯：爵位名。即彻侯。因避汉武帝讳，故改此称，又名通侯。

〔7〕“庶方”句：见《礼记·曲礼下》。

【译文】

《后汉书·明帝纪》说:“为四姓小侯立学。”案:桓帝行冠礼,曾赐给四姓及梁姓、邓姓小侯丝帛。由此可知这些人都是外戚。明帝时,外戚有樊氏、郭氏、阴氏、马氏四姓。称之为小侯的原因,或是认为他们年纪很小就获封,所以要为他们建立学舍。或是认为他们只是属侍祠侯和猥朝侯,并不是属于高爵位的列侯,所以叫做小侯。《礼记》说:“庶方小侯。”就是这个意思。

17.27 《后汉书》云:“鹳雀衔三鳝鱼[1]。”多假借为鳣鲔之鳣[2];俗之学士,因谓之为鳣鱼。案:魏武《四时食制》[3]:“鳣鱼大如五斗奁[4],长一丈。”郭璞注《尔雅》:“鳣长二三丈。”安有鹳雀能胜一者,况三乎?鳣又纯灰色,无文章也。鳝鱼长者不过三尺,大者不过三指,黄地黑文,故都讲云:“蛇鳝,卿大夫服之象也[5]。”《续汉书》及《搜神记》亦说此事[6],皆作“鳝”字。孙卿云:“鱼鳖鳅鳣。”[7]及《韩非》、《说苑》皆曰:“鳣似蛇,蚕似蠋[8]。”并作“鳣”字。假“鳣”为“鳝”,其来久矣。

【注释】

〔1〕“鹳雀”句:见于《后汉书·杨震传》。

〔2〕鳣(zhān):鱼名。即“鳇”。《尔雅·释鱼》郭璞

注："鳣，大鱼，似鳟而短鼻，口在颔下，体有邪行甲，无鳞，肉黄。大者长二三丈。今江东呼为黄鱼。"古说大鲤亦名鳣。　鲔：鲟鱼的古称。

〔3〕《四时食制》：书名。卢文弨曰："魏武《食制》，唐人类书多引之，而《隋志》、《唐志》皆不载；《唐志》有赵武《四时食法》一卷，非此书。"

〔4〕奁：古时盛放梳妆用品的器具。泛指盛物器具。

〔5〕"故都讲"三句：都讲，古时主持学舍的人。《后汉书·杨震传》："(杨震)常客居于湖，不答州郡礼命数十年……后有冠雀衔三鳣鱼，飞集讲堂前，都讲取鱼进曰：'蛇鳣者，卿大夫服之象也；数三者，法三台也。先生自此升矣。'"

〔6〕《续汉书》：晋秘书监司马彪撰，八十卷，为纪传体史书。《隋书·经籍志》著录，其纪传部分已佚，八《志》三十卷在北宋之后配入范晔所著《后汉书》中。《搜神记》：志怪书。晋干宝撰。三十卷。王利器《集解》："今《搜神记》无此文，《能改斋漫录》四引《靖康缃素杂记》引此文，'《搜神记》'作'谢承《书》'，《杨震传》李贤注，亦云：'案《续汉》及谢承《书》。'而《御览》九三七引谢承《后汉书》正有此文，疑当作'谢承《书》'为是。"

〔7〕"孙卿"二句：孙卿，即荀况。见6.7注〔3〕。此句见《荀子·富国》。

〔8〕"鳣似"二句：见《韩非子·内储说上》。蠋(zhú)，鳞翅目昆虫的幼虫。青色似蚕。

【译文】

《后汉书》说："鹳雀衔着三条鳝鱼。""鳝"字多通假作"鳣鲔"的"鳣"字，一般的学者，因此称之为"鳣鱼"。案：魏武的《四时食制》记载："鳣鱼大得如同能装五斗米的奁子，有一丈来长。”郭璞注解《尔雅》说：“鳣鱼身长二三丈。”哪里会有鹳雀能够衔得动一条鳣鱼的，何况是三条呢？鳣鱼又是纯灰色，身上没有花纹。鳝鱼长不过三尺，大者粗不过三指，黄的底色，黑的花纹，所以都说：“蛇鳝是卿大夫衣服的征象。”《续汉书》和《搜神记》也说及这件事，都写作“鳝”。荀卿说：“鱼鳖鳅鳣”，《韩非子》、《说苑》都说：“鳣似蛇，蚕似蠋。”都是写作“鳣”。可见“鳣”通假作“鳝”，由来已久了。

17.28 《后汉书》：“酷吏樊晔为天水郡守〔1〕，凉州为歌之曰〔2〕：‘宁见乳虎穴，不入冀府寺〔3〕。’”而江南书本“穴”皆误作“六”。学士因循，迷而不寤。夫虎豹穴居，事之较者〔4〕，所以班超云：“不探虎穴，安得虎子〔5〕？”宁当论其六七耶？

【注释】

〔1〕樊晔：字仲华，南阳新野(今属河南)人。为天水太守，为政苛猛。传见《后汉书·酷吏传》。 天水：郡名。西汉武帝时置，治所在平襄(今甘肃通渭西北)；东汉永平十七年(74)改为汉阳郡，移治冀县(今甘肃甘谷东南)。三国魏时复改为天水郡。

〔2〕凉州：州名。治所在陇县(今甘肃张家川回族自治县)。

〔3〕“宁见”二句：乳虎穴，正在哺乳的老虎虎穴。《后汉书》章怀太子注曰：“乳，产也。猛兽产乳，护其子，则搏噬过常，故以为喻。” 冀府寺：即天水郡府衙。寺指官府办公之所。冀即冀县，天水郡治所。此二句谓樊晔治郡凶

暴过于正在乳子的猛虎。

〔4〕较：彰明，明显。

〔5〕“所以”三句：班超，东汉扶风安陵(今陕西咸阳东北)人。字仲升，为班固之弟。明帝末，奉命出使西域。《后汉书》本传：“不入虎穴，不得虎子。”

【译文】

《后汉书》说：“酷吏樊晔为天水郡守，凉州为他编了歌谣说：‘宁见乳虎穴，不入冀府寺。’”而江南的传本都将“穴”字误写成“六”字。学者沿袭了这个误写，有了迷误却没有认识到。虎豹住在洞穴中，这是很明白的事，所以班超说：“不探虎穴，安得虎子？”难道他说的是六只老虎还是七只老虎吗？

17.29　《后汉书·杨由传》云〔1〕：“风吹削肺〔2〕。”此是削札牍之柹耳〔3〕。古者，书误则削之，故《左传》云“削而投之”是也〔4〕。或即谓札为削〔5〕，王褒《童约》曰〔6〕：“书削代牍。”苏竟书云：“昔以摩研编削之才〔7〕。”皆其证也。《诗》云：“伐木浒浒〔8〕。”毛《传》云：“浒浒，柹貌也。”史家假借为肝肺字，俗本因是悉作脯腊之脯〔9〕，或为反哺之哺〔10〕。学士因解云：“削哺，是屏障之名。”既无证据，亦为妄矣！此是风角占候耳〔11〕。《风角书》曰〔12〕：“庶人风者〔13〕，拂地扬尘转削。”若是屏障，何由可转也？

【注释】

〔1〕杨由：东汉时成都人，字哀侯。好方术，善风云占候。

〔2〕风吹削肺：今本《后汉书·方术传》作“风吹削哺”。削肺：削札牍时的碎片。

〔3〕柹(fèi)：削下来的木片。

〔4〕“削而投之”：见《左传·襄公二十七年》。

〔5〕札：古代写字用的小木片。

〔6〕王褒《童约》：见9.1注〔15〕。

〔7〕“昔以”句：见《后汉书·苏竟传》。苏竟，字伯况，扶风平陵(陕西今咸阳西北)人。光武帝时，官居侍中，后以病免。摩研，研究，切磋。编削，即编札，编纂书籍。

〔8〕“伐木”句：见《诗经·小雅·伐木》。浒浒，伐木声。或谓伐木时的号子声。今本作“许许”。

〔9〕脯腊：脯和腊。皆为干肉。

〔10〕反哺：鸟雏长大，衔食养其母。

〔11〕风角：据对风的观察以卜吉凶的一种方术。《后汉书·郎颉传》注：“风角，谓候四方四隅之风，以占吉凶也。” 占候：据对天象的变化以预测吉凶。

〔12〕《风角书》：书名。《隋书·经籍志三》：“《风角书》，梁十卷。”按：此类书，当时甚多，《隋志》著录几近二十种。颜氏所据何种，不详。

〔13〕庶人风：占候之语，指常人之风。

【译文】

《后汉书·杨由传》说：“风吹削肺。”这个“肺”就是削札牍时削下的“柹”。古时候，字写错了就用刀削刮掉，所以《左传》说：“削而投之。”就是这个意思。也有人称“札”为“削”，王褒《僮约》中说：

“书削代牍。”苏竟给人的信中说：“昔以摩研编削之才。”这些都是证据。《诗经》说：“伐木浒浒。”毛《传》解释说：“浒浒，柿貌也。”史家们假借“柿”为“肝肺”的“肺”字，世间传本据此全都写成“脯腊”的“脯”字，有的写成“反哺”的“哺”字。学者解释说：“削哺，是屏障之名。”这种说法既无根据，也太虚妄了！这句话实是讲风角占候的。《风角书》说：“常人之风，轻拂地面，扬起尘土，吹转木屑”。如果“削肺”是指屏障，怎么可能吹转它呢？

17.30　《三辅决录》云〔1〕：“前队大夫范仲公，盐豉蒜果共一筒〔2〕。”“果”当作魏颗之“颗”〔3〕。北土通呼物一凷，改为一颗〔4〕，蒜颗是俗间常语耳。故陈思王《鹞雀赋》曰〔5〕：“头如果蒜，目似擘椒。”又《道经》云：“合口诵经声璅璅，眼中泪出珠子碟〔6〕。”其字虽异，其音与义颇同。江南但呼为蒜符，不知谓为颗。学士相承，读为裹结之裹〔7〕，言盐与蒜共一苞裹，内筒中耳〔8〕。《正史削繁》音义又音蒜颗为苦戈反〔9〕，皆失也。

【注释】

〔1〕《三辅决录》：书名。见8.18注〔8〕。

〔2〕前队：指南阳郡。《汉书·地理志上》：“南阳郡，(王)莽曰前队。”《太平御览》九七七引《三辅决录》：“平陵范氏，南陵旧语曰：‘前队大夫范仲公，盐豉蒜果共一筒。’言其廉洁也。”

〔3〕魏颗：春秋时晋国大夫。事见《左传·宣公十五年》。

〔4〕凷：同“块”。郝懿行曰：“呼块为颗，北人通语也。颗与块一声之转。”

〔5〕陈思王：即曹植。见6.10注〔2〕。《鹞雀赋》：一作《雀鹞赋》。《艺文类聚》卷九十一载之。

〔6〕“合口”二句：出自《老子化胡经》。碟：同“颗”。

〔7〕“江南”四句：吴承仕曰：“蒜符之符，殆为误字，既云‘学士读为包裹之裹’，则音必与裹近，符字从付，绝非其类，以是明之。”陈直曰：“江南人至今呼蒜头一个为一颗，蒜头茎部称为浮(与符同音)，分为二名，与之推所言符颗为一名稍异。”

〔8〕内：同“纳”，纳入。

〔9〕《正史削繁》：《隋书·经籍志》：“《正史削繁》九十四卷，阮孝绪撰。”

【译文】

《三辅决录》说：“前队大夫范仲公，盐豉蒜果共一筒。”“果”当作“魏颗”的“颗”字。北方地区普遍将“一块”之物，改称作“一颗”，蒜颗是民间的常用语。所以陈思王在《鹞雀赋》中说：“头如果蒜，目似擘椒。”另外，《道经》上说：“合口诵经声璅璅，眼中泪出珠子碟。”“碟”、“颗”二字虽然形体不同，但音与义颇为相同。江南只是称呼为“蒜符”，不知道叫作“蒜颗”。学士们递相沿袭，读成裹结的“裹”，说是将盐与蒜放在一起包裹，纳入竹筒中。《正史削繁》又将“颗”注音苦戈反，这些都是错误的。

17.31　有人访吾曰：“《魏志》蒋济上书云‘弊

䓖之民’，是何字也[1]？”余应之曰：“意为䓖即是皺倦之皺耳[2]。张揖、吕忱并云[3]：‘支傍作刀剑之刀，亦是剞字。[4]’不知蒋氏自造支傍作筋力之力，或借剞字，终当音九伪反。[5]”

【注释】

〔1〕蒋济：字子通，平阿人。魏明帝时为护军将军，加散骑常侍。景初(237—239)中，见朝廷外勤征役，内务宫室，造成年谷饥俭，便上书明帝。“弊䓖之民”为疏中之文。见《三国志·魏书》本传。

〔2〕皺(guì)：疲倦至极。卢文弨曰：“皺，《集韵》作皶。”

〔3〕吕忱：晋文字学家。见8.20注〔3〕。

〔4〕剞(jī)：雕刻所用的曲刀。郝懿行说：“《玉篇》云：‘刬同剞，居蚑切，刃曲也。’是䓖字支傍作刀，与剞字音义俱同之证。”

〔5〕“不知”三句：陈直曰：“按：䓖字支旁从刀，蒋济作从力。之推意为蒋氏自造之字。但六朝时功字或作叻，见《杨大眼造像》，是当时刀与力两字，在俗体上本不区分也。”

【译文】

有人问我说：“《魏志》中蒋济上疏说‘弊䓖之民’，这个‘䓖’是什么字？”我告诉他说：“我想‘䓖’字就是‘皺倦’的‘皺’字。张揖、吕忱都说：‘支旁加刀剑的刀，也就是剞字。’不知蒋氏用支旁加筋力的力自造而成的呢？或是将䓖通假作剞字呢？不管怎样，这个字终当读作九伪反。”

17.32 《晋中兴书》[1]："太山羊曼[2]，常颓纵任侠，饮酒诞节[3]，兖州号为䠀伯[4]。"此字皆无音训。梁孝元帝常谓吾曰："由来不识。唯张简宪见教，呼为嚃羹之嚃[5]。自尔便遵承之，亦不知所出。"简宪是湘州刺史张缵谥也[6]，江南号为硕学。案：法盛世代殊近[7]，当是耆老相传；俗间又有䠀䠀语，盖无所不施，无所不容之意也。顾野王《玉篇》误为黑傍沓[8]。顾虽博物，犹出简宪、孝元之下，而二人皆云重边。吾所见数本，并无作黑者。重沓是多饶积厚之意，从黑更无义旨。

【注释】

〔1〕《晋中兴书》：书名。南朝宋何法盛撰，七十八卷。《隋书·经籍志》著录。

〔2〕羊曼：东晋人，字祖延。好饮酒，任达颓纵，与温峤等友善，并为中兴名士。《晋书》有传。

〔3〕诞节：漫无节制。

〔4〕䠀(tà)伯：意为放纵豁达之人。《晋书·羊曼传》："时州里称陈留阮放为宏伯，高平郗鉴为方伯，泰山胡毋辅之为达伯，济阴卞壶为裁伯，陈留蔡谟为朗伯，阮孚为诞伯，高平刘绥为委伯，而曼为䠀伯，凡八人，号兖州八伯，盖拟古之八俊也。"

〔5〕嚃(tà)羹：谓饮羹不加咀嚼而连菜吞下。

〔6〕张缵：南朝时梁人。字伯绪。博学，与萧绎友善。梁末前往就任梁州刺史时，为岳阳王萧詧所害。萧绎即位为梁元帝，赠侍中中卫将军、开府仪同三司，谥简宪。事见《梁书·张缅传》。

〔7〕法盛：即何法盛。

〔8〕《玉篇》：字书。南朝梁顾野王撰。体例仿《说文解字》，分五百四十二部，收字一万六千九百十七，每字下先注反切，再引群书训诂，解说颇详。今本三十卷为原书残卷。

【译文】

《晋中兴书》说："太山羊曼，经常是疏慢放纵，行侠仗义，好饮酒，不拘小节，兖州人称他为䠂伯。""䠂"字学者都没有注释过。梁元帝曾对我说："我从来不认识这个字。只有张简宪跟我说过，这个字读作嚃羹的嚃。从那以后，我就一直遵从他的读音，也不知道它的出处。"张简宪是湘州刺史张缵的谥号，江南人都称赞他学问渊博。案：何法盛所处的时代距今很近，"䠂"字当是耆学老者相传下来的；民间也有"䠂䠂"这个词语，大概是无所不施，无所不容的意思。顾野王的《玉篇》误认为这个字黑旁加沓。顾氏虽然博学多识，但水平仍在张简宪、孝元帝之下，而后二人都说这个字为重字边。我见过几种《晋中兴书》的传本，都没有作黑旁的。重沓表示丰厚富饶的意思，从黑旁就表达不出什么意义了。

17.33 《古乐府》歌词，先述三子，次及三妇。妇是对舅姑之称。其末章云："丈人且安坐，调弦未遽央[1]。"古者，子妇供事舅姑，旦夕在侧，与儿女无异，故有此言。丈人亦长老之目，今世俗犹呼其祖考为先亡丈人[2]。又疑"丈"当作"大"，北间风俗，妇呼舅为大人公。“丈”之与“大”，易为误耳。近代文士，颇作《三妇诗》，乃为匹嫡并耦己之群妻之意，又加郑、卫之辞[3]，大雅君子[4]，何其谬乎？

【注释】

〔1〕“丈人”二句：为《乐府·清词曲·相逢行》中的末两句。未遽央，仓猝未尽之意。

〔2〕祖考：指已故的祖、父辈。

〔3〕郑、卫之辞：指春秋时郑、卫两国的民间歌词。后用作淫靡之辞的代称。

〔4〕大雅：指大才、高才。后亦用作文士相互间的敬称。

【译文】

《古乐府·清调曲·相逢行》的歌词内容，先是叙述了三个儿子，其次述及三个媳妇。媳妇是相对公婆而言的称呼。歌词的末章说道：“丈人且安坐，调弦未遽央。”古时候，媳妇侍奉公婆，早晚在身边，与儿女没有两样，所以才有这句歌词。丈人也是对长辈老人的称呼，现在的习俗仍把已故的祖、父辈称作先亡丈人。我又怀疑这个“丈”字应当作“大”字，北方的风俗，媳妇称公公为大人公。“丈”之与“大”，是容易造成讹误的。近代的文人，有不少人写有《三妇诗》，表达的是自己与妻子及群妾相处的内容，还加入了一些类似郑风、卫风之类的淫乐之辞，这帮大雅君子，为何如此荒唐呢？

17.34 《古乐府》歌百里奚词曰〔1〕："百里奚，五羊皮。忆别时，烹伏雌，吹扊扅；今日富贵忘我为!"〔2〕"吹"当作炊煮之"炊"〔3〕。案：蔡邕《月令章句》曰〔4〕："键，关牡也，所以止扉，或谓之剡移〔5〕。"然则当时贫困，并以门牡木作薪炊耳。《声类》作扊〔6〕，又或作扂。

【注释】

〔1〕百里奚：春秋时秦国大夫。百里氏，名奚；一说百氏，字里，名奚。原为虞国大夫，虞亡时为晋所俘，作为陪嫁之臣隶送入秦国，出逃至楚，为楚人所执。后秦穆公闻其有贤能，令人以五张牡黑羊皮将其赎回，用为大夫，称为五羖大夫。与蹇叔等帮助秦穆公建立霸业。

〔2〕"百里奚"五句：《乐府解题》引《风俗通》说：百里奚为秦相后，延宾饮宴作乐。席间，府中所雇的一洗衣妇说自己知乐。百里奚便呼之上堂。洗衣妇当场援琴抚弦而歌三章。百里奚听罢，方知此洗衣妇是自己过去的妻子，乃重新结为夫妻。此段词为其首章。　伏雌，指母鸡。　扊扅(yǎn yí)，门闩。

〔3〕吹：通"炊"。王利器《集解》："吹、炊古通，《荀子·仲尼》篇：'可炊而傹也。'杨倞注：'炊与吹同。'《庄子·逍遥游》篇：'生物之以息相吹也。'《释文》：'吹，崔本作炊。'又《在宥》篇：'而万物炊累焉。'《释文》：'炊本作吹。'是其证。"

〔4〕《月令章句》：东汉蔡邕撰，十二卷。《隋志》著录，后佚。今有王谟、蔡云、陆尧春、臧庸、马国翰、马瑞辰、叶德辉等多家辑本。

〔5〕关牡：门闩。　剡移：即扊扅。

〔6〕《声类》：三国魏李登撰，十卷。《隋志》著录。后佚。今有任大椿、马国翰等辑本。

【译文】

《古乐府》中咏百里奚的歌词说道："百里奚，五羊皮。忆别时，烹伏雌，吹扊扅；今日富贵忘我为！""吹"字应当作炊煮的"炊"字。案：蔡邕《月令章句》说："键，就是门闩，是用以关闭门的，或称之为'剡移'。"由此则可知百里奚当时贫困，把门闩当成烧饭的柴火烧了。《声类》写作"扊"，又有的书写作"扂"。

17.35 《通俗文》〔1〕，世间题云"河南服虔字子慎造〔2〕"。虔既是汉人，其《叙》乃引苏林〔3〕、张揖；苏、张皆是魏人。且郑玄以前，全不解反语〔4〕，《通俗》反音，甚会近俗。阮孝绪又云"李虔所造"〔5〕。河北此书，家藏一本，遂无作李虔者。《晋中经簿》及《七志》〔6〕，并无其目，竟不得知谁制。然其文义允惬，实是高才。殷仲堪《常用字训》〔7〕，亦引服虔《俗说》，今复无此书，未知即是《通俗文》，为当有异〔8〕？近代或更有服虔乎？不能明也。

【注释】

〔1〕《通俗文》：为训释经史用字之书。见8.20注〔8〕。

〔2〕服虔：东汉经学家。见8.20注〔7〕。

〔3〕苏林：见 8.20 注〔5〕。

〔4〕反语：即反切。

〔5〕“阮孝绪”句：阮孝绪著有《七录》，此处所言当出其中。王利器曰：“李虔《通俗文》，《隋志》不载，两《唐志》云李虔《续通俗文》二卷，则是李虔续子慎之书也。今有臧镛堂、马国翰辑本，然两书却不分。”

〔6〕《晋中经簿》：目录书，即《中经新簿》。三国魏荀勖撰。　《七志》：目录书。南齐王俭撰。经典志记六艺、小学、史书、杂传；诸子志记古今诸子；文翰志记诗赋；军书志记兵书；阴阳志记阴阳图纬；术艺志记方技；图谱志记地域及图书；道、佛著作附见。共三十卷，已佚。

〔7〕《常用字训》：东晋殷仲堪撰。于梁末亡佚。

〔8〕为：抑或之意。

【译文】

《通俗文》这本书，世间的本子题为：“河南服虔字子慎撰作。”服虔既然是汉朝人，其书中之《叙》引用了苏林、张揖的话；而苏、张都是三国魏人。况且在郑玄之前，都不了解反切，《通俗文》中的反切注音，非常符合近世之习。阮孝绪又说此书为李虔所撰。这本书在河北地区，家家藏有一本，竟然没有一本题作李虔撰。《晋中兴簿》及《七志》，都没有为这本书列目，最终无法确定这本书是谁撰作的。然而这本书文义妥帖适当，作者确实是学识高深之才。殷仲堪的《常用字训》，也引用过服虔所著的《俗说》，现在已没有这本书了，不知道它是否就是《通俗文》？抑或是另一种书？近世或许另有名叫服虔的人吗？这我就不知道了。

17.36 或问："《山海经》，夏禹及益所记[1]，而有长沙、零陵、桂阳、诸暨[2]，如此郡县不少，以为何也？"答曰："史之阙文[3]，为日久矣；加复秦人灭学[4]，董卓焚书[5]，典籍错乱，非止于此。譬犹《本草》神农所述[6]，而有豫章、朱崖、赵国、常山、奉高、真定、临淄、冯翊等郡县名[7]，出诸药物；《尔雅》周公所作[8]，而云'张仲孝友'[9]；仲尼修《春秋》，而《经》书孔丘卒[10]；《世本》左丘明所书，而有燕王喜、汉高祖[11]；《汲冢琐语》乃载《秦望碑》[12]；《苍颉篇》李斯所造，而云'汉兼天下，海内并厕，豨黥韩覆，畔讨灭残'[13]；《列仙传》刘向所造，而《赞》云七十四人出佛经[14]；《列女传》亦向所造，其子歆又作《颂》[15]，终于赵悼后[16]，而传有更始韩夫人、明德马后及梁夫人嫕[17]：皆由后人所羼，非本文也。"

【注释】

〔1〕《山海经》：古代地理著作。十八篇。作者不详。近代学者多认为此书非出于一人一时之手，其中十四篇为战国时作品，余四篇为汉初所作。 夏禹：即大禹，夏后氏部落首领。因治水有功为舜立为继承人，舜死后担任部落联盟领袖。 益：即伯益。古代嬴姓各族的祖先。相传善于畜牧和狩猎。后助禹治水，被选为继承人。禹死后，启继立，发生争斗，为启所杀。一说由于他推让，启才继位。

〔2〕"而有"句：所列四地名皆为郡名，分别于秦、汉

时置。见《汉书·地理志》。

〔3〕阙文：缺而不书。《论语·卫灵公》篇："子曰：'吾犹及史之阙文也。'"《集解》："包曰：'古之良史，于书字有疑则阙之，以待知者。'"

〔4〕秦人灭学：指秦始皇下令李斯焚书事。见《史记·秦始皇本纪》。

〔5〕董卓焚书：《后汉书·董卓传》：董卓迁汉帝西都长安，"悉烧宗庙官府居家，二百里内无复孑遗。"徐鲲曰："《风俗通》逸文：'光武车驾徙都洛阳，载素简纸经，凡二千两。董卓荡覆王室，天子西移，中外仓卒，所载书七十车，于道遇雨，分半投弃。卓又烧焫观阁，经籍尽作灰烬，所有余者，或作囊帐。先王之道，几湮灭矣。'"

〔6〕《本草》：即《神农本草经》。为秦汉时托名神农所作。原书已佚，其内容因历代本草书籍的转引，得以保存。现传此书，为明、清人所辑，共载药物三百六十五种。　神农：传说中农业和医药的发明者。一说即炎帝。

〔7〕"而有豫章"句：所列均为汉时所置郡县之名。见《汉书·地理志》。

〔8〕《尔雅》：见6.15注〔3〕。

〔9〕张仲孝友：见《诗经·小雅·六月》。张仲为宣王时人，距周公时已有百多年了。

〔10〕《经》：此指《左传》。王观国《学林》二曰："《公羊经》止获麟，《左氏经》止孔丘卒。……皆鲁史记之文，孔子弟子欲记孔子卒之年，故录以续孔子所修之《经》也。……颜氏以此为疑，盖非所疑也。"

〔11〕"《世本》"二句：《世本》，为战国史官所撰。《汉书·艺文志》："《世本》十五篇，古史官记黄帝以来讫春秋时诸侯大夫。"秦嘉谟《世本辑补》曰："《世本》乃周时史官相承著录之书，刘向《别录》、《周官》郑注已明言之，故有燕王喜耳。若汉高祖乃汉人补录系代，非原文也。

以《世本》为左丘明所作，亦自颜书始发之，其实《汉书·司马迁传》、《后汉书·班彪传》中，未之明言。”按：颜氏此说实来源于皇甫谧《帝王世纪》。

〔12〕《汲冢琐语》：据《晋书·束皙传》：太康二年(281)，汲郡人不准盗魏襄王墓(或言安釐王墓)，得竹书数十车，其中有《琐语》十一篇，为卜梦妖怪相书。《隋书·经籍志》：“《古文瑣语》四卷，汲冢书。”两《唐志》相同。宋以后不见著录。今有清人马国翰、严可均等辑本。《秦望碑》：一般指秦始皇上会稽祭祀大禹时的刻石碑。王利器注引《墨池编》：“(李)斯善书，自赵高以下.或见推伏，刻诸名山碑玺铜人，并斯之笔。斯书《秦望纪功石》云：‘吾死后五百三十年间，当有一人，替吾迹焉。’”

〔13〕“豨黥”二句：豨，指陈豨。韩，指韩信。二人均为汉高祖时叛臣。 畔，同“叛”。 灭残，卢文弨说当作“残灭”。孙星衍《苍颉篇辑本》对于此句，以意改校为“残灭”。陈直认为此一改“因厕灭二字为韵，比较理长”，然根据不足，尚难定其孰是。

〔14〕《列仙传》：旧题西汉刘向撰，二卷。记赤松子等神仙故事，另附有赞语。刘向时佛教尚未传入中国，故颜氏有疑。俞正燮赞同颜说，并作了详细考辩。见《癸巳类稿》卷十四《僧徒伪造刘向文考》。

〔15〕《列女传》二句：《隋书·经籍志》：“《列女传》十五卷，刘向撰，曹大家注。《列女传颂》一卷，刘歆撰。”

〔16〕赵悼后：战国时赵悼襄王之妻。《史记·赵世家》《集解》徐广引《列女传》曰：“邯郸之倡。”

〔17〕更始韩夫人：刘玄宠姬。刘玄即位，年号更始。《后汉书·刘圣公传》记录其事迹，《列女传》所记略同。 明德马后：东汉光武刘秀之妻，汉伏波将军马援小女。事见《后汉书·明德马皇后传》。 梁夫人嫕(yì)：东汉和帝之姨。樊调之妻。其妹恭皇后生和帝后，窦太后欲专恣，

诬陷梁氏。及窦太后死，嫕从民间上书申冤。

【译文】

有人问："《山海经》，是夏禹、伯益记述的，而书中有长沙、零陵、桂阳、诸暨，像这样秦汉时所立的郡县之名不少，这是为什么呢？"我回答说："史书中缺佚可疑之处，由来已久了；再加上秦人灭绝学术，董卓焚烧书籍，典籍中出现的混乱错误，远不止这些。譬如像《本草》为神农所作，里面就有豫章、朱崖、赵国、常山、奉高、真定、临淄、冯翊等汉时才有的郡县之名。《尔雅》为周公所作，书中却有'张仲孝友'的话；《春秋》为孔子所修订，而《春秋左传》经文却记录了孔子去世之事；《世本》为左丘明所著，书中却记了燕王喜和汉高祖；《汲冢琐语》出于战国时期，书中却著录了《秦望碑》；《苍颉篇》为李斯所撰，却有'汉家兼并天下，威震海内，陈豨被黥，韩信被灭，叛逆受到讨伐，残贼被消灭'之类的事；《列仙传》为刘向所作，而其中的《赞》却提到修道成仙的人中，有七十四人载入佛经；《列女传》也是刘向所作，他的儿子刘歆撰《列女传颂》，止于战国的赵悼后，可传文中述及更始帝的韩夫人，汉光武的明德马皇后以及汉和帝之姨梁夫人嫕：这些内容都是后人掺杂进去的，不是原文。"

17.37　或问曰："《东宫旧事》何以呼鸱尾为祠尾？"[1]答曰："张敞者[2]，吴人，不甚稽古，随宜记注，逐乡俗讹谬，造作书字耳。吴人呼祠祀为鸱祀，故以祠代鸱字；呼绀为禁，故以糸傍作禁代绀字；呼盏为竹简反，故以木傍作展代盏字；呼镬字为霍字，故以金傍作霍代镬字；又金傍作患为镮字，木傍作鬼为魁字，火傍作庶为炙字，既下作毛为髻字；金花则金傍作华，窗扇则木傍作扇。诸如此类，专辄不少[3]。”

【注释】

〔1〕《东宫旧事》：书名。十卷。《隋书·经籍志》著录，但未题撰人。两《唐志》及《说郛》均署为晋张敞撰。鸱尾：即鸱吻。古代建筑物上的一种装饰，多置于屋脊正脊的两端。

〔2〕张敞：晋吴郡吴(今江苏苏州)人。官至侍中尚书、吴国内史。见《宋书·张茂度传》。

〔3〕专辄：专擅，专断。为当时习用语，本书多次出现。

【译文】

有人问道：“《东宫旧事》中为什么称‘鸱尾’为‘祠尾’?”我回答说：“因为本书作者张敞是吴人，不太考稽古籍旧事，随意记述注解，沿袭乡俗的讹误，造出了这类字。吴人称‘祠祀’为‘鸱祀’，所以他就用‘祠’代替‘鸱’字；称‘绀’为‘禁’，所以他就用‘糸’旁加‘禁’代替‘绀’字；称‘盏’为竹简反，所以他就用‘木’旁加‘展’代替‘盏’字；称‘镬’为‘霍’，所以他就用‘金’旁加‘霍’代替‘镬’字。又用‘金’旁加‘患’代替‘镮’字；用‘木’旁加‘鬼’代替‘魁’字；用‘火’旁加

‘庶’代替‘炙’字；‘既’下加‘毛’代替‘髻’字；金花就用‘金’旁加‘华’来表示，窗扇用‘木’旁加‘扇’来表示。诸如此类的字，他任意造出了不少。”

17.38 又问：“《东宫旧事》：‘六色罽緷[1]。’是何等物[2]？当作何音？”答曰：“案：《说文》云：‘莙，牛藻也，读若威[3]。’《音隐》[4]：‘坞瑰反。’即陆机所谓‘聚藻，叶如蓬’者也[5]。又郭璞注《三苍》亦云：‘蕴，藻之类也，细叶蓬茸生[6]。’然今水中有此物，一节长数寸，细茸如丝，圆绕可爱，长者二三十节，犹呼为莙。又寸断五色丝，横著线股间绳之，以象莙草，用以饰物，即名为莙；于时当绀六色罽[7]，作此莙以饰緄带[8]，张敞因造糸旁畏耳，宜作隈[9]。”

【注释】

〔1〕六色：非实指，乃表示色彩丰富。罽(jì)：毡类毛织品。

〔2〕何等：汉魏六朝人习用语，犹今言什么。

〔3〕莙：水藻名。王利器曰：“君、威二字，古声近通用，如君姑亦作威姑，即其例证，故许慎读莙若威。”

〔4〕《音隐》：即《说文音隐》。四卷。《隋书·经籍志》著录，后佚。今有毕沅辑本。

〔5〕陆机：当为“陆玑”。陈直曰：“吴陆玑《毛诗草木疏》，《经典释文》作陆玑字元恪，吴太子中庶子，乌程令，

是正确的。其他各本作陆机者，均为误字。”王利器曰：“诸书多作陆机者，无妨二人同名。”

〔6〕“细叶”句：《太平御览》引此文作“细叶蓬茸然生”，当是。

〔7〕绀：天青色，一种深青带红的颜色。此处作“绀”，不可解。《太平御览》所引“绀”作“绁”，扎缚之意，当是。译文从之。

〔8〕绲带：编织的带子。

〔9〕宜作隈：《续家训》“作”字作“音”，当是。译文从之。

【译文】

又问道：“《东宫旧事》中‘六色罽缌’，是什么东西呢？应该读什么音？”我回答说：“案：《说文解字》说：‘莙，就是牛藻，读音如“威”。’《说文音隐》注音为‘坞瑰反’。这就是陆机所说的‘聚藻，叶像蓬草’那种植物。另外，郭璞注解《三苍》说：‘蕴，藻类植物，细叶如蓬草般毛茸茸地生长着。’现今水中生有这种植物，一节有几寸长，柔细如丝，圆圆弯弯，非常可爱，长的蕴草有二三十节，人们仍然称它为莙。另外，将五色丝线剪成一寸，横放于几股线中间，用丝线系住，做成类似莙草的样子，用来装饰物品，就叫它做‘莙’。那时当是用六色罽捆扎，作成这种莙用来装饰绲带，张敞于是就造出了这‘糸’旁加‘畏’的字，音应读作隈。”

17.39　柏人城东北有一孤山[1]，古书无载者。

唯阚骃《十三州志》以为舜纳于大麓[2]，即谓此山，其上今犹有尧祠焉；世俗或呼为宣务山，或呼为虚无山[3]，莫知所出。赵郡士族有李穆叔、季节兄弟[4]、李普济[5]，亦为学问，并不能定乡邑此山。余尝为赵州佐[6]，共太原王邵读柏人城西门内碑。碑是汉桓帝时柏人县民为县令徐整所立，铭曰："山有巏嵍，王乔所仙。"[7]方知此巏嵍山也。巏字遂无所出。嵍字依诸字书，即旄丘之旄也。旄字，《字林》一音亡付反，今依附俗名，当音权务耳。入邺，为魏收说之[8]，收大嘉叹。值其为《赵州庄严寺碑铭》，因云："权务之精。"即用此也。

【注释】

〔1〕柏人：县名。见8.24注〔2〕。

〔2〕阚骃：北魏敦煌（今属甘肃）人，字玄阴。传见《魏书》。所著《十三州志》，十卷，《隋书·经籍志》著录，后佚，今有张澍辑本。　大麓：历来有多说。一说犹总领，谓领录天子之事。《书·舜典》孔传："麓者，录也。纳舜使大录万机之政，阴阳和，风雨时，各以其节，不有迷错愆伏。"一说为大山林。《淮南子·泰族训》高诱注："林属山曰麓。尧使舜入林麓之中，遭大风雨不迷也。"颜氏之意当为后者。

〔3〕"世俗"二句：王利器《集解》注引《路史·发挥》五："今柏人城之东北，有孤山者，世谓麓山，所谓巏嵍山也。记者以为尧之纳舜在是。《十三州志》云：'上有尧祠。俗呼宣务山，谓舜昔宣务焉。或曰虚无，讹也。'"

〔4〕李穆叔：即李公绪，字穆叔。北齐时赵郡平棘(今河北赵县)人。博通经传，撰述甚多，有《典言》、《礼质疑》、《丧服章句》、《古今略记》、《赵记》、《赵语》等。传见《北史》。　季节：即李概，字季节，公绪之弟。亦好学术，撰有《战国春秋》、《音谱》等。

〔5〕李普济：北齐时赵郡平棘人。官济北太守，学涉有名当时。传附《北史·李雄传》。

〔6〕赵州：北齐时州名，治所在广阿(今河北隆尧东)。

〔7〕巏嵍(quán wù)：山名。段玉裁、卢文弨皆曰："嵍"当作"嵍"，而卢文弨又曰：此山名巏，又名嵍，为一山二名。　王乔：即王子乔，传说中的仙人。

〔8〕魏收：北齐史学家。见 8 .11 注〔7〕。

【译文】

柏人城的东北有一座孤山，古书中没有记载它的。只有阚骃的《十三州志》提到尧派舜进入大麓，说的就是这座山，它的上面至今还有祭祀尧的祠庙；世人有的称它为宣务山，有的称它为虚无山，没有人知道这两种山名的出处。赵郡的士族中李穆叔、李季节兄弟俩和李善济，也算是很有学问的人，都不能判定家乡这座山的名称。我曾在赵州为州佐，与太原人王邵一起读过柏人城西门内的石碑之文。这块石碑是汉桓帝时柏人县的百姓为县令徐整所立，碑文说："山有巏嵍，王乔所仙。"我才知道这座山就叫巏嵍山。"巏"字竟找不到出处。"嵍"字依据各种字书，就是旄丘的"旄"字。旄字，《字林》注的一种读音是亡付反，现在依照通俗的称呼，"巏嵍"应当读作权务了。我到邺都后，向魏收说起这件事，魏收对此大为嘉许。正逢他撰《赵州庄严寺碑铭》，于是写了“权务之精”这句话，就是引用了我说的这个出典。

17.40　或问：“一夜何故五更？更何所训？”答曰：“汉魏以来，谓为甲夜、乙夜、丙夜、丁夜、戊夜，又云鼓[1]，一鼓、二鼓、三鼓、四鼓、五鼓，亦云一更、二更、三更、四更、五更，皆以五为节。《西都赋》亦云[2]：‘卫以严更之署[3]。’所以尔者，假令正月建寅[4]，斗柄夕则指寅[5]，晓则指午矣；自寅至午，凡历五辰[6]。冬夏之月，虽复长短参差，然辰间辽阔，盈不过六，缩不至四，进退常在五者之间。更，历也，经也，故曰五更尔。”

【注释】

〔1〕鼓：卢文弨、王利器皆认为此字衍。译文从之。

〔2〕《西都赋》：班固撰。

〔3〕严更之署：督行夜鼓的郎署。

〔4〕建寅：古代以北斗星斗柄的运转计算月份，斗柄指向十二辰中的寅即为夏历正月。后因以指夏历正月。

〔5〕斗柄：也称斗杓。指北斗七星中的玉衡、开阳、摇光三星。另四星如斗，而此三星似柄。

〔6〕五辰：古人以十二地支表示一昼夜的十二个时辰，自寅时至午时，共有五个时辰。

【译文】

有人问道：“为什么一夜有五更？‘更’作何解

释?”我回答说:“汉魏以来,一夜分为甲夜、乙夜、丙夜、丁夜、戊夜,又叫一鼓、二鼓、三鼓、四鼓、五鼓,又称一更、二更、三更、四更、五更,都是将一夜分为五段。《西都赋》说:‘卫以严更之署。’之所以这么分,是假定以寅月为正月,这时北斗星的斗柄在傍晚时就指向寅位,到天亮时就指向午位了。从寅位到午位,一共经历了五个星区。冬天和夏天的月份,白天和夜晚虽然长短不同,但对于斗柄指向的星区宽度来说,多的不超过六个时辰,少的不少于四个时辰,进退常是在五个时辰之间。更,就是经历、经过的意思,所以说一夜分为五更。”

17.41 《尔雅》云:“术,山蓟也〔1〕。”郭璞注云:“今术似蓟而生山中。”案:术叶其体似蓟,近世文士,遂读蓟为筋肉之筋〔2〕,以耦地骨用之〔3〕,恐失其义。

【注释】

〔1〕“术”二句:见《尔雅·释草》。术、蓟均为草名。

〔2〕“遂读”句:陈直曰:“自汉以来,隶书从鱼与从角之字,往往不分。《曹全碑》鳏寡作觽寡,正同此例。从月亦然,本文筋字,南北朝时俗写作葋,与蓟字极为相似,故易致误。”

〔3〕耦:通“偶”。 地骨:枸杞。

【译文】

《尔雅》说:“术,山蓟也。”郭璞注解说:“术似蓟而生于山中。”案：术叶的形状类似蓟，近代的文士，竟有将蓟读成“筋肉”的“筋”音，以“山蓟”与“地骨”为对偶用在文中。这恐怕不符合《尔雅》本义。

17.42　或问：“俗名傀儡子为郭秃[1]，有故实乎？”答曰：“《风俗通》云：‘诸郭皆讳秃[2]。’当是前代人有姓郭而病秃者，滑稽戏调[3]，故后人为其象，呼为郭秃，犹《文康》象庾亮耳[4]。”

【注释】

〔1〕傀儡子：又作窟礧子、窟笼子，作偶人为戏，今称为木偶戏。　郭秃：又作郭公。《乐府诗集》八七《邯郸郭公歌》解题引《乐府广题》曰：“北齐后主高纬，雅好傀儡，谓之郭公。”

〔2〕“诸郭”句：《玉烛宝典》五引《风俗通》云：“俗说：五月盖屋，令人头秃。谨案：……除黍稷，三豆当下，农功最务，间不容息，何得晏然除覆盖室寓乎？今天下诸郭皆讳秃，岂复家家五月盖屋耶？”

〔3〕戏调：调笑。

〔4〕《文康》：古戏名，又作《礼毕》。文康为东晋太尉庾亮谥号，见《晋书》本传。《通典·乐六》：“《礼毕》者，本自晋太尉庾亮家。亮卒，其伎追思亮，因假为其面，执翳以舞，象其容，取其谥以号之，谓《文康乐》。每奏九部乐，终则陈之，故以《礼毕》为名。”

【译文】

有人问道：“俗称木偶戏为郭秃，有什么典故吗？”

我回答说："《风俗通》说：'姓郭的人都避讳秃字。'当是前代有姓郭的人患了头秃，他举止滑稽，爱开玩笑，所以后人就以他的形象制作傀儡，并称作郭秃，这就像《文康》中有庾亮的形象一样。"

17.43 或问曰："何故名治狱参军为长流乎[1]？"答曰："《帝王世纪》云：'帝少昊崩，其神降于长流之山[2]，于祀主秋[3]。'案：《周礼·秋官》，司寇主刑罚[4]。长流之职，汉魏捕贼掾耳[5]。晋宋以来，始为参军，上属司寇，故取秋帝所居为嘉名焉[6]。"

【注释】

〔1〕长流：即长流参军。王公府、军府佐吏名。东晋公府始置为属官。南朝宋初公府称长流贼曹参军，与刑狱贼曹、城局贼曹参军并置。后世王公府、军府、州府多置长流参军，掌治狱捕盗之事，为府佐诸曹参军之一。据《北史·序传》和《隋书百官志》，东魏、北齐也设有长流参军。

〔2〕"帝少昊"二句：此事本于《山海经·西山经》。少昊，亦作少皞。传说中古代东夷族首领。一说号金天氏。

〔3〕于祀主秋：掌管秋祭，即秋祭之神主。《吕氏春秋·孟秋》："孟秋之月，日在翼，昏斗中，旦毕中，其日庚辛，其帝少昊。"高诱注曰："庚辛，金日也。……(少昊)以金德王天下，号为金天氏，死配金，为西方金德之帝。"古人又以五行中之金与秋相配，故说"于祀主秋"。

〔4〕司寇：职官名。西周始置，春秋、战国时沿袭。掌管刑狱、纠察等事。

〔5〕捕贼掾：即贼捕掾，郡县佐吏。汉置，主捕贼事。晋时诸县沿置。

〔6〕秋帝：指少昊。参见注〔3〕。

【译文】

有人问道："为什么称治狱参军为长流呢？"我回答说："《帝王世纪》说：'少昊帝驾崩，神灵降临于长流山，掌管秋天的祭祀。'案：《周礼·秋官》说：司寇主管刑罚。长流的职责，在汉魏时就是捕贼掾，晋、宋以来，长流才被称作参军，上属司寇管辖，所以取秋帝少昊所降临的长流山作为治狱参军的美名。"

17.44　客有难主人曰〔1〕："今之经典，子皆谓非，《说文》所言，子皆云是，然则许慎胜孔子乎？"主人拊掌大笑，应之曰："今之经典，皆孔子手迹耶？"客曰："今之《说文》，皆许慎手迹乎？"答曰："许慎检以六文〔2〕，贯以部分〔3〕，使不得误，误则觉之。孔子存其义而不论其文也。先儒尚得改文从意，何况书写流传耶？必如《左传》止戈为武〔4〕，反正为乏〔5〕，皿虫为蛊〔6〕，亥有二首六身之类〔7〕，后人自不得辄改也，安敢以《说文》校其是非哉？且余亦不专以《说文》为是也，其有援引经传，与今乖者，未之敢从。又相如《封禅书》曰：'導一茎六穗于庖，牺双觡共抵之兽〔8〕。'此導训择，光武诏云：'非徒有豫养導择之劳'是也〔9〕。而

《说文》云：‘䆃是禾名。’引《封禅书》为证[10]；无妨自当有禾名䆃，非相如所用也。‘禾一茎六穗于庖’，岂成文乎？纵使相如天才鄙拙，强为此语，则下句当云‘麟双胳共抵之兽’不得云牺也。吾尝笑许纯儒[11]，不达文章之体，如此之流，不足凭信[12]。大抵服其为书，隐括有条例[13]，剖析穷根源，郑玄注书，往往引以为证。若不信其说，则冥冥不知一点一画，有何意焉。”

【注释】

〔1〕主人：作者自称。

〔2〕六文：六书，即象形、指事、会意、形声、转注、假借。

〔3〕部分：指许慎在《说文》中首创的部首编排法。《说文·序》曰：“分别部居，不相杂厕，凡十四篇，五百四十部，九千三百五十三文，重一千一百六十三，解说凡十三万三千四百四十一字。”

〔4〕止戈为武：《左传·宣公十二年》记楚庄王曰：“夫文，止戈为武。”意思是说，从武字的构成来说，就是止戈为武，也就是停止使用武器，才是真正的武。

〔5〕反正为乏：《左传·宣公十五年》记伯宗曰：“天反时为灾，地反物为妖，民反德为乱。乱则妖灾生。故文反正为乏。”古文“乏”形似“正”字的反写，故有此言。

〔6〕皿虫为蛊：见《左传·昭公元年》。

〔7〕亥有二首六身：见《左传·襄公三十年》。意思是说亥字的构成是二字头六字身。此为春秋时晋国当时的字体。

〔8〕“導一”二句：意思是：选择一茎六穗的佳禾送于厨房作供品，用双角共抵的白麟作为宗庙祭祀时的牺牲。導，选择。卢文弨曰：“作‘導’者，《汉书》也，《文选》从之，《史记》则作‘渠’字。”一茎六穗，嘉禾。《汉书·司马相如传》郑氏注：“一茎六穗，谓嘉禾之米，于庖厨以供祭祀。”　觡，角。　抵，指角的底部。服虔注：“抵，本也。武帝获白麟，两角共一本，因以为牲也。”

〔9〕“非徒”句：见《后汉书·光武纪》。

〔10〕“渠是”二句：见《说文解字·禾部》。

〔11〕纯儒：纯粹的儒士。这里是讥诮许慎只专于文字训诂而不通其它。

〔12〕“如此”二句：颜氏此语多为后人非议。卢文弨曰：“渠是禾名，亦有择义。凡一字而兼数义者，《说文》多不详备；若如颜氏之说，则其书之窒碍难通者多矣，岂独此乎？”黄承吉《字诂附校》曰：“《说文》训渠为禾，实不误也。凡实象之字，必先起于虚义，相如用渠牺二字，乃以实象而当虚义用之，许氏所训之禾也，是解渠字之实象，下文引相如云‘渠一茎六穗’，兼解渠字之虚义；……然字中有禾，而泛训为择，不属于禾，已非渠字之全解，不逮许矣。渠乃实为择禾，不择何以成为美禾，以供祭祀。”陈直则说颜氏专训择义，乃此字狭义，渠为正字，導为假借字。

〔13〕隐括：亦作隐栝。用以矫正邪曲的器具。引申为规范，审正。

【译文】

有位客人诘难我说：“现今的经典，你都认为有错误，《说文解字》所说的，你认为都是正确的，这样的话，许慎胜过孔子了吗？”我拍掌大笑，回答他说：“现今的经典，都是孔子的手迹吗？”客人道:“现今的《说文解字》,都是许慎的手迹吗?”我回答说:“许慎以六书来检析字义,按部首贯串全书,使文字的形音义不出现错误,即使错了,也能发现错在何处。孔子只保存文句的大义而不究论文字本身。以前的学者尚且能改动文字来顺从文意,何况经过书写流传的呢?必须是像《左传》中所说的止戈为武,反正为乏,皿虫为蛊,亥是由二和六构成之类的情况,后人自然不得随意改动,哪能以《说文解字》去考订它们的是非呢?而且,我也不专以《说文解字》为是,其书中有些援引经传原文,若与现今通行的文字不相符合的,我也不敢盲从。又比如司马相如的《封禅书》说:‘導一茎六穗于庖,牺双觡共抵之兽。’这个‘導’字应作选择解释,光武帝的诏书说:‘非徒有豫养導择之劳。’其中的‘導’也是选择之意。而《说文解字》说:‘䆃是禾名。’并且引用了《封禅书》作为例证;不妨说有一种禾叫䆃,但不是司马相如《封禅书》所使用的那个意思。否则‘禾一茎六穗于庖’,难道能成文句吗?即使司马相如天生才能鄙陋拙劣,生硬地写出这句话,那么下句就当说‘麟双觡共抵之兽’,而不应该说‘牺’了。我曾经笑话许慎是个纯粹的儒生,不了解文章的体裁,像这一类的引证,就不足以依凭信服。可总的说来我信服许慎所作的这部书,审订文字有条例可依,剖析字义穷尽根源,郑玄注解经书,常常援引作为证据;如果不相信许慎的解说,就会糊里糊涂地不知道文字的一点一划有什么意义了。”

17.45　世间小学者，不通古今，必依小篆，是正书记[1]；凡《尔雅》、《三苍》、《说文》，岂能悉得苍颉本指哉[2]？亦是随代损益，互有同异。西晋已往字书，何可全非？但令体例成就，不为专辄耳。考校是非，特须消息[3]。至如“仲尼居”，三字之中，两字非体。《三苍》“尼”旁益“丘”[4]，《说文》“尸”下施“几”[5]。如此之类，何由可从？古无二字，又多假借[6]，以中为仲，以说为悦，以召为邵，以閒为闲。如此之徒，亦不劳改。自有讹谬，过成鄙俗，“亂”旁为“舌”[7]，“揖”下无“耳”[8]，“黿”、“鼉”从“龜”，“奮”、“奪”从“雚”[9]，“席”中加“带”[10]，“惡”上安“西”，“鼓”外设“皮”，“鑿”头生“毁”，“離”则配“禹”，“壑”乃施“豁”，“巫”混“經”旁[11]，“皋”分“澤”片[12]，“獵”化为“獦”，“寵”变成“竉”，“業”左益“片”[13]，“靈”底著“器”，“率”字自有律音，强改为别；“單”字自有善音，辄析成异[14]：如此之类，不可不治。吾昔初看《说文》，蚩薄世字[15]，从正则惧人不识，随俗则意嫌其非，略是不得下笔也。所见渐广，更知通变，救前之执，将欲半焉[16]。若文章著述，犹择微相影响者行之[17]，官曹文书，世间尺牍，幸不违俗也。

【注释】

〔1〕是正：校正。　书记：书籍。

〔2〕苍颉：即仓颉，旧称为黄帝的史官，汉字的创造者。今人认为仓颉可能只是古代整理文字的一个代表人物。

〔3〕消息：斟酌。

〔4〕“尼”旁益“丘”：即“屔”。郝懿行曰：“《说文》亦有屔字，不独《三苍》。”段玉裁曰：“屔是正字，尼是假借字。”

〔5〕“尸”下施“几”：即“凥”，古人作“居”字。段玉裁曰：“凡今人居处字，古只作凥处。……今字用蹲居字为凥处字而凥字废矣，又别制踞字为蹲居字而居之本义废矣。”居，本义蹲，蹲居。

〔6〕假借：六书之一。见17.11注〔6〕。

〔7〕“亂”旁为“舌”：即“乱”。《广韵·换韵》：“亂，俗作乱。”刘盼遂曰：“以下十四句，黄门所举诸俗字，具见于邢澍《金石文字辨异》、杨绍廉《金石文字辨异续编》、赵之谦《六朝别字记》、杨守敬《楷法溯源》、罗振玉《六朝碑别字》诸书，而陆德明《经典释文叙录·条例》云：‘五经文字，乖替者多，至如黿鼉从龜，亂辭从舌，席下为带，惡上安西，析傍著片，離边作禹，直是字伪，不乱余读。如寵字作竉，錫字为鍚，用支代文，将无混旡，若斯之流，便成两失。’……与黄门大同小异，殆即转袭此文欤。”

〔8〕“揖”下无“耳”：即“揖”字。徐鲲曰：“后魏《吊殷比干墓文》‘揖’作‘揖’，所谓‘下无耳’者也。顾炎武《金石文字记》所载诸碑别体字，如‘緝’作‘緝’，‘葺’作‘葺’之类甚多，不独‘揖’字为然。”

〔9〕“奮”、“奪”从“雚”：此二字分别作“奮”、“奪”。

〔10〕“席”中加“带”：即“席”字。

〔11〕“巫”混“經”旁：即“巠”、“巠”相混。徐鲲

曰："《太公吕望碑》'巫'作'坙'，而诸碑中'經'字旁多作'乭'者，'坙'与'巠'相似，'乭'与'坙'亦相似，故以为混也。"

〔12〕"皋"分"澤"片：即"睪"字。"皋"与"睪"，古多为一字。

〔13〕"業"左益"片"：即"牒"字。

〔14〕"單字"二句：郝懿行曰："《玉海》：'鄿，时战切，音善，姓也。'《广韵》：'單，單襄公之后。'然则鄿、單二文，作字虽异，音训则同，辄析成异，非通论也。"

〔15〕蚩：通"嗤"。

〔16〕半：指"从正"和"随俗"各占一半。

〔17〕影响：近似。

【译文】

世上研究文字学的人，不明白古今字体的变易，一定要依据小篆，来校订书籍。凡《尔雅》、《三苍》、《说文解字》中的字，怎么能完全地把握苍颉造字的本旨呢？也是随着时代的变迁而增删笔划，相互之间有异有同。西晋以前的字书，怎么能一概否定呢？只要它能使体例完备，不随意妄为就行了。考校文字的是非，特别需要斟酌。例如"仲尼居"，这三个字之中，"尼"、"居"二字都不是正体字，《三苍》在"尼"旁加上了"丘"字，《说文解字》在"尸"下面加上"几"字：像这类的字，怎么可以遵从呢？古代没有一个字两种形体，又有许多假借之字，以中字假借作仲，说假借作悦，召假借作邵，閒假借作闲，像这一类的字，也就不必劳神去改正。自有一些讹误字，沿用时间长了就成了俗字，如"亂"字偏旁变成"舌"，

“揖”字下面没有“耳”，“鼋”、“鼍”下部从龜，“奮”、“奪”从“雚”的俗体，“席”字中间写成“带”，“恶”字上首写成“西”，“鼓”字的右边写成“皮”，“鑿”字上首写成“毁”，“離”字左边写成“禹”，“壑”字上面写成“豁”，“巫”字与“經”字的“巠”旁相混，“皋”字分“澤”字的半边写成“睾”，“獵”字写成了“獦”，“寵”字变成了“竉”，“業”字左边加上了“片”，“靈”字的下部写成“器”，“率”字本来就有“律”这个音，却强行改作他字。“單”字本来就有“善”的读音，却随意地分成为两个字：像这样的情况，不能不加以纠治。我以前初读《说文解字》的时候，鄙薄世上流行的俗字。依从正体字则担心别人不认识；顺从流俗心里又觉得这样做不对，如此就无法下笔写文章了。随着见识的日渐扩大，懂得了通变的道理，改正了过去的偏执，将从正体和随流俗二者折衷。如果是写文章著书立说，仍然要选择与《说文解字》相近似的正字来使用。如果是官府的文书，或是一般的信函，最好不要违背世上通行的俗字。

17.46　案：弥亘字从二间舟[1]，《诗》云：“亘之秬秠”是也[2]。今之隶书，转舟为日；而何法盛《中兴书》乃以舟在二间为舟航字，谬也。《春秋说》以人十四心为德[3]，《诗说》以二在天下为酉[4]，《汉书》以货泉为白水真人[5]，《新论》以金昆为银[6]，《国志》以天上有口为吴[7]，《晋书》以黄头小人为恭[8]，《宋书》以召刀为邵[9]，《参同契》以人负告为造[10]。如此之例，盖数术谬语[11]，假借依附，杂以戏笑耳。如犹转贡字为项[12]，以叱为七[13]，安可用此定文字音读乎？潘、陆诸子《离合诗》[14]、《赋》、《栻卜》、《破字经》[15]，及鲍昭《谜字》[16]，皆取会流俗[17]，不足以形声论之也。

【注释】

〔1〕弥亘：绵延。亘，篆文好似“舟”字在“二”字之间。

〔2〕“亘之”句：见《诗经·大雅·生民》。　秬：黑黍。　秠(pī)：黑米。

〔3〕《春秋说》：纬书。今已不传。

〔4〕《诗说》：纬书。今已不传。二在天下为酉：小篆“天”下加“二”则略似“酉”字之形。

〔5〕“《汉书》”句：《后汉书·光武帝纪论》：“及王莽篡位，忌恶刘氏，以钱文有金刀，故改为货泉；或以货泉字文为‘白水真人’。”按货字篆文颇似含“真”、“人”二字；泉含白、水二字，故有此说。

〔6〕“《新论》”句：《新论》，汉桓谭撰。已佚。卢文弨曰：“桓谭《新论》今不传。锟乃锟铻字，本亦作昆吾，非银也。”龚向农曰：“《御览》八百十二引桓谭《新论》：‘鈆则金之公，而银者金之昆弟也。’”

〔7〕“《国志》”句：《国志》，即《三国志》。《三国志·吴书·薛综传》：“无口为天，有口为吴。”按《说文》以吴字下从矢，故天上有口为吴，大误。

〔8〕“《晋书》”句：《宋书·五行志》：“王恭在京口，民间忽云：‘黄头小人欲作贼，阿公在城下，指缚得。’又

云：‘黄头小人欲作乱，赖得金刀作蕃扞。’黄字上，恭字头也；小人，恭字下也。寻如谣者言焉。”卢文弨曰：恭字上从共，下从心，以恭为黄头小人，非字义。

〔9〕“《宋书》”句：《南史·元凶劭传》：“(刘劭生，文帝)初命之为邵，在文为召刀，后恶焉，改刀为力。”卢文弨曰：“当时以卩为刀，故颜氏以为谬尔。”

〔10〕“《参同契》”句：《周易参同契》下篇有魏伯阳自叙，寓其姓名，其中“吉人乘负”句隐“造”字。陈直曰：“造字从辵告声，《参同契》原文作‘吉人乘负，安稳长生’。在魏伯阳字谜为‘人负吉’，本文则作‘人负告’。盖吉告二字，在东汉隶书，即往往混同。”

〔11〕数术：即术数。

〔12〕如犹：一说为“犹如”倒文。

〔13〕以叱为七：出于《东方朔别传》。《太平御览》卷九六五引其文曰：“武帝时，上林献枣，上以所持杖击未央前殿楹，呼朔曰：‘叱叱，先生，来来，先生知此箧中何等物？’朔曰：‘上林献枣四十九枚。’上曰：‘何以知之？’朔曰：‘呼朔者，上也；以杖击楹两木，两木者，林也；来来者，枣也；叱叱，四十九枚。’上大笑，赐帛十匹。”“叱叱”四十九，则东方朔以“叱”当“七”矣。

〔14〕潘、陆：指潘岳、陆机。　《离合诗》：杂体诗名。有数种。常见者是在诗句中拆开字形，再和另一字的一半组成它字，先离后合，故名离合诗。据说始传于汉末孔融。一般则目为文字游戏。如潘岳的《离合诗》云：“佃渔始化，人民穴处。意守醇朴，音应律吕。桑梓被源，卉木在野。钖鸾未设，金石弗举。害咎蠲消，吉德流普。溪谷可安，奚作栋宇。嫣然以憙，焉惧外侮？熙神委命，已求多祜。叹彼季末，口出择语。谁能默诫，言丧厥所。垄亩之谚，龙潜岩阻。尠义崇乱，少长失叙。”其中即含“思杨容姬难堪”六字。杨容姬为晋荆州刺史杨肇之女。陆机的离合诗未见。

〔15〕《栻卜》：占卜书。撰者不详。《隋书·经籍志》著录有《式经》一卷，一说“式”即“栻”。《破字经》：拆字书。即以拆字占吉凶。《隋书·经籍志》著录有《破字要诀》，当属同一类型之书。

〔16〕鲍昭：即鲍照。其所作《谜字》，今见《艺文类聚》。

〔17〕取会：迎合。

【译文】

案：弥亘的“亘”字，从二间舟，《诗经》所说的“亘之秬秠”中的“亘”字就是这样。现在的隶书，将“舟”字变成“日”字；何法盛的《中兴书》却以“舟”字夹在“二”中间作为舟航的“航”字，这是错误的。《春秋说》以“人”、“十”、“四”、“心”为“德”字，《诗说》以“二”在“天”的下面为“酉”字，《汉书》把“货泉”拆开说成是“白水真人”，《新论》说以“金”“昆”合为“银”字，《三国志》以“天”上有“口”就是“吴”字，《晋书》以“黄”头与“小”“人”组成“恭”字，《宋书》以“召”“刀”组成“邵”字，《参同契》以“人”背负着“告”就成了“造”字：诸如此类的例子，大抵是术数家的谬说，假托字形附会寓意，并搀杂戏谑玩笑罢了。就好像将“贡”字转成“项”字，将“叱”字当成“七”字，怎么能以这样的方式来确定文字的读音呢？潘岳、陆机等人的《离合诗》、《离合赋》；《栻卜》、《破字经》以及鲍照的《谜字》，都是迎合流行的习俗，不值得用字形、字音来论析它们。

17.47　河间邢芳语吾云[1]："《贾谊传》云：'日中必熭[2]。'注：'熭，暴也。'曾见人解云：'此是暴疾之意，正言日中不须臾，卒然便昃耳[3]。'此释为当乎？"吾谓邢曰："此语本出太公《六韬》，案字书，古者㬥晒字与暴疾字相似，唯下少异[4]，后人专辄加傍日耳。言日中时，必须㬥晒，不尔者，失其时也。晋灼已有详释[5]。"芳笑服而退。

【注释】

〔1〕河间：郡名。治所在乐城(今河北献县东南)。

〔2〕"日中"句：见《汉书·贾谊传》。熭(wèi)：曝晒。

〔3〕卒：同"猝"。

〔4〕"案字书"句：㬥，见《说文·日部》；暴，见《说文·夲部》。皆同"暴"，而前者从米，后者从夲，故颜氏称字形相似，下部稍异。

〔5〕晋灼：晋人，曾为尚书郎。据《新唐书·艺文志》，有《汉书集注》十四卷，《汉书音义》十卷。颜师古注《汉书》，有所引说。

【译文】

河间人邢芳对我说："《汉书·贾谊传》说：'日中必熭'。注中说：'熭，暴也。'我曾看见有这样的解释：'这个暴是暴疾之意，是说太阳当中时不一会，突然便西斜了。'这种解释恰当吗？"我对邢芳说："这句话源于太公的《六韬》。查考字书，古代㬥晒的'㬥'字与暴疾的'暴'字形相近，只是下半部稍有差别，后人便随意地加上‘日’旁。这句话是说太阳正中时，必须抓紧曝晒，否则就会失去天时。晋灼已对这一句话有详细的注释。”邢芳含笑信服地告退了。

卷第七

音辞　杂艺　终制

音辞第十八

【题解】

文字、训诂、声韵、校勘是颜之推最为擅长的学问。本篇是其声韵之学的专论。颜氏不仅注意到地域不同而造成的语言差异，也注意到了因时代不同而古今声韵有所变化。关于前一点，古人一般都认识到了，而后一点，许多人忽略了。他们误认为古人和今人读音一样，没有变化，因此读古书时，遇到押韵的文辞，用当时音读不能协韵，便发生疑问，甚至妄加改易，以致闹出笑话。这样的例子是很多的。颜之推知道古今语音有所变化，在当时来说，应该说是一个卓识。因生平遍历南北各地，颜之推对南北语音都很熟悉。自东汉以后的数百年，洛阳音成为北方语音的“正音”，而南方在晋室南渡后，掺有洛阳音的建康(即金陵)音是江南地区的“正音”。这是当时的南北对峙所造成的。颜氏认为应当正视这个事实，同以洛阳音、建康音为“正音”，以此来讨论历代韵书、字书的得失。颜氏的声韵之学对后世影响甚大。隋陆法言所作《切韵》，其中有不少是采纳了颜之推的观点。《颜氏家训》中，本篇最为难读。虽有清人赵曦明、卢文弨、段玉裁等致力校注，然疏漏甚多。近人周祖谟复用心于此，于一九四三年成《〈颜氏家训·音辞篇〉补注》一文，发隐奥，疏疑滞，终于使我们基本上能读通这篇文字。

18.1　夫九州之人，言语不同，生民已来[1]，固常然矣。自《春秋》标齐言之传[2]，《离骚》目楚词之经[3]，此盖其较明之初也。后有扬雄著《方言》[4]，其言大备。然皆考名物之同异[5]，不显声读之是非也。逮郑玄注《六经》[6]，高诱解《吕览》、《淮南》[7]，许慎造《说文》，刘熹制《释名》[8]，始有譬况假借以证音字耳[9]。而古语与今殊别，其间轻重清浊，犹未可晓；加以内言外言[10]、急言徐言[11]、读若之类[12]，益使人疑。孙叔言创《尔雅音义》[13]，是汉末人独知反语[14]。至于魏世，此事大行。高贵乡公不解反语[15]，以为怪异。自兹厥后，音韵锋出[16]，各有土风[17]，递相非笑，指马之谕[18]，未知孰是。共以帝王都邑，参校方俗，考核古今，为之折衷[19]。榷而量之，独金陵与洛下耳[20]。南方水土和柔，其音清举而切诣[21]，失在浮浅，其辞多鄙俗。北方山川深厚，其音沉浊而铫钝[22]，得其质直，其辞多古语。然冠冕君子，南方为优；闾里小人，北方为愈。易服而与之谈，南方士庶，数言可辩；隔垣而听其语，北方朝野，终日难分[23]。而南染吴、越[24]，北杂夷虏[25]，皆有深弊，不可具论。其谬失轻微者，则南人以钱为涎，以石为射，以贱为羡，以是为舐[26]；北人以庶为戍，以如为儒，以紫为姊，以洽为狎[27]。如此之例，两失甚多。至邺已来[28]，唯见崔子约、崔瞻叔侄[29]，李祖仁、李蔚兄弟[30]，颇事言词，少为切正。李季节著《音韵决疑》[31]，时有错失；阳休之造《切韵》[32]，殊为疏野。吾家儿女，虽在孩稚，便渐督正之；一言讹替[33]，以为己罪矣。云为品物[34]，未考书记者，不敢辄名，汝曹所知也。

【注释】

〔1〕生民：人。《孟子·公孙丑上》："自有生民以来，未有孔子也。"

〔2〕齐言：齐地的语言。如《春秋公羊传·隐公五年》："公曷为远而观鱼？登来之也。"何休注："登，读言得。得来之者，齐人语也。齐人名求得为得来，作登来者，其言大而急，由口授也。"

〔3〕王利器《集解》："此言《离骚》多楚人之语，如羌字些字等是也。"

〔4〕《方言》：见17.24注〔2〕。

〔5〕名物：事物的名称及特征等。

〔6〕郑玄注《六经》：《后汉书·郑玄传》："凡玄所注：《周易》、《尚书》、《毛诗》、《仪礼》、《礼记》、《论语》、《孝经》、《尚书大传》、《中候》、《乾象历》等，凡百余万

言。”王利器《集解》：颜氏言《六经》，而范书所举者才五经，《通志》和《册府元龟》六〇五于范书所举五者之外，尚有《周官礼注》。

〔7〕《吕览》：即《吕氏春秋》。

〔8〕刘熹：即刘熙。“熹”与“熙”同。汉末训诂学家。字成国，北海(治今山东潍坊西南)人。《释名》：训诂书。共二十七篇，八卷。体例仿《尔雅》，而专用音训，以音同、音近的字解释意义，推究事物名称的由来，并注意到当时语音和古音的异同。此书对探求语源，辨证古音和古义，甚有参考价值。清毕沅有《释名疏证》，王先谦有《释名疏证补》及《补附》。

〔9〕譬况：古代早期注家注音方法之一，其特征是用描述性的话来说明某个字的发言。陆德明《经典释文》叙录：“古人音书，止为譬况之说，孙炎始为反语。”明杨慎《丹铅杂录》：“秦汉以前，书籍之文，言多譬况，当求于意外。”又刘师培《文说·和声》云：“同一字而音韵互歧，同一音而形体各判。故‘读如’‘读若’，半为譬况之词；‘当作’‘当为’，亦属旁通之证。”

〔10〕内言外言：古注家譬况字音用语。如《汉书·王子侯表》上：“襄嚵侯建”颜师古注引晋灼曰：“音内言毚兔。”王利器注引周祖谟《〈颜氏家训·音辞篇〉注补》曰：“所谓内外者，盖指韵之洪细而言。言内者洪音，言外者细音。”

〔11〕急言徐言：譬况字音用语。急言指发i［i］介音的细音字，因发音时口腔的气道先窄后宽，肌肉先紧后松，其音急促，故名。周祖谟曰：“考急言、徐言之说，见于高诱之解《吕览》、《淮南》。……急气缓气之说，似与声母声调无关，其意当亦指韵母之洪细而言。盖凡言急气者，多为细音字，凡言缓气者，多为洪音字。”

〔12〕读若：古代注音用语。也作“读如”。其作用有

二：一是以常见之字且同音者来注解字音；一是用于说明假借。如《礼记·儒行》："虽危，起居竟信其志。"郑注："信，读如屈伸之伸，假借字也。"

〔13〕《尔雅音义》：书名。《隋书·经籍志》著录八卷，孙炎撰。卢文弨曰："《魏志·王肃传》称孙叔然，以名与晋武帝同，故称其字。陆德明《释文》亦云：'炎字叔然。'今此作'叔言'，亦似取《庄子》'大言炎炎'为义。"吴承仕曰："炎字叔然，义相应。卢说本作'叔言'者，取'大言炎炎'之义，古来有此体例乎？明'言'为误字矣。"

〔14〕反语：即反切。颜氏言反切之法始于孙炎，多为后人所非。郝懿行曰："反语非起于孙叔然，郑康成、服子慎、应仲远年辈皆大于叔然，并解作反语，具见《仪礼》、《汉书注》，可考而知。余尝以为反语，古来有之，盖自叔然始畅其说，而后世因谓叔然作之尔。"周祖谟曰："案反切之兴，前人多谓创自孙炎。然反切之事，决非一人所能独创，其渊源必有所自。"

〔15〕高贵乡公：即曹髦。曹丕孙。初封高贵乡公。嘉平六年(254)司马师废曹芳，立他为帝。七年后因不满意其傀儡地位，率宿卫攻司马氏，被杀。因死后无谥号，故史称高贵乡公。《经典释文叙录》说曹髦有《左传音》三卷。颜氏言其不解反语，无从确考。

〔16〕锋出：锋刃齐出。喻锐而难拒。

〔17〕土风：土音，方言。

〔18〕指马：战国时公孙龙子提出"物莫非指，而指非指"、"白马非马"等命题，以讨论名与实之间的关系。《庄子·齐物论》则曰："以指喻指之非指，不若以非指喻指之非指也；以马喻马之非马，不若以非马喻马之非马也。天地一指也。万物一马也。"谓世界是个统一体，事物应各任自然不分彼此、长短、是非、多少。后以"指马"为争辩是非和差别的代称。

〔19〕折衷：即折中。执其两端而折其中，取正之意。王利器以《隋志》有王长孙《河洛语音》，曰："盖即以帝王都邑之音为正音，参校方俗，考核古今，为之折衷者。"

〔20〕"榷而"二句：金陵，即建康，为六朝之京都；洛下，即洛阳，为魏、西晋、北魏之都城。周祖谟曰："盖韵书之作，北人多以洛阳音为主，南人则以建康音为主，故曰榷而量之，独金陵与洛下耳。"

〔21〕清举：清脆而悠扬。　切诣：谓发音迅急。

〔22〕沉浊：低沉浑重。　鈋钝：浑厚，不尖锐。

〔23〕"然冠冕"十句：周祖谟曰："此论南北士庶之语言各有优劣。盖自五胡乱华以后，中原旧族，多侨居江左，故南朝士大夫所言，仍以北音为主。而庶族所言，则多为吴语。故曰：'易服而与之谈，南方士庶，数言可辨。'而北方华夏旧区，士庶语音无异，故曰：'隔垣而听其语，北方朝野，终日难分。'惟北人多杂胡虏之音，语多不正，反不若南方士大夫音辞之彬雅耳。至于闾巷之人，则南方之音鄙俗，不若北人之音为切正矣。"对南北音之差异，陈寅恪亦有论述，参见其《东晋南朝之吴语》。

〔24〕吴、越：此指古吴越故地之语言。

〔25〕夷虏：夷，是古代华夏族对东方各少数民族的蔑称。虏，是南朝对北朝诸少数民族的蔑称。如南朝史书中有《索虏传》，北朝史书中有《岛夷传》。这里是指北方少数民族的语言。

〔26〕"其谬失"五句：周祖谟曰："此论南人语音，声多不切。案：钱，《切韵》昨仙反；涎，叙连反。同在仙韵，而钱属从母，涎属邪母，发声不同。贱，《唐韵》才线反；羡，似面反。同在线韵，而贱属从母，羡属邪母，发声亦不相同。南人读钱为涎，读贱为羡，是不分从邪也。石，《切韵》常尺反；射，食亦反。同在昔韵，而石属禅母，射属床母三等。是，《切韵》承纸反；舐，食氏反。同在纸韵，而

是属禅母，食属床母三等。南人读石为射，读是为舐，是床母三等与禅母无分也。”

〔27〕“北人”四句：周祖谟曰：“此论北人语音，分韵之宽，不若南人之密。案庶、戍同为审母字，《广韵》庶在御韵，戍在遇韵，音有不同。庶，开口；戍，合口。如儒同属日母，如在鱼韵，儒在虞韵，韵亦有开合之分，北人读庶为戍，读如为儒，是鱼、虞不分也。又紫、姊同属精母，而紫在纸韵，姊在旨韵，北人读紫为姊，是支、脂无别矣。又洽、狎同为匣母字，《切韵》分为两韵，北人读洽为狎，是洽、狎不分也。由此足见北人分韵之宽。”

〔28〕至邺：据颜之推《观我生赋》自注所云，推知其至邺时间当为齐天保八年(557)。

〔29〕崔瞻：字彦通。《北史》本传作崔赡，而《北齐书》作崔瞻。北齐时官至吏部郎中，聪明强学，为一时名望。其叔子约，官居司空祭酒。传见《北史》。

〔30〕李祖仁、李蔚：俱是魏秘书监李谐之子。李祖仁，名岳，官中散大夫。李蔚官至秘书丞。传附见《北史·李谐传》。

〔31〕李季节：名概。好学而性傲。齐时历大将军府行参军、太子舍人、并州功曹参军诸职。撰有《修续音韵决疑》十四卷、《音谱》四卷，皆佚。传附见《北史·李公绪传》。

〔32〕阳休之：字子烈，北齐时右北平无终(今天津蓟县)人。仕齐为尚书右仆射，齐亡入周，为开府仪同。隋初卒。其所撰《韵略》已佚，今有清任大椿、马国翰辑本。传见《北齐书》。周祖谟曰：“刘善经《四声论》云：‘齐仆射阳休之，当世之文匠也。乃以音有楚、夏，韵有讹切，辞人代用，今古不同，遂辨其尤相涉者五十六韵，科以四声，名曰《韵略》。制作之士，咸取则焉。后生晚学，所赖多矣。’据此可知其书体例之大概。”

〔33〕讹替：讹误差错。

〔34〕云为：犹言所为。

【译文】

九州之人，语言各不相同，从人类产生以来，本来就是如此。自《春秋公羊传》记明齐地语言，《离骚》被视为楚地语词的经典，这大概是明确方言差异的最初说法。后来扬雄著《方言》，这方面的论述就大为详备了。然而都是考证事物名称的异同，并没有显示读音的正确与否。直到郑玄注释《六经》，高诱注解《吕氏春秋》、《淮南子》，许慎著《说文解字》，刘熙著《释名》，才开始用譬况假借的方法来标明音读。但是古音与今音有差别，其中语音的轻重、清浊，还未能了解，再加上内言外言，急言徐言、读若之类的注音方法，更加使人疑惑不解。孙叔然著《尔雅音义》，这是汉末人唯独懂得反切法而注音的。到了曹魏之世，这种反切注音法大为盛行。高贵乡公曹髦不懂得这种反切注音方法，被视为是一件怪异的事。从此以后，韵书迭出，这些书各自记录各地的方言，互相非议讥笑，各是其是，各非其非，不知到底谁是谁非。后来大家都用帝王之都的语音，参考比校各地方言，考核古今语音，为之取一个折衷的办法。经过斟酌和权衡，只能取建康音和洛阳音了。南方水土柔和，语音清亮悠扬而发音急切，不足之处在于发音浅浮，言辞多鄙陋粗俗。北方的山川深邃浑厚，语音低沉浊重而迟缓，体现其质朴正直，言辞多存古语。然而就官宦士子的语言而论，南方优于北方；而市井平民的语言，则北方胜过南方。变换服装交谈，若是南方的士人和平民，只需说几句话，就可以辨别出他们的身份；隔墙而听人交谈，若是北方的官员与平民，听一天也难以区分出来。但是南方语言受到吴语、越语的影响，北方语夹杂着外族语言，二者都存在着很大的弊病，这里不能一一具说。它们中错失轻微的，则如南方人把“钱”读作“涎”，把“石”读作“射”，把“贱”读作“羡”，把“是”读作“舐”；北方人把“庶”读作“戍”，把“如”读作“儒”，把“紫”读作“姊”，把“洽”读作“狎”。诸如此类的例证，南方与北方的错失都很多。我到邺都以来，只知道崔子约、崔瞻叔侄二人，李祖仁、李蔚兄弟俩对语言略有研究，稍微做了些切磋补正之事。李季节著《音韵决疑》，时见差错；阳休之著《切韵》，特别粗略草率。我家的儿女，虽然还在幼儿时期，就逐渐纠正他们的语言；一个字发音错误，就当成是自己的过失了。所作的某种器物，没有经过考证有关书籍的，就不敢随便称呼，这些都是你们所知道的。

18.2　古今言语，时俗不同；著述之人，楚、夏各异〔1〕。《苍颉训诂》〔2〕，反稗为逋卖〔3〕，反娃为於乖〔4〕；《战国策》音刎为免〔5〕，《穆天子传》音谏为间〔6〕；《说文》音戛为棘〔7〕，读皿为猛〔8〕；《字林》音看为口甘反〔9〕，音伸为辛〔10〕；《韵集》以成、仍、宏、登合成两韵，为、奇、益、石分作四章〔11〕；李登《声类》以系音羿〔12〕，刘昌宗《周官音》读乘若承〔13〕：此例甚广，必须考校。前世反语，又多不切，徐仙民《毛诗音》反骤为在遘，《左传音》切椽为徒缘[14]，不可依信，亦为众矣。今之学士，语亦不正；古独何人，必应随其讹僻乎[15]？《通俗文》曰："入室求曰搜。"反为兄侯。然则兄当音所荣反[16]。今北俗通行此音，亦古语之不可用者[17]。玙璠[18]，鲁之宝玉，当音余烦，江南皆音藩屏之藩[19]。岐山当音为奇，江南皆呼为神祇之祇[20]。江陵陷没，此音被于关中，不知二者何所承案[21]。以吾浅学，未之前闻也。

【注释】

〔1〕楚、夏：楚本指春秋战国时的楚国，夏指中原。此处泛指南北地区。

〔2〕《苍颉训诂》：书名。东汉杜林撰，《旧唐书·经籍志》著录。

〔3〕反稗为逋卖：意为稗字的反切音为逋卖。王利器《集解》注引乔松年《萝摩亭札记》四："稗在《集韵》读旁卦切，又步化切，是当读作罢也，今人皆读作败，作薄迈切，即之推所读逋卖反也。"周祖谟曰："此音不知何人所加。稗为逋卖反，逋为帮母字，《广韵》作傍卦切，则在并母，清浊有异。颜氏以为此字当读傍卦切，故不以《苍颉训诂》之音为然。"

〔4〕反娃为於乖：意为娃字的反切音为於乖。周祖谟曰："娃《切韵》於佳反，在《佳韵》，今反为於乖，是读入《皆韵》矣，亦于《切韵》不合。"

〔5〕"《战国策》"句：段玉裁曰："《国策》音当在高诱注内，今缺佚不完，无以取证。"周祖谟曰："案刎，《切

韵》音武粉反，在《吻韵》，免音亡辨反，在《狝韵》，二音相去较远，故颜氏不得其解。考刎之音免，殆为汉代青、齐之方言。如《释名·释形体》云：‘吻，免也，入之则碎，出则免也。’吻、刎同音，刘成国以免训刎，取其音近，与高诱音刎为免正同。又《仪礼·士丧礼》：‘众主人免于房。’注云：‘今文免皆作绕。’《释文》：‘免音问。’《礼记·内则》：‘枌榆免薧。’《释文》免亦音问，是免有问音也。刎、问又同为一音，惟四声小异。高诱之音刎为免，正古今方俗语言之异耳，又何疑焉。颜氏固不知此，即清儒钱大昕、段玉裁诸家，亦所不寤，审音之事，诚非易易也。”

〔6〕“《穆天子传》”句：《穆天子传》三：“道里悠远，山川间之。”郭璞注：“间音谏。”段玉裁曰：“案颜语，知本作‘山川谏之’，郭读谏为间，用汉人易字之例，而后义可通也。后人援注以改正文，又援正文以改注，而‘谏音间’之云，乃成吊诡也。”周祖谟《〈颜氏家训·音辞篇〉注补》赞同段氏之说，并云：“《唐韵》谏古晏反，在《谏韵》，间古苋反（去声），在《裥韵》，谏、间韵不同类，故颜氏以郭注为非。”

〔7〕“《说文》”句：周祖谟曰：“《唐韵》戛音古黠反，在《黠韵》，棘音纪力反，在《职韵》。二音韵部相去甚远，故颜氏深斥其非。今考《说文》音戛为棘，自有其故。……足证戛字古有二音。后世韵书只作古黠反，而纪力一音乃湮晦无闻矣。幸《说文》存之矣，而颜氏又从而非之，此古音古义之所以日见其废替也。”

〔8〕“读皿”句：周祖谟认为《切韵》音皿武永反，音猛莫杏反，同在《梗韵》，而读音有洪细之别，故颜氏以皿音猛为非。猛、皿古音相近，《说文》读皿为猛当为汝南方言。

〔9〕“《字林》”句：段玉裁曰：“看，当为口干反，而作口甘，则入《谈韵》，非其伦矣。”周祖谟曰：“看，《切

韵》音苦寒反，在《寒韵》。《字林》音口甘反，读入《谈韵》，与《切韵》音相去甚远。考任大椿《字林考逸》所录《寒韵》字，疑甘字有误。若否，则当为晋世方言之异。”

〔10〕“音伸”句：段玉裁曰：“此盖因古书信多音申故也。”周祖谟曰：“伸，《切韵》音书邻反，辛，音息邻反，伸为审母三等，辛为心母，审、心同为摩擦音，故方言中心、审往往相乱。《字林》音伸为辛，是审母读为心母矣。此与汉人读蜀为叟相似。钱大昕谓古无心、审之别，非是。盖此仅为方言之歧异，非古音心、审即为一类也。”

〔11〕“《韵集》”二句：段玉裁曰：“今《广韵》本于《唐韵》，《唐韵》本于陆法言《切韵》。法言《切韵》，颜之推同撰集；然则颜氏所执，略同今《广韵》。今《广韵》成在《十四清》，仍在《十六蒸》，别为二韵。宏在《十三耕》，登在《十七登》，亦别为二韵。而吕静《韵集》，成、仍为一类，宏、登为一类，故曰合成两韵。今《广韵》为、奇同在《五支》，益、石同在《二十二昔》，而《韵集》为、奇别为二韵，益、石别为二韵，故曰分作四章。皆与颜说不合，故以为不可依信。”

〔12〕“李登”句：李登，三国时魏人。撰有《声类》十卷，《隋书·经籍志》著录，已佚，今有清马国翰等辑本。周祖谟曰：“案：系，《唐韵》胡计反；羿，五计反。二字同在《霁韵》，而系属匣母，羿属疑母。李登以系音羿，牙喉音相混矣。”

〔13〕“刘昌宗”句：《隋书·经籍志》有刘昌宗《礼音》三卷，《仪礼音》一卷。刘为晋人。钱大昕曰：“乘，食陵切，音同绳；承，署陵切，音同丞：此床、禅之别。今江浙人读承如乘。”钱馥曰：“刘读乘为丞，今人读承为乘，互有不是；乘，床母，承，禅母。”周祖谟曰：“案：《经典释文叙录》，刘昌宗《周官音》一卷。《周礼·夏官》：‘王行乘石。’《释文》云：‘刘音常丞反。’常烝即承字音。乘

为床母三等，承为禅母。颜氏以为二者有分，不宜混同，故论其非。考床、禅不分，实为古音。如《诗·抑》：‘子孙绳绳。’《韩诗外传》作‘子孙承承。’绳，床母，承，禅母也。……此类皆是。下至晋、宋，以迄梁、陈，吴语床、禅亦读同一类。”

〔14〕“徐仙民”二句：段玉裁曰：“骤字今《广韵》在《四十九宥》，锄祐切。依仙民在遘反，则当入《五十候》，与陆、颜不合。《广韵》：‘椽，直挛切。’仙民音亦与陆、颜不合。然仙民所音，皆与古音合契，而《释文》亦俱不取之，骤但载助救、仕救二反，皆非知仙民者也。”周祖谟曰：“徐仙民反骤为在遘，骤为宥韵字，遘为侯韵字，以遘切骤，韵之洪细有殊，故颜氏深斥其非。而在遘与锄祐声亦不同，锄，床母，在，从母，床、从不同类。疑今本‘在’为‘仕’字之误，仕、在形近而讹。锄、仕皆床母字也。……此云《毛诗音》反骤为仕遘，《左传音》切椽为徒椽，上论韵，下论声，若作在遘，则声韵均有不合，于辞例不顺，故知在必有误。椽，徐反为徒缘者，考《左传·桓公十四年》：‘以大官之椽，归为卢门之椽。’《释文》：‘椽，音直专反。’直专与音和切，徒缘为类隔切，颜氏病其疏缓，故曰不可依信。”

〔15〕讹僻：讹误，谬误。钱大昕曰：“读此知古音失传，坏于齐、梁，颜氏习闻周、沈绪言，故多是古非今。”

〔16〕“《通俗文》”三句：段玉裁曰：“搜，所鸠反；兄，许荣反。服虔以兄切搜，则兄当为所荣反，而不谐协。颜时，北俗兄字所荣反，南俗呼许荣反。颜谓兄侯、所荣二反，虽传闻自古语，而不可用也。”

〔17〕“今北俗”二句：周祖谟曰：“‘此音’，当指兄侯反而言，颜云兄当所荣反者，假设之辞。其意谓搜以作所鸠反为是，若作兄侯，则兄当反为所荣矣，岂不乖谬。服音虽古，亦不可承用，故曰今北俗通行此音，亦古语之不可用

者。段氏不得其解。”

〔18〕玙璠：美玉。《说文·玉部》谓鲁之宝玉。

〔19〕“当音”二句：周祖谟曰：“《切韵》：‘烦，附袁反；藩，甫烦反。’二字同在元韵，而烦为奉母，藩为非母，清浊有异。《切韵》璠作附袁反，与颜说正合。”

〔20〕“岐山”二句：周祖谟曰：“《切韵》‘奇，渠羁反，祇，巨支反。’二字同在《支韵》，皆群母字，而等第有差。奇三等，祇四等。《切韵》：‘岐山之岐，音巨支、渠羁二反。’《释文》云：‘岐，其宜反，或祁支反。’亦有二音。祁支即巨支，其宜即渠羁也。颜云河北、江南所读不同，亦言其大略耳。”

〔21〕承：依从。　案：文案，典籍。

【译文】

古今的言语，因为习俗风气的变化而有所不同；撰述文章的人，由于地处南北而在语音上各有差异。《苍颉训诂》中，“稗”注音为逋卖切，“娃”注音为於乖切；《战国策》注“刎”音为“免”；《穆天子传》注“谏”音为“间”；《说文解字》注“戛”音为“棘”，将“皿”读作“猛”；《字林》注“看”音为口甘反，注“伸”音为“辛”；《韵集》中把“成”、“仍”、“宏”、“登”合为两个韵，又把“为”、“奇”、“益”、“石”分入四个韵部；李登《声类》将“系”注音“羿”；刘昌宗《周官音》将“乘”读作“承”：这类例子很多，必须加以考核校正。前人标注的反切，又有很多是不太妥帖的。徐仙民《毛诗音》将“骤”的反切音注为在遘，《左传音》将“椽”反切音注为徒缘，像这样不可依从相信的反切，也是太多了。现在的学者，语音也有读得不正确的；古人难道是什么特异之人，一定要沿袭他们的讹误呢？《通俗文》说："入室求曰搜。"（服虔）将"搜"的反切音注作兄侯。如果这样的话，那么"兄"就应该读作所荣反。现在北方俗间通行这个读音，这也是古代言语中不能沿用的例子。玙璠，是鲁国的宝玉，"璠"的反切音当作"余烦"，江南地区都把它读成藩屏的"藩"音。岐山的"岐"音应当读作"奇"，江南地区都将它读作神祇的"祇"。江陵陷落以后，这两种读音流传到关中，不知道二者依据于哪些典籍。以我的疏浅学识，以前没有听说过。

18.3　北人之音，多以举、莒为矩；唯李季节云："齐桓公与管仲于台上谋伐莒，东郭牙望见桓公口开而不闭，故知所言者莒也〔1〕。然则莒、矩必不同呼〔2〕。"此为知音矣。

【注释】

〔1〕"齐桓公"三句：此事见《管子·小问》及《韩诗外传》四、《论衡·知实》、《金楼子·志怪》等。

〔2〕"然则"句：王利器《集解》注引牟庭相《雪泥书屋杂志》三："据颜黄门、李季节之说，矩音几语反，微闭口言之，而举、莒皆音居倚反，微开口之也。今之人皆以举、莒为矩，无复知古读之不同音矣。"周祖谟曰："此引李季节之言，当见《音韵决疑》。举、莒《切韵》音居许反，在《语韵》，矩音俱羽反，在《麌韵》。颜氏举此以见鱼、虞二韵，北人多不能分，与古不合。李氏举桓公伐莒事，以

证莒、矩音呼不同，其言是矣。盖莒为开口，矩为合口。故东郭牙望桓公口开而不闭，知其所言者莒也。”

【译文】

北方人的语音，多把“举”、“莒”读成“矩”；只有李季节说过：“齐桓公与管仲在台上商议讨伐莒国之事，东郭牙远远看见桓公的嘴张开而合不上，所以就知道他们谈论的正是莒国。这样看来，‘莒’、‘矩’二字必定不同呼。”这就是懂得音韵的了。

18.4 夫物体自有精粗，精粗谓之好恶〔1〕；人心有所去取，去取谓之好恶〔2〕。此音见于葛洪、徐邈〔3〕。而河北学士读《尚书》云好生恶杀〔4〕。是为一论物体，一就人情，殊不通矣〔5〕。

【注释】

〔1〕“精粗”句：此句“好恶”，卢文弨曰：“并如字读。”

〔2〕“去取”句：此句“好恶”，意为喜好和厌恶。“好”读“号”音，“恶”为乌故反。

〔3〕“此音”句：指“好恶”的第二种读音开始于葛洪、徐邈。周祖谟曰：“以四声区别字义，始于汉末。好、恶之有二音，当非葛洪、徐邈所创，其说必有所本。”

〔4〕好生恶杀：此“好”与“恶”音读为本文所举第二种，而河北地区的人读成第一种。故颜氏认为读错了。

〔5〕“殊不”句：郝懿行曰：“好恶古音多不分别。……《释文》：‘好，如字，又呼报反；恶，如字，又乌路反。’

则好、恶二字，虽各具两义，古人实通之矣。”

【译文】

物体本身有精良、粗劣的差别，精良的被称作好，粗劣的被称作恶；人的情感对事物有放弃或吸取，这种吸取或放弃就被称作好或恶。后一种好、恶的读音始于葛洪、徐邈。而河北地区的学士读《尚书》时却将“好(呼报反)生恶(乌故反)杀”读作“好(呼皓切)生恶(乌各切)杀”。这种一面取评论物体质地的读音，一面却表达人的情绪之义，太说不通了。

18.5　甫者，男子之美称，古书多假借为父字；北人遂无一人呼为甫者，亦所未喻〔1〕。唯管仲、范增之号〔2〕，须依字读耳。

【注释】

〔1〕“亦所”句：周祖谟曰：“甫、父二字不同音，《切韵》：‘甫，方主反；父，扶雨反。’皆《麌韵》字，而甫非母，父奉母。北人不知父为甫之假借，辄依字而读，故颜氏讥之。”

〔2〕管仲：号仲父。　范增：号亚父。

【译文】

“甫”，男子的美称，古书多假借为“父”字；北方人于是没有一个人将“父”读作“甫”音，这也是他们不明白其中的道理。只有管仲、范增的号，须依父字本音而读。

18.6 案：诸字书，焉者鸟名[1]，或云语词[2]，皆音於愆反。自葛洪《要用字苑》分焉字音训[3]：若训何训安，当音於愆反，“于焉逍遥”、“于焉嘉客”[4]，“焉用佞”、“焉得仁”之类是也[5]；若送句及助词[6]，当音矣愆反，“故称龙焉”、“故称血焉”[7]，“有民人焉”、“有社稷焉”[8]，“托始焉尔”[9]，“晋、郑焉依”之类是也[10]。江南至今行此分别，昭然易晓；而河北混同一音，虽依古读，不可行于今也[11]。

【注释】

〔1〕焉：《说文·鸟部》：“焉，焉鸟，黄色，出于江淮，象形。”段注：“今未审何鸟也。自借为助词而本义废矣。”

〔2〕语词：一作“语辞”，即文言虚词。

〔3〕音训：注音释义。

〔4〕“于焉”句：见《诗经·小雅·白驹》。意思是：在此很逍遥；在此为嘉宾。

〔5〕“焉用”句：见《论语·公冶长》。佞，用花言巧语来谄媚人。

〔6〕送句：句尾语气词。王利器《集解》：“古言文章，有发送之说：发句安头，送句施尾。”

〔7〕“故称”句：见《周易·坤·文言》。意思是：所以称作龙，所以称作血。

〔8〕“有民”句：见《论语·先进》。

〔9〕“托始”句：见《春秋公羊传·隐公二年》。

〔10〕“晋郑”句：见《左传·隐公六年》。王利器曰：“谓晋、郑相依也，焉者语助。”

〔11〕“江南”五句：周祖谟曰：“焉音於愆反，用为副词，即安、恶一声之转。安（乌寒切）恶（哀都切）皆影母字也。焉音矣愆反，用为助词，即矣、也一声之转。矣（于纪切）也（羊者切）皆喻母字也。”

【译文】

案：各字书将“焉”释为鸟名，或释为虚词，都注音於愆反。自葛洪著《要用字苑》起始区别“焉”字的读音释义。如果解释作“何”、“安”，就应当读作於愆反，“于焉逍遥”、“于焉嘉客”，“焉用佞”、“焉得仁”之类的句子就是这样；如果“焉”字是用作句末语气词及句中语气词，就应该读作矣愆反，“故称龙焉”、“故称血焉”，“有民人焉”、“有社稷焉”，“托始焉尔”，“晋、郑焉依”之类的句子就是这样。江南地区至今通行这两种不同的读音，其意思就明明白白容易懂；而河北地区把两种读音混成一个读音，虽然这是遵从古音，却不能通行于今天。

18.7　邪者，未定之词〔1〕。《左传》曰：“不知天之弃鲁邪？抑鲁君有罪于鬼神邪〔2〕？”《庄子》云：“天邪地邪〔3〕？”《汉书》云：“是邪非邪〔4〕？”之类是也。而北人即呼为也，亦为误矣〔5〕。难者曰：“《系辞》云：‘乾坤，《易》之门户邪〔6〕？’此又为未定辞乎？”答曰：“何为不尔！上先标问，下方列德以折之耳〔7〕。”

【注释】

〔1〕未定之词：即疑问词。

〔2〕“不知”二句：见《左传·昭公二十六年》，而第二句末“邪”字未见。意为不知是上天抛弃鲁国呢？还是鲁君得罪了鬼神？

〔3〕“天邪”句：卢文弨曰：“案：当作‘父邪母邪’，见《大宗师》篇。”王叔岷曰：“案此疑是《庄子》佚文，不必改从《大宗师》篇。”此句意为：是天呢？还是地呢？

〔4〕“是邪”句：见《汉书·外戚传》。为武帝《李夫人歌》。

〔5〕“而北人”二句：赵曦明曰：“呼邪为也，今北人俗读犹尔。”周祖谟曰：“邪、也，古多通用。惟后世音韵有异，《切韵》邪以遮反，在《麻韵》，也以者反，在《马韵》。邪平声，也为上声。”

〔6〕“乾坤”二句：见《周易·系辞下》。意为：《乾》、《坤》二卦的义蕴，是通晓《易》的门径吗？

〔7〕列德：陈述阴阳之德。《周易·系辞下》：“乾，阳物也。坤，阴物也。阴阳合德，而刚柔有体。” 折：裁断，裁决。

【译文】

邪，是表示疑问的语气词。《左传》说：“不知天之弃鲁邪？抑鲁君有罪于鬼神邪？”庄子说：“天邪地邪？”《汉书》说：“是邪非邪？”这类“邪”字就是这种用法。而北方人把“邪”字读作“也”，也就有误了。有人诘难我说：“《系辞》说：‘乾坤，易之门户邪？’这个‘邪’字也是疑问语气词吗？”我回答说：“为什么不是呢！前面先提出问题，后面才陈述阴阳之德的道理来作为裁断呀。”

18.8 江南学士读《左传》，口相传述，自为凡例[1]，军自败曰败，打破人军曰败。诸记传未见补败反，徐仙民读《左传》，唯一处有此音，又不言自败、败人之别，此为穿凿耳[2]。

【注释】

〔1〕凡例：体制、章法。语出杜预《春秋左传序》："其发凡以言例，皆经国之常制，周公之垂法，史书之旧章，仲尼从而修之，以成一经之通体。"后世引用为著作内容和编纂体例的文字说明。

〔2〕"军自败"至"穿凿耳"：王利器《集解》注引钱大昕之言曰："《广韵·十七夬》部，败有薄迈、补迈二切，以自破、破他为别，此之推指为穿凿者。"周祖谟曰："案：自败、败人之音有不同，实起于汉、魏以后之经师，汉、魏以前，当无此分别。徐仙民《左传音》亡佚已久，惟陆氏《释文》存其梗概。《释文》于自败、败他之分，辨析甚详。《叙录》云：'夫质有精粗，谓之好恶（并如字），心有爱憎，称为好恶（上呼报反，下乌路反）；当体即云名誉（音预），论情则曰毁誉（音余）；及夫自败（蒲迈反）、败他（补败反）之殊，自坏（呼怪反）、坏撤（音怪）之异，此等或近代始分，或古已为别，相仍积习，有自来矣。余承师说，皆辨析之'云云。考《左传·隐公元年》：'败宋师于黄。'《释文》云：'败，必迈反，败佗也，后放此。'斯即陆氏分别自败、败他之例。他如'败国'、'必败'、'败类'、'所败'、'侵败'等败字，皆音必迈反。必迈、补败音同。是必江南学士所口相传述者也。尔后韵书乃兼作二音，《唐韵·夬部》：'自破曰败，薄迈反；破他曰败，北迈反。'即承《释文》而来。北迈与必迈、补败同属帮母，薄迈与蒲迈同属并母，清浊有

异。卢氏引《左传》哀公元年‘自败败我’《释文》无音一例，以证本不异读，非是。盖此或《释文》偶有遗漏，卷首固已发凡起例矣。”

【译文】

江南地区的学士读《左传》，是靠口授递相传述，自立音读章法，军队自己溃败说“败”（蒲迈反），打败别国军队说“败”（补迈反）。各种记传中没有见过“补败反”这个注音。徐仙民所读的《左传》，只有一处注了这个读音，又没有说明自败、打败别人的区别，这就有些牵强附会了。

18.9　古人云：“膏粱难整〔1〕。”以其为骄奢自足，不能克励也〔2〕。吾见王侯外戚，语多不正，亦由内染贱保傅〔3〕，外无良师友故耳。梁世有一侯，尝对元帝饮谑，自陈“痴钝”，乃成“飔段”，元帝答之云：“飔异凉风，段非干木〔4〕。”谓“郢州”为“永州”，元帝启报简文，简文云：“庚辰吴入，遂成司隶〔5〕。”如此之类，举口皆然。元帝手教诸子侍读〔6〕，以此为诫。

【注释】

〔1〕“膏粱”句：《国语·晋语七》：“夫膏粱之性难正也。”意为整日享用精美食物的人，其品行很少有端正的。

〔2〕克励：克制私欲，力求上进。

〔3〕保傅：古代保育、教导太子等贵族子弟及未成年的

帝王、诸侯的男女官员，统称为保傅。

〔4〕“飔异”二句：飔，凉风。段非干木，赵曦明曰：“段干木，魏文侯时人。《广韵》引《风俗通》，以段为氏。”《类说》卷六《庐陵官下记》：“有武将见梁元帝，自陈‘痴钝’，乃讹为‘飔段’，帝笑曰：‘飔非凉风，段非干木。’”周祖谟曰：“案：梁侯自陈‘痴钝’而成‘飔段’，上字声误，下字韵误。盖痴，《切韵》丑之反；飔，楚治反。二字同在《之韵》，而痴为彻母，飔为穿母二等，舌齿部位有殊。钝，王仁昫《切韵》徒困反，在《慁韵》；段，徒玩反，在《翰韵》，同属定母，而韵类有别。故元帝短之。”

〔5〕“谓郢州”五句：简文，即梁简文帝萧纲。周祖谟曰：“谓‘郢州’为‘永州’，则声韵皆非矣。郢《切韵》以整反，在《静韵》，永，荣眪反，在《梗韵》。梗、静韵有洪杀，以、荣有等差，岂可混同？其音不正，是不学之过也。……简文答语，举《春秋》吴入楚都为郢之歇后语，举后汉抗直不阿之司隶为(鲍)永之歇后语，齐、梁之际，多通声韵，故剖判入微如此云。”按：鲍永事见《后汉书》本传。

〔6〕侍读：南北朝时诸王的属官。南朝宋时有侍读博士，掌授诸王经书。梁时或有此职。

【译文】

古人说：“膏粱难整。”这是因为他们骄横奢侈，自我满足，不能克制私欲，勉励自己。我见那些王公贵戚，语音多不纯正，也是由于他们在内受到下贱保傅的熏染，在外没有良师益友的缘故。梁朝有一位受封为侯爵之人，曾经和梁元帝一起饮酒戏谑，自称“痴钝”，却把这两个字念成“飔段”。元帝回答他说：“(按照你的读法)‘飔’就不同于凉风，‘段’就不是段干木了。”又把“郢州”读成“永州”，元帝把这件事告诉了简文帝，简文帝说："庚辰日吴人入楚郢都的'郢'，却成了后汉司隶校尉鲍永的'永'。"如此之类，那些王公贵戚张口都是。元帝亲自教导那些诸子侍读，就将这些作为对他们的告诫。

18.10　河北切攻字为古琮，与工、公、功三字不同，殊为僻也〔1〕。比世有人名暹，自称为纤；名琨，自称为衮；名洸，自称为汪；名勬，自称为獡〔2〕。非唯音韵舛错，亦使其儿孙避纬纷纭矣。

【注释】

〔1〕僻：偏差，差错。

〔2〕"比世"八句：周祖谟曰："此杂论当时语音之不正。攻字《切韵》有二音：一训击，在《东韵》，与工、公、功同纽，音古红反；一训伐，在《冬韵》，音古冬反。二者声同韵异。此云河北切为古琮，即与古冬一音相合。颜氏以为攻当作古红反，河北之音，恐未为得。暹、纤，《切韵》并音息廉反，在《盐韵》，颜读当与《切韵》相同，疑此'纤'字或为'歼'、'瀸'等字之误。歼、瀸，《切韵》子廉反，亦《盐韵》字，而声有异。暹，心母；歼，精母也。琨，《切韵》古浑反，在《魂韵》；衮，古本反，在《混韵》。一为平声，一为上声，读琨为衮，则四声有误。洸，《切韵》古皇反；汪，乌光反。二字同在《唐韵》，而洸为见母，汪为影母。读洸为汪，牙喉音相乱。勬音药，《切韵》以灼反，獡音烁，书灼反。勬为喻母，獡为审母。读勬为獡，亦舛错之甚者。揆颜氏此论，无不与《切韵》相合，陆氏《切韵序》尝称'欲更捃选精切，除削疏缓，颜外史、萧国子多所决定'。由此可知，《切韵》之分声析韵，多本

乎颜氏矣。”

【译文】

河北地区的人反切“攻”字为古琮，与“工”、“公”、“功”三字读音不同，这是非常错误的。近世有人名叫“暹”，他自己将“暹”读成“纤”；有人名叫“琨”，他自己将“琨”读成“衮”；有人名叫“洸”，他自己将“洸”读作“汪”；有人名叫“䓢”，他自己将“䓢”读成“獡”。这样不仅在音韵上有错误，也使后代子孙的避讳变得纷繁杂乱了。

杂艺第十九

【题解】

杂艺，是指经、史、文章之外的其他技艺，诸如书法、绘画、射箭、卜筮、医方、弹琴、博弈、投壶等。对这些技艺，作者的基本态度是：适当了解，“微须留意”，但不可专精，更不可以专精某种技艺而自命不凡，否则不仅会耽误正事，还会受到为人役使的屈辱。通过作者的诸种叙述，我们可以了解到晋宋以来这些“杂艺”的发展水平，进而丰富我们对这一时期社会生活的认识。

19.1　真草书迹〔1〕，微须留意。江南谚云：“尺牍书疏〔2〕，千里面目也。”承晋、宋余俗，相与事之，故无顿狼狈者〔3〕。吾幼承门业〔4〕，加性爱重，所见法书亦多〔5〕，而玩习功夫颇至，遂不能佳者，良由无分故也。然而此艺不须过精。夫巧者劳而智者忧，常为人所役使，更觉为累；韦仲将遗戒〔6〕，深有以也。

【注释】

〔1〕真草：真，真书，即楷书；草，草书。我国字体先有甲骨文、金文，以后有小篆、隶书，隶书经南北朝至隋唐形成今天的所谓楷书即正书、真书。颜之推所说“真”，是带有隶书痕迹的真书。另外在东汉后期又从隶书演化出草书，开始尚带有隶书的笔法，叫草隶或章草，到南北朝后期又出现完全脱离隶书的今草。此处所言“草”，当兼指章草、今草。

〔2〕尺牍：书信。我国古代在用纸之前用木简即牍写信，通常是一尺长，故称。又汉代诏书写于一尺一寸的书版上，称尺一牍，省称尺牍。

〔3〕狼狈：狼和狈。狈为传说中的兽名。据说狈前脚绝短，每行必驾两狼，失狼则不能动。卢文弨曰：“狼狈，兽名，皆不善于行者，故以喻人造次之中，书迹不能善也。”

〔4〕门业：世代相承的学业。《梁书·颜协传》云之推父颜协“博涉群书，工于草隶”。又陈思《书小史》七云颜协“工草隶飞白”。故颜之推说“幼承门业”。

〔5〕法书：可以效法的字，即名家书法范本。

〔6〕韦仲将：即韦诞。三国时曹魏书法家，字仲将，京兆杜陵(今陕西西安东南)人。《世说新语·巧艺》：“韦仲将能书，魏明帝起殿，欲安榜，使仲将登梯题之。既下，头鬓皓然，因敕儿孙勿复学书。”

【译文】

真书、草书等书法，是要微加留意的。江南谚语说：“咫尺书信，就是你在千里之外给人看到的脸面。”今人继承了两晋、刘宋以来的风气，留心于学习书法，所以在这方面不会觉得为难窘迫。我小时候继承家传的学业，加上生性喜欢书法，所见到的书法范帖也多，而且赏玩学习也费了不少工夫，可书法水平终究不高，这大概是我缺少天分的缘故吧。然而这门技艺没有必要学得太精。巧者多劳，智者多忧，常常受人支使，便觉得精通书法是一种负担。韦仲将给儿孙留下不要学书法的告诫，确实是有道理的。

19.2　王逸少风流才士[1]，萧散名人，举世惟知其书，翻以能自蔽也[2]。萧子云每叹曰："吾著《齐书》[3]，勒成一典，文章弘义，自谓可观；唯以笔迹得名，亦异事也。"王褒地胄清华[4]，才学优敏，后虽入关[5]，亦被礼遇。犹以书工，崎岖碑碣之间[6]，辛苦笔砚之役，尝悔恨曰："假使吾不知书，可不至今日邪？"以此观之，慎勿以书自命。虽然，厮猥之人，以能书拔擢者多矣。故道不同不相为谋也[7]。

【注释】

〔1〕王逸少：即王羲之。见6.11注〔3〕。

〔2〕翻：反而。

〔3〕"萧子云"二句：萧子云，见7.4注〔6〕。据《梁书》本传，子云唯撰《晋书》一百一十卷，《东宫新记》二十卷。此云其撰《齐书》，恐与萧子显所撰《齐书》之事相混。

〔4〕王褒：北周文学家。见7.4注〔5〕。

〔5〕入关：王褒在梁为吏部尚书、左仆射。承圣三年(554)，江陵为西魏所陷，王褒被送往长安。

〔6〕碑碣：古人将方形的刻石称为碑，圆形的刻石称为碣。此为碑和墓志等石刻文字的总称。

〔7〕道不同不相为谋：见《论语·卫灵公》。

【译文】

王羲之是位风流才士，潇洒散淡的名人，世上的人都只知道他的书法，反而将其他方面的才能掩盖了。萧子云常常感叹说："我撰述《齐书》，编定一朝的典要，其中的文采大义，自认为值得一看；到头来却只是因抄写得精妙，以书法得名，也真是怪事。"王褒门第清华高贵，学识渊博，文思敏捷，后来虽然到了关中，也依然受到礼遇重用。但还是因为他擅长书法，常奔走于碑碣之间，辛苦于笔砚之役。他曾经后悔地说："假如我不会书法，可能不至于像今天这个样子吧？"从这件事可以看出，千万不要以精通书法而自命不凡。话虽如此，地位低下的人，因写得一手好字而被提拔的事也是不少的。所以说目标不同的人是不能谋划到一块的。

19.3　梁氏秘阁散逸以来[1]，吾见二王真草多矣[2]，家中尝得十卷；方知陶隐居、阮交州、萧祭酒诸书[3]，莫不得羲之之体，故是书之渊源。萧晚节所变，乃是右军年少时法也。

【注释】

〔1〕"梁氏"句：秘阁，皇宫中藏图书秘籍之所。梁朝

初中期，梁武帝曾收集了许多珍贵的典籍图册，藏于秘阁。侯景之乱，秘阁图书多有被焚。侯景乱平，梁元帝将剩余之书移往江陵。及江陵将陷，元帝将这些以及自己平生所收集的十四万卷图书付之一炬。这是有史以来最严重的一次焚书事件。颜之推《观我生赋》："人民百万而囚虏，书史千两而烟飏。"所吟即江陵陷落、图书遭焚之事。

〔2〕二王：指王羲之、王献之父子。

〔3〕陶隐居：见15.1注〔10〕。阮交州：即阮研。字文几，梁朝时陈留(今河南开封东南)人。善书，官至交州刺史。　萧祭酒：即萧子云。因曾任国子祭酒，故有此称。张怀瓘《书断》说陶弘景"时称与萧子云、阮研，各得右军一体。"

【译文】

梁朝秘阁珍藏的图书典册散失之后，我见到了很多王羲之、王献之的真书、草书墨迹，家中也曾收藏十卷。看了这些作品，才知道陶隐居、阮交州、萧祭酒等人的书法，没有不是学习王羲之的字体，所以说王羲之的字是书法的渊源。萧祭酒晚年时的书体变化，就是转向王羲之年少时所写的书体。

19.4　晋、宋以来，多能书者。故其时俗，递相染尚，所有部帙，楷正可观，不无俗字，非为大损。至梁天监之间〔1〕，斯风未变；大同之末〔2〕，讹替滋生。萧子云改易字体，邵陵王颇行伪字〔3〕；朝野翕然，以为楷式，画虎不成〔4〕，多所伤败。至为一字，唯见数点〔5〕，或妄斟酌，逐便转移。尔后坟籍，略不可看。北朝丧乱之余，书迹鄙陋，加以专辄造字，猥拙甚于江南。乃以“百”“念”为“忧”，“言”“反”为“变”，“不”“用”为“罢”，“追”“来”为“归”，“更”“生”为“苏”，“先”“人”为“老”[6]，如此非一，遍满经传。唯有姚元标工于楷隶[7]，留心小学[8]，后生师之者众。洎于齐末[9]，秘书缮写，贤于往日多矣。

【注释】

〔1〕天监：梁武帝年号，自公元502年到519年，前后凡十八年。

〔2〕大同：梁武帝年号，前后有十一年(535—545)。

〔3〕邵陵王：即梁武帝第六子萧纶，天监十三年封邵陵王。事见《梁书》卷二十九。　伪字：此指写法不规范的字。

〔4〕画虎不成：“画虎不成反类狗”的略称。《后汉书·马援传》：“效季良不得，陷为天下轻薄子，所谓画虎不成反类狗者也。”

〔5〕此句有两种解释。一是一个字简写成只见几个点。一是部首中出现的一横以四点代替，如陈直所云：“按：‘至为一字，唯见数点’者，以‘休’为例，晋人草书，休字下多加一字作‘休’。北魏《贾思伯碑》及《司马昞墓志》亦皆作‘休’，至《元诠墓志》‘诠字休贤’，便变‘休’作‘烋’矣。又《李壁墓志》御史中丞作‘中烝’亦变一字为数点之例。”从前后文义来看，当以前一说合理。

〔6〕“乃以”六句：百念为忧，《龙龛手鉴·心部二》写作“㥑”。不用为罢，《龙龛手鉴·不部》写作“甭”，音

弃。陈直曰:“言反为变,不用为罢,不见于北朝各石刻。”追来为归,《龙龛手鉴·来部》写作“𨒃”,音归。顾炎武《金石文字》曰:“追来为𨒃,见穆子容《太公碑》,作𨒃;先人为老,见《张猛龙碑》,作𠤎;更生为甦,今人犹作之。”

〔7〕姚元标:北魏书法家。《魏书·崔玄伯传附崔恬传》:“左光禄大夫姚元标以工书知名于时。”《北史·崔浩传》亦记有此语。

〔8〕小学:古代儿童入学先学文字,所以汉代把字书归入小学类,以后把讲文字字形字义的书也归入小学类,文字训诂也跟着被称为小学。

〔9〕洎:及,到。

【译文】

两晋、刘宋以来,多有通晓书法之人,所以一时形成的风气,互相濡染影响,所有的书籍部帙都是楷书正体,十分好看。虽然其中不无俗字,但损害不大。直到梁武帝天监年间,这种风气也没有改变。到了大同末年,错讹异体之字逐渐产生了。萧子云改变字的形体,邵陵王常使用不规范的字,朝野上下翕然风起,以他们的字作为模式,结果是画虎不成反类犬,造成很大的损害。以至于一个字简化得只见几个点,有的将字体随意安排,任意改变偏旁的位置。从此以后的文献典籍几乎没法看。北朝在经历兵荒马乱之后,书写字迹鄙陋不堪,加上擅自造字,其拙劣程度更甚于江南,竟然出现将“百”、“念”两字相组合作为“忧”字,“言”、“反”两字相组合作为“变”字,“不”、“用”两字相组合作为“罢”字,“追”、“来”

两字相组合作为“归”字，“更”、“生”两字相组合作为“苏”字，“先”、“人”两字相组合作为“老”字。像这种情况不是个别的，而是遍见于经典书籍中。只有姚元标擅长楷书、隶书，专心研究小学，跟从他学习的门生很多。到了齐朝末年，秘阁书籍的缮写，就比以往好多了。

19.5　江南闾里间有《画书赋》，乃陶隐居弟子杜道士所为；其人未甚识字，轻为轨则，托名贵师〔1〕，世俗传信，后生颇为所误也。

【注释】

〔1〕托名贵师：指假托杜道士之师陶弘景所撰写。

【译文】

江南民间流传有《画书赋》，是陶隐居的弟子杜道士撰写的。这个人认识不了几个字，却轻率地规定书画的法则，还假托名师，世人也就轻易地传布相信，后生之辈颇被它贻误。

19.6　画绘之工，亦为妙矣；自古名士，多或能之。吾家尝有梁元帝手画蝉雀白团扇及马图〔1〕，亦难及也。武烈太子偏能写真〔2〕，坐上宾客，随宜点染，即成数人，以问童孺，皆知姓名矣。萧贲、刘孝先、刘灵〔3〕，并文学已外，复佳此法。玩阅古今，特可宝爱。若官未通显，每被公私使令，亦为猥役。吴县顾士端出身湘东王国侍郎〔4〕，后为镇南府刑狱参军〔5〕，有子曰庭，西朝中书舍人〔6〕，父子并有琴书之艺，尤妙丹青，常被元帝所使，每怀羞恨。彭城刘岳，橐之子也，仕为骠骑府管记〔7〕、平氏县令〔8〕，才学快士，而画绝伦。后随武陵王入蜀〔9〕，下牢之败〔10〕，遂为陆护军画支江寺壁〔11〕，与诸工巧杂处。向使三贤都不晓画，直运素业，岂见此耻乎？

【注释】

〔1〕“吾家”句：梁元帝擅长绘画，史书颇有记之。陈直曰：“唐张彦远《历代名画记》记梁元帝有自画《宣尼像》，又尝画圣僧，武帝亲为赞之。有《职贡图》、《蕃客入朝图》、《鹿图》、《师利图》、《鹔鹤陂泽图》等，并有题印。《职贡图》现尚存残卷，南京博物馆藏。见一九六〇年《文物》七期。” 团扇：圆形而有短柄的扇子，上面可题字绘画。我国古代自有扇以来一向流行这种样式。明清之后，才流行折扇。

〔2〕武烈太子：即萧方等。见6.38注〔8〕。《历代名画记》七：“梁元帝长子方等，字实相。尤能写真，坐上宾客，随意点染，即成数人，问儿童皆识之。后因战殁，年二十二。”

〔3〕萧贲：南齐竟陵王萧子良之孙，字文奂，有文才，善书画。传附见《南史·萧子良传》，又见《历代名画记》。刘孝先：南朝时梁人，善五言诗，为黄门侍郎，迁侍中。传附见《梁书·刘潜传》。 刘灵：见8.29注〔2〕。

〔4〕吴县：吴郡治所，即今江苏苏州。　王国侍郎：梁时王国所置官职。《隋书·百官志》："王国置中尉侍郎，执事中尉。"

〔5〕镇南府：萧绎在大同六年(540)出任使持节都督江州诸军事、镇南将军、江州刺史，镇南府即镇南将军府。刑狱参军为府中掌刑狱的官员。

〔6〕西朝：又称"西台"，指江陵。后梁建都于此，故有此称。　中书舍人：中书省属官。见5.5注〔2〕。

〔7〕骠骑府：即骠骑将军府。查《隋书·百官志》梁职官无此名号。　管记：指记室，职掌章表文书。

〔8〕平氏：属南阳，约在今河南桐柏西。

〔9〕武陵王：即萧纪。字世询，梁武帝第八子。天监十三年(514)封武陵王。大同三年(537)为都督、益州刺史，入蜀。

〔10〕下牢：即下牢关，在今湖北宜昌西北，长江出峡处。承圣二年(553)，萧纪举兵东下击梁元帝，在此为梁军所败。

〔11〕陆护军：指陆法和。传见《北齐书》。陈直曰："陆护军为陆法和，见《北史·艺术传》。梁元帝以法和都督郢州刺史，加司徒，封江乘县公。后奔齐入周，仍为显宦，独不载陆官护军将军事。据之推《观我生赋》云：'懿永宁之龙蟠，奇护军之电扫。'自注云：'护军将军陆法和破任约于赤亭湖，侯景退走大败。'历官与本文正合。支江当为枝江简写，《隋书·地理志》枝江县属南郡。史称法和奉佛法，故令刘岳画枝江县某寺之壁画也。"

【译文】

绘画之艺的工巧，也是奇妙的。自古以来的名士，大多擅于此道。我们家曾有梁元帝亲手画的蝉雀白团扇和马图，也是一般人难以达到的水平。武烈太子尤其善于人物写真，在座的宾客，他只要用笔随意点染，就画出了这些人的形象，拿了去问小孩，都知道画中人物是谁。萧贲、刘孝先、刘灵除了精通文学之外，也善于绘画。赏玩古今字画，确实让人爱不释手。但如果官位还不显赫，就常常被公家和私人支使作画，这样作画也就成了苦差事。吴县顾士端最初为湘东王国的侍郎，后来任镇南府刑狱参军，他有个儿子叫顾庭，是梁朝的中书舍人，父子俩都有弹琴书写之艺，尤其精通绘画，常被梁元帝所驱使，时常感到羞愧悔恨。彭城的刘岳，是刘橐的儿子，担任过骠骑府的管记、平氏县令，是位有才学的豪爽之士，绘画技艺超群绝伦。后来跟随武陵王到了蜀地，下牢之败后，就为陆护军绘枝江寺壁画，和那些工匠杂处一起。倘若这三位贤能的人不晓绘画，一直专致于儒素之业，怎么会遇上这样的耻辱呢？

19.7　弧矢之利，以威天下〔1〕，先王所以观德择贤〔2〕，亦济身之急务也。江南谓世之常射，以为兵射，冠冕儒生，多不习此，别有博射〔3〕，弱弓长箭，施于准的，揖让升降，以行礼焉。防御寇难，了无所益。乱离之后，此术遂亡。河北文士，率晓兵射，非直葛洪一箭，已解追兵〔4〕，三九宴集〔5〕，常縻荣赐〔6〕。虽然，要轻禽，截狡兽〔7〕，不愿汝辈为之。

【注释】

〔1〕“弧矢”二句：《易·系辞下》：“弦木为弧，剡木为矢；弧矢之利，以威天下。”

〔2〕观德择贤：《礼记·射义》：“射者，所以观盛德也……孔子曰：射者何以射，何以听，循声而发，发而不失正鹄者，其唯贤者乎！”“射以观德”，意思是通过射箭可以看出人的德行，并由此选择贤者。

〔3〕博射：古代的一种游乐性习射。《南史·柳恽传》：恽“尝与琅邪王瞻博射，嫌其皮阔，乃摘梅帖乌珠之上，发必命中，观者惊骇。”皮与帖俱为射垛。

〔4〕“非直”二句：《抱朴子外篇·自叙》：“昔在军旅，曾手射追骑，应弦而倒，杀二贼一马，遂得免死。”

〔5〕三九：指三公九卿。

〔6〕縻：分，分得。

〔7〕“要轻”二句：出于曹丕《典论·自叙》，《三国志·魏书·文帝纪》注引。要，通“邀”，拦截之意。指以箭术高强参加围猎。

【译文】

弓箭之利，可以威慑天下，古代的帝王以射箭来考察人的德行，选择贤能，同时学会射箭也是保全自己性命的紧要事情。江南的人将世上一般常见的那种射箭称作兵射，出身仕宦之家的读书人都不肯学习此道。另外有一种为“博射”，弓力软弱，箭身很长，射在箭垛上，宾主揖让进退，以此表达礼节。对于防御敌寇，解救危险，全然没有用处。自乱离之后，这种博射也就不见了。北方的文士，大都通晓兵射，不只是像葛洪那样能箭射追兵，且在三公九卿出席的宴会上，常以射箭分得赏赐。虽然如此，拦截飞禽狡兽，我是不愿意你们去干的。

19.8　卜筮者〔1〕，圣人之业也；但近世无复佳师，多不能中。古者，卜以决疑〔2〕，今人生疑于卜；何者？守道信谋，欲行一事，卜得恶卦，反令怵怵〔3〕，此之谓乎！且十中六七，以为上手〔4〕，粗知大意，又不委曲〔5〕。凡射奇偶，自然半收，何足赖也。世传云：“解阴阳者，为鬼所嫉，坎壈贫穷，多不称泰。”吾观近古以来，尤精妙者，唯京房、管辂、郭璞耳〔6〕，皆无官位，多或罹灾，此言令人益信。傥值世网严密，强负此名，便有诖误，亦祸源也。及星文风气，率不劳为之。吾尝学《六壬式》〔7〕，亦值世间好匠，聚得《龙首》、《金匮》、《玉軨变》、《玉历》十许种书〔8〕，讨求无验，寻亦悔罢。凡阴阳之术，与天地俱生，其吉凶德刑，不可不信；但去圣既远，世传术书，皆出流俗，言辞鄙浅，验少妄多。至如反支不行〔9〕，竟以遇害；归忌寄宿〔10〕，不免凶终：拘而多忌，亦无益也。

【注释】

〔1〕卜筮：古时占卜，用龟甲称卜，用蓍草称筮。

〔2〕“卜以”句：《左传·桓公十一年》：“卜以决疑。不疑何卜？”

〔3〕忯(chì)：恐惧不安。《说文》："忯，惕也。"郑玄注《易》云："忯，惕惧也。"

〔4〕上手：上等手艺，同"绝手"义相近。《隋书·杨素传》："素箭为第一上手。"

〔5〕委曲：指事情的详尽底细和具体原委。

〔6〕京房：西汉今文易学"京氏学"的开创者。本姓李，字君明，东郡顿丘(今河南清丰西南)人。其说长于灾变，又善占卜。后因上疏弹劾显宦专权而被处死。事见《汉书·京房传》。 管辂：字公明，三国魏平原(今属山东)人。幼好天文，及长，精通《易》和占卜。《三国志》本传中有其卜筮奇验记载。 郭璞：字景纯，东晋河东闻喜(今属山西)人。博学，好古文奇字，又精通阴阳卜筮之术。后为王敦所杀。传见《晋书》。

〔7〕《六壬式》：《隋书·经籍志》著录《六壬式经杂占》九卷、《六壬释兆》六卷。 六壬：术数的一种。五行以水为首，十天干中，壬癸皆属水，壬为阳水，癸为阴水，舍阴取阳，故名壬。六十甲子中，壬有六个，即壬申、壬午、壬辰、壬寅、壬子、壬戌，故名六壬。六壬共有七百二十课，一般总括为六十四种课体，以用于占问吉凶祸福。

〔8〕"聚得"句：俞正燮《癸巳类稿》："(颜氏所举)其书古雅也。其在目录者，《隋书·经籍志》五行类有《黄帝龙首经》二卷，《元女式经要法》一卷，《通志·艺文略》有《金匮经》三卷，焦竑《国史经籍》内有《六壬龙首经》一卷。检《释藏笑道论》云：'《黄帝金匮》何以不在道书之列乎？'知其书周秦广行……合之《颜氏家训》及《隋志》，知此数种是古书，及行于世，齐梁时续收入《道藏》者。"

〔9〕反支：即反支日。古人以反支日为禁忌之日。《后汉书·王符传》："明帝时，公车以反支日不受章奏。"李贤注："凡反支日，用月朔为正。戌、亥朔，一日反支；申、

酉朔，二日反支；午、未朔，三日反支；辰、巳朔，四日反支；寅、卯朔，五日反支；子、丑朔，六日反支。见《阴阳书》也。”

〔10〕归忌：归家之忌日。《后汉书·郭躬传》：“桓帝时，汝南有陈伯敬者，行必矩步，坐必端膝……行路闻凶，便解驾留止，还触归忌，则寄宿乡亭。”李贤注：“《阴阳书历法》曰：‘归忌日，四孟在丑，四仲在寅，四季在子，其日不可远行、归家及徙也。’”

【译文】

卜筮，是圣人从事的职业；只是近世再也没有高明的巫师，所占多不应验。古时候，用占卜来释疑解惑，现在的人却对占卜本身产生了怀疑，这是什么原因呢？凡恪守道义，相信自己谋划的人，打算去办一件事，占卜时却得到了恶卦，反而令其惴惴不安，疑生于卜就是指此而言吧。况且，十次占卜，其中有六七次应验，就算是占卜的高手了。对占术只是粗知大意，又不能说清其中原委的人，由于猜奇偶正负，自然会有猜中一半的概率，这又怎么能值得信赖呢？世人传言说：“懂得阴阳占卜的人，被鬼神所嫉妒，一生坎坷贫穷，多不太平。”我看近古以来，特别精通占卜的人，也只有京房、管辂、郭璞三人而已，他们都没有得到官职，多遭遇灾祸，所以这个传言更让人相信。倘若碰上世间法网严密，勉强地背负占卜的名声，就会受到牵累与祸害，这也是一条祸根呀。至于看天文、观星象、测气占候之类，你们一概不要去为它劳神。我曾学过《六壬式》，也遇到过占卜的好手，收集了《龙首》、《金匮》、《玉軨变》、《玉历》等十几种占卜的书，探研之后发现书中所说的并不应验，过了不久也就后悔作罢了。大凡阴阳占卜之术，与天地同生，其对人间昭示吉凶、施加恩泽与惩罚，是不可以不相信的；只是现在离圣人的时代已经很远，世上流传的占术书，都是出于凡俗平庸人之手，言词鄙陋浅薄，应验的少，妄说的多。至于有人在反支日不敢远行，反而遇害；有人在不宜归家的忌日暂寄宿在外，还是不免凶惨的结局。拘泥于此类说法而多忌讳，也是没有什么益处的。

19.9　算术亦是六艺要事〔1〕；自古儒士论天道，定律历者，皆学通之。然可以兼明，不可以专业。江南此学殊少，唯范阳祖暅精之〔2〕，位至南康太守。河北多晓此术。

【注释】

〔1〕六艺：古代学校教育的六项内容。依《周礼·地官·保氏》，为礼、乐、射、御、书、数。

〔2〕范阳：郡名。治所涿县(今属河北)。　祖暅：字景烁，古代数学家祖冲之之子。精于天文数学，曾修订《大明历》，并首次求得球体积的准确公式。事附见《南史·祖冲之传》。《隋书·经籍志》天文类著录其书《天文录》三十卷，署“祖暅之”。王利器《集解》：“六朝人信奉道教，率于名下缀‘之’字；颜氏盖嫌其一门五世，命名相似，故去‘之’字简称祖暅耳。”

【译文】

算术也是六艺中重要的一项；自古以来，儒生中能谈论天道，推定律历的，都学习并精通算术。然而，可以兼通算术，不可以将它作为专业。江南通晓此学的人很少，只有范阳人祖暅精通它，他官至南康太守。河北地区的人多通晓此术。

19.10　医方之事，取妙极难，不劝汝曹以自命也。微解药性，小小和合〔1〕，居家得以救急，亦为胜事，皇甫谧、殷仲堪则其人也〔2〕。

【注释】

〔1〕小小：稍微。　和合：犹今言配方。

〔2〕皇甫谧：见8.9注〔9〕。　殷仲堪：东晋陈郡(今河南淮阳)人。曾任荆州刺史。好医术。著有《殷荆州要方》，《隋书·经籍志》著录。传见《晋书》。

【译文】

看病开处方的事，要达到精妙的水平极为困难，我不劝你们以会看病自诩。稍微了解一些药性，略微懂得如何配方，居家时能够用来救急，也就可以了。皇甫谧、殷仲堪，就是这样的人。

19.11　《礼》曰：“君子无故不彻琴瑟〔1〕。”古来名士，多所爱好。洎于梁初，衣冠子孙，不知琴者，号有所阙；大同以末，斯风顿尽。然而此乐愔愔雅致〔2〕，有深味哉！今世曲解〔3〕，虽变于古，犹足以畅神情也。唯不可令有称誉，见役勋贵，处之下坐[4]，以取残杯冷炙之辱。戴安道犹遭之[5]，况尔曹乎！

【注释】

〔1〕“君子”句：见《礼记·曲礼下》。彻，通“撤”，撤除。王利器《集解》：“《乐府诗集》琴曲歌辞：‘琴者，先王所以修身理性，禁邪防淫者也。是故君子无故不去其身。’”

〔2〕愔愔(yīn)：安静和悦。《文选》嵇叔夜《琴赋》：“愔愔琴德，不可测兮。”李善注：“《韩诗》曰：‘愔愔，和悦貌。’”

〔3〕曲：琴曲歌辞。 解：乐曲的章节、段落。琴一曲为曲，一段为解。

〔4〕下坐：即下座。意为不当作客人而当作乐工看待。

〔5〕戴安道：即戴逵，字安道。《晋书·隐逸传》说他“少博学，好谈论，善属文，能鼓琴……武陵王晞闻其善鼓琴，使人召之，逵对使者破琴，曰：‘戴安道不为王门伶人！’”

【译文】

《礼记》说：“君子无故不撤去琴瑟。”自古以来的名士，大多对此爱好。到了梁朝初期，如果贵族子弟不懂得弹琴，就被人认为有所欠缺。大同末年以来，这种风气一时衰歇。然而这种音乐和谐美妙，非常雅致，是有很深的意味啊！现在的琴曲歌词，虽然是从古代演变过来的，还是足以使人听了神情舒畅。只是不要以擅长鼓琴而出名，那样的话就会被功臣显贵所役使，身居下座为人弹奏，遭受吃残羹剩饭的屈辱。戴安道尚且碰到过这样的事，何况你们呢？

19.12 《家语》曰："君子不博，为其兼行恶道故也[1]。"《论语》云："不有博弈者乎？为之，犹贤乎已[2]。"然则圣人不用博弈为教；但以学者不可常精，有时疲倦，则傥为之，犹胜饱食昏睡，兀然端坐耳。至如吴太子以为无益，命韦昭论之[3]；王肃、葛洪、陶侃之徒，不许目观手执[4]，此并勤笃之志也。能尔为佳。古为大博则六箸，小博则二焭[5]，今无晓者。比世所行，一焭十二棋，数术浅短，不足可玩。围棋有手谈、坐隐之目[6]，颇为雅戏；但令人耽愦，废丧实多，不可常也。

【注释】

〔1〕"君子"二句：《孔子家语·五仪解》："哀公问于孔子曰：'吾闻君子不博，有之乎？'孔子曰：'有之。'公曰：'何为？'对曰：'为其有二乘。'公曰：'有二乘则何为不博？'子曰：'为其兼行恶道也。'" 博：博戏，又称局戏，六箸十二棋。

〔2〕"不有"三句：见《论语·阳货》。弈，围棋，又叫"四维"。

〔3〕"至如"二句：事见《三国志·吴书·韦曜传》。韦曜即韦昭，因避晋讳而改之。韦昭撰《博弈论》，见于本传和《文选》卷五十二，其文曰："今世之人多不务经术，好玩博弈，废事弃业，忘寝与食，穷日尽明，继以脂烛。当其

临局交争，雌雄未决，专精锐意，心劳体倦，人事旷而不修，宾旅阙而不接……至或赌及衣服，徙棋易行，廉耻之意弛，而忿戾之色发。然其所志不出一枰之上，所务不过方罫之间……技非六艺，用非经国；立身者不阶其术，征选者不由其道。求之于战阵，则非孙、吴之伦也；考之于道艺，则非孔氏之门也。"

〔4〕王肃：字子雍，三国时曹魏经学家。其厌恶博弈之事未详。陈直曰："《艺文类聚》二十三有王肃《家诫》，仅说诫酒，恶博应亦为此篇之佚文。"　葛洪：反对博弈事见《抱朴子》外篇《自叙》。　陶侃：东晋时庐江浔阳(今江西九江)人。字士行(或作士衡)。为荆州刺史时，见其佐史博弈，即将器具投之于江，并鞭扑之。事见《晋书》本传。

〔5〕箸：博戏时所用之竹棍。鲍宏《博经》："博局之戏，各设六箸，行六棋，故云六博。用十二棋，六白六黑。所掷骰谓之琼。琼有五采，刻为一画者谓之塞，两画者谓之白，三画者谓之黑，一边不刻者，在五塞之间，谓之五塞。"琼即"茕"，博戏中所用骰子。

〔6〕手谈、坐隐：均为下围棋的别称。《世说新语·巧艺》："王中郎以围棋是坐隐，支公以围棋为手谈。"

【译文】

《孔子家语》说："君子不玩博戏，是因为博戏也会使人步入邪道的缘故。"《论语》说："不是有博弈之戏吗？玩玩它，总比什么都不干要好。"然而圣人不是教育别人玩博弈之戏，只是因为读书人不可能总是精力集中，有时也会疲倦，那么偶尔下棋玩玩，总比饱食昏睡，呆呆地坐着要强一些。至于像吴太子认为博弈之戏没什么好处，命韦昭撰文论述它的害处；王肃、葛洪、陶侃等人，不许执棋博弈，也不许在旁观战，这些人都是勤奋且意志坚定的人。能做到这样当然更好。古时候大的博戏用六箸，小的掷二骰，这些现在没人通晓它了。当今所流行的，是一个骰子，十二个棋子，着数变化简单浅显，不值得一玩。下围棋又称手谈、坐隐等名目，是一种颇为高雅的游戏，只是它会使人沉溺其中，心神烦乱，废事丧时实在太多，所以不要经常下它。

19.13　投壶之礼〔1〕，近世愈精。古者，实以小豆，为其矢之跃也〔2〕。今则唯欲其骁〔3〕，益多益喜，乃有倚竿、带剑、狼壶、豹尾、龙首之名〔4〕。其尤妙者，有莲花骁〔5〕。汝南周璝，弘正之子〔6〕，会稽贺徽，贺革之子〔7〕，并能一箭四十余骁。贺又尝为小障，置壶其外，隔障投之，无所失也。至邺以来，亦见广宁、兰陵诸王〔8〕，有此校具〔9〕，举国遂无投得一骁者。弹棋亦近世雅戏〔10〕，消愁释愦，时可为之。

【注释】

〔1〕投壶：古代宴会一种礼制，也是一种游戏。据《礼记·投壶》，其方法是：以壶口为目标，用矢投入。矢有三种尺度：室内是二尺，堂上是二尺八寸，庭中为三尺六寸。以投中多少决胜负，负者罚酒。

〔2〕“古者”三句：《礼记·投壶》：“壶中实小豆焉，为其矢之跃而出也。”

〔3〕骁：矢投入壶中并使之弹出跳还。《西京杂记》下：

“武帝时，郭舍人善投壶，以竹为矢，不用棘也。古之投壶，取中而不求还；郭舍人则激矢令还，一矢百余反，谓之为骁，言如博之掔枭于掌中为骁杰也。”

〔4〕倚竿、带剑、狼壶、豹尾、龙首：均为骁的名目。司马光《投壶格》曰：“倚竿，箭斜倚壶口中。带剑，贯耳不至地者。狼壶，转旋口上而成倚竿者。龙尾，倚竿而箭羽正向己者。龙首，倚竿而箭首正向己者。”王利器《集解》：“颜氏之豹尾，司马氏又作龙尾也。”

〔5〕莲花骁：骁之名目。具体不详。

〔6〕周璝：南朝时陈人，官至吏部郎。传附见《陈书·周弘让传》。

〔7〕贺徽：南朝时梁人，美容仪，善谈吐。先贺革而卒。传附见《南史·贺革传》。

〔8〕广宁：为北齐高澄第二子。名孝珩。爱赏人物，学涉经史，好缀文，画亦精。官至大将军、大司马。封为广宁王约在齐天保(550—559)初年。　兰陵：高澄第四子。名长恭，一名孝瓘。据说其勇武而貌美，自以为不能使敌人畏惧，常戴面具出战。约在天保初封为兰陵王。河清三年(564)，领军破突厥，并大败周军。《兰陵王入阵曲》即歌长恭此战之事。二王传并见《北齐书·文襄六王传》。

〔9〕校具：王利器曰：装饰物品谓之校饰，则所饰物品谓之校具。

〔10〕弹棋：古代博戏的一种，玩法不晓。沈括《梦溪笔谈》十八：“弹棋，今人罕为之。有谱一卷，盖唐人所为。其局方二尺，中心高如覆盂，其巅为小壶，四角隆起，今大名开元寺佛殿上有一石局，亦唐时物也……然恨其艺之不传也。魏文帝善弹棋，不复用指，第以手巾拂之；有客自谓绝艺，及召见，自抵首以葛巾拂之，文帝不能及也。此说今不可解矣。”又《艺经》：“弹棋，二人对局，白黑棋各六枚，先列棋相当，下呼下击之。”

【译文】

投壶这种礼事，近世愈加精妙。古代投壶，壶中装进小豆，这是为了防止箭矢反跳出来。现在却要使投出的箭矢能弹跳回来，弹跳回来的次数越多越高兴，于是就有了倚竿、带剑、狼壶、豹尾、龙首等名目。其中最精彩的是莲花骁。汝南的周瓒，是周弘正的儿子；会稽的贺徽，是贺革的儿子，他们都能用一个箭矢跳弹四十个来回。贺徽还曾设了小屏障，把壶放在屏障外面，隔着屏障投壶，无所不中。我到了邺都以后，也看见广宁王、兰陵王有投壶的设备，举国上下就没有一个人能投得弹跳回来了。弹棋也是近代一种高雅游戏，用来消愁解闷，可以偶尔为之。

终制第二十

【题解】

终制，即丧葬的礼制。作者在本篇中细说了自己一生的坎坷经历及最终未能将父母的灵柩迁葬故土的负疚心情。认为自己若不居官，或许不会有如此多的磨难，但又觉得如果辞官退隐，将使后辈子孙失去门荫，沉沦于仆役之列，会给家族带来羞辱。在入仕与出仕问题上，作者的心理是十分矛盾的，这也是门阀时代失意士大夫的普遍心理。自从三国曹氏父子提倡节葬以来，南北朝时期多有人响应薄葬，颜之推也是这种态度。在本篇中，他对自己的后事向子孙提出了许多比较简省的办法，如不用随葬品，不树不封，不许招魂复魄，不许用酒肉作祭品，等等，言语恳切，态度坚决。由于战乱，颜之推的父母丧事自然是十分简单。因此，他要求薄葬，固然是怕自己的后事铺张会招来“不孝”的罪名，更主要的是他对自身后事的达观态度所致。另外，本篇中的一些陈述也为我们展示了南北朝时期的丧葬风俗。

20.1 死者，人之常分，不可免也[1]。吾年十九〔2〕，值梁家丧乱〔3〕，其间与白刃为伍者〔4〕，亦常数辈〔5〕；幸承余福，得至于今。古人云："五十不为夭。〔6〕"吾已六十余，故心坦然，不以残年为念。先有风气之疾〔7〕，常疑奄然〔8〕，聊书素怀〔9〕，以为汝诫。

【注释】

〔1〕"人之"句：常分：定分，分内之事。王叔岷说："案陶潜《与子俨等疏》：'天地赋命，生必有死，自古圣贤，谁能独免！'"

〔2〕吾年十九：据颜之推《观我生赋》："未成冠而登仕，财解履以从军。"自注云："时年十九，释褐湘东王国右常侍，以军功加镇西墨曹参军。"又据缪钺《颜之推年谱》，时年为太清三年(549)。

〔3〕梁家：指梁朝。

〔4〕白刃：指刀、剑等有刃口的武器。与白刃为伍，即指在刀光剑影中出没。

〔5〕辈：次。王利器说："辈犹言人次。《史记·秦始皇本纪》：'(赵)高使人请子婴数辈。'用法与此相同。"

〔6〕"五十"句：《三国志·蜀书·先主传》注：《诸葛亮集》载先主遗诏敕后主曰："人五十不称夭，年已六十有余，何所复恨！不复自伤。但以卿兄弟为念。"

〔7〕风气：疾病名。《史记·扁鹊仓公列传》："所以知齐王太后病者，臣意诊其脉，切其太阴之口，湿然风气也。"

〔8〕奄然：突然死去。

〔9〕素怀：平时所想的事情。

【译文】

死，对于每个人来说，是必然的归宿，无可避免的。我十九岁的时候，正好遇上梁朝大乱，这期间出没于刀光剑影之中，也有好多次；幸承祖上的福荫，得以活到今天。古人说："活到五十岁就不算短命了。"我如今六十多岁了，所以心里坦然，不会因残年无多而有什么顾虑。我先前患有风气的毛病，常疑心自己会突然死去，因而姑且记下平时的一些想法，以作为对你们的嘱告。

20.2　先君先夫人皆未还建邺旧山〔1〕，旅葬江陵东郭〔2〕。承圣末〔3〕，已启求扬都〔4〕，欲营迁厝〔5〕。蒙诏赐银百两，已于扬州小郊北地烧砖〔6〕，便值本朝沦没〔7〕，流离如此，数十年间，绝于还望。今虽混一〔8〕，家道罄穷，何由办此奉营资费〔9〕？且扬都污毁，无复孑遗〔10〕，还被下湿〔11〕，未为得计。自咎自责，贯心刻髓。计吾兄弟〔12〕，不当仕进；但以门衰，骨肉单弱，五服之内〔13〕，傍无一人，播越他乡〔14〕，无复资荫〔15〕；使汝等沈沦厮役，以为先世之耻；故靦冒人间〔16〕，不敢坠失〔17〕。兼以北方政教严切，全无隐退者故也。

【注释】

〔1〕旧山：犹今言故乡。卢文弨说："之推九世祖含随晋元帝东渡，故建邺乃其故土也。"

〔2〕旅葬：又称"客葬"，指葬在外地，不曾归葬故乡。

〔3〕承圣：梁元帝萧绎的年号(552—554)。

〔4〕扬都：指建康，南北朝时习称如此。

〔5〕厝：浅葬以待改葬。

〔6〕扬州：亦指建康。　烧砖：烧制墓砖。王利器《集解》："自吴至陈、隋时代，江南人士，墓葬郭内用砖，皆由自家烧造，内中有少数砖必系以年月某氏墓字样，如长沙烂泥冲南齐墓，有碑文云'齐永元元年己卯岁刘氏墓'是也。与颜之推烧砖之说正相符合。又南朝大贵族墓葬，在发掘情况中估计，最多者需用砖三万枚，每烧窑一次至多一万枚，须烧三次始敷用，要一千人的劳动力。"

〔7〕本朝：古人谓所事之国为本朝。颜之推早年仕梁，故称梁为本朝。顾炎武曰："之推仕历齐、周及隋，而犹称梁为本朝；盖臣子之辞，无可移易，而当时上下亦不以为嫌者也。"

〔8〕混一：统一。指隋灭陈统一南北。

〔9〕奉营：奉祀营葬。奉，捧。此指恭敬地把先君先夫人迁葬至建康。

〔10〕污毁：指隋平陈后，扬都的宫室民居已多毁坏。

〔11〕下湿：指江南地区地势低洼而潮湿，相对于西北的高亢而言。

〔12〕吾兄弟：参见1.2注〔3〕。

〔13〕五服：旧时的丧服制度，以亲疏为差等，有斩衰、齐衰、大功、小功、缌麻五种名称，统称五服。

〔14〕播越：离散流亡。

〔15〕资荫：门第的庇护。《周书·苏绰传》："今之选举者，当不限资荫，唯在得人。"

〔16〕靦(tiǎn)冒：惭愧，冒昧。

〔17〕坠失：废弛。此指辞官退隐。

【译文】

我先父先母的灵柩都没有送回到故土建邺，而客葬在江陵的东郭。承圣末年，我已向朝廷启求想把父母的灵柩迁回扬都。承蒙元帝下诏赐银百两，我已在扬都近郊北边烧制墓砖，碰巧遇上梁朝覆亡，我流离失所到了此地，几十年间，已断了返归扬都的希望。如今南北虽然统一了，可我的家资已经穷尽，何以筹措这笔迁葬的费用？况且扬都已遭毁弃，老家没有一个亲人了，回去葬入那潮湿低洼之地，算不得是好的办法。为此，我的内心自怨自责，一如利刃穿心，痛入骨髓。想来我们兄弟，本不该走这仕进之路，只是考虑家族衰敝，骨肉孤弱，五服之内的亲戚，没有一人可以依靠，加上流徙他乡，失去了门第的庇荫。倘若使你们陷于仆隶的地位，我以为这是给祖上带来耻辱。因此我只能惭愧冒昧地存于世间，不敢随便辞去官职。另外，北方的政治教化苛严峻迫，完全没有退隐之人，这也是我不便退隐的缘故。

20.3　今年老疾侵，傥然奄忽[1]，岂求备礼乎[2]？一日放臂[3]，沐浴而已，不劳复魄[4]，殓以常衣[5]。先夫人弃背之时[6]，属世荒馑，家涂空迫[7]，兄弟幼弱，棺器率薄，藏内无砖[8]。吾当松棺二寸，衣帽已外，一不得自随，床上唯施七星板[9]；至如蜡弩牙、玉豚、锡人之属[10]，并须停省，粮罂明器[11]，故不得营，碑志旒旐[12]，弥在言外。载以鳖甲车[13]，衬土而下，平地无坟；若惧拜扫不知兆域[14]，当筑一堵低墙于左右前后，随为私记耳。灵筵勿设枕几[15]，朔望祥禫[16]，唯下白粥清水干枣，不得有酒肉饼果之祭。亲友来餟酹者[17]，一皆拒之。汝曹若违吾心，有加先妣，则陷父不孝，在汝安乎？其内典功德[18]，随力所至，勿刳竭生资[19]，使冻馁也。四时祭祀，周、孔所教，欲人勿死其亲，不忘孝道也。求诸内典，则无益焉。杀生为之，翻增罪累。若报罔极之德[20]，霜露之悲[21]，有时斋供，及七月半盂兰盆[22]，望于汝也。

【注释】

〔1〕傥然：倘或。　奄忽：同“奄然”，指突然死去。

〔2〕备礼：指丧礼详备周全。

〔3〕放臂：犹言撒手，这里婉指死亡。

〔4〕复魄：古丧礼。谓人始死之时，生者不忍，以死者之衣升屋，呼唤其名，以期招回死者魂魄，得以复苏。《仪礼·士丧礼》：“复者一人”，“复者，有司招魂复魄也。”贾公彦疏：“出入之气谓之魂，耳目聪明谓之魄，死者魂神去离于魄，今欲招取魂来复归于魄，故云招魂复魄。”

〔5〕殓：替死者穿衣。古丧礼，给尸体穿衣为小敛，以尸体入棺为大敛。

〔6〕弃背：犹言见背、捐背，指尊长亲人的死亡。

〔7〕家涂：家境。

〔8〕藏：寿藏，即坟墓。《后汉书·赵岐传》：“先自为寿藏。”注：“寿藏，谓冢圹也；称寿者，取其久远之意也，犹如寿宫、寿器之类。”

〔9〕床：物体的底部，此指棺材的底部。七星板：棺木中所用垫尸之板。明彭滨《重刻申阁老校正朱文公家礼正

衡》四："七星板，用板一片，其长广棺中可容者，凿为七孔。"

〔10〕蜡弩牙、玉豚、锡人：均为古明器，陪葬之物。蜡弩牙，蜡制的弩弓。弩牙，弩上发矢的机件。玉豚，用玉或石制成的豚。锡人，用锡铸造的人像。陈直说："蜡弩牙为蜡制弩机模型。玉豚系玉石或滑石制成。南京幕府山一号墓即有滑石猪(见一九五六年《文物参考资料》第六期)。锡人即铅人。之推所言随葬品，皆南朝人习俗。"

〔11〕明器：专为随葬而制作的器物，多以陶、石、木等材料制成。

〔12〕旒旐：明旌，古人用以书写死者生前的德行。

〔13〕鳖甲车：灵车。一作"鳖盖车"。因车盖似鳖甲而得名。

〔14〕兆域：坟墓四周的界域。

〔15〕灵筵：供奉亡灵的几筵。

〔16〕祥禫：丧祭名。祥分大祥和小祥。大祥为父母丧后两周年的祭礼，小祥是父母丧后一周年的祭礼。禫为除丧服之祭。《仪礼·士虞礼》："期而小祥，又期而大祥，中月而禫。"郑玄注："中，犹间也；禫，祭名也，与大祥间一月。自丧至此，凡二十七月。"

〔17〕餟(chuò)酹：以酒洒于地表示祭奠。

〔18〕功德：指作功德，即佛教徒所谓念经诵佛及布施等事。

〔19〕刳：挖，此指耗费。　生资：用于生活的钱财。

〔20〕罔极之德：《诗·小雅·蓼莪》："欲报之德，昊天罔极。"《集传》："言父母之恩如天，欲报之以德，而其恩之大如天无穷，不知所以为报也。"

〔21〕霜露之悲：《礼记·祭义》："霜露既降，君子履之，必有凄怆之心，非其寒之谓也！"注："非其寒之谓，谓凄怆及怵惕，皆为感时念亲也。"

〔22〕盂兰盆：梵语“Ullambana”的音译，意为“救倒悬”。《盂兰盆经》说，目连以其母死后在饿鬼道中极苦，如处倒悬，求佛救度，佛令他于僧众夏季安居终了之日(即夏历七月十五日)，备百味饮食，供养十方僧众，即可解脱。自南朝梁以后，盂兰盆会在民间开始仿行，成为超度先人的节日。

【译文】

现在我已年老，且疾病缠身，假若突然死去，难道还要求丧礼详备周至吗？如果我哪一天撒手归天，只要求你们为我沐浴净身，不劳你们为我行招魂复魄之礼，穿上普通的衣服入殓。你们的祖母去世的时候，正值饥荒，家境空乏窘迫，我们几兄弟又都年幼单弱，所以，她的棺木轻薄粗糙，也无砖块砌筑墓郭。因此，我只能备办二寸厚的松木棺材，除了衣服帽子以外，其他的东西一概不要放进去，棺材底部只要放上一块七星板。至于像蜡弩牙、玉豚、锡人这类东西，一并裁撤不用。粮罂明器，不要去置办，更不用说碑志明旌了。棺木以鳖甲车运载，墓室底部用土衬垫一层就可入葬，墓的上面不要垒坟，弄平就可以了。如果你们担心以后祭扫时不知墓的界限，可以在墓地的前后左右修筑矮墙，顺便作些标识。灵床上不要设置枕几，逢朔日、望日、祥日、禫日祭奠时，用白粥、清水、干枣就可以了，不可用酒、肉、饼、果作祭品。亲友们要来祭奠，一概拒绝。你们如果违背我的意愿，让我的丧礼规格高出你们的祖母，那就是陷我于不孝之境，你们为此能心安吗？至于念经诵佛等诸种功德，量力而行，不要弄得倾尽资财，使你们受冻挨饿。一年四季的祭祀，这是周公、孔子所教导的，目的是让人不要很快忘掉死去的亲人，不要忘记孝道。若以佛经来推求，这些则是没有好处的。以杀生来进行祭祀，反而会增加我的罪恶。倘若你们想报答父母的大恩大德，表达思念亲人的悲痛心情，那么除了时常供奉斋品外，到七月半的盂兰盆会，我是希望你们斋供的。

20.4　孔子之葬亲也，云："古者墓而不坟。丘东西南北之人也，不可以弗识也。[1]"于是封之崇四尺[2]。然则君子应世行道，亦有不守坟墓之时，况为事际所逼也[3]！吾今羁旅，身若浮云[4]，竟未知何乡是吾葬地；唯当气绝便埋之耳。汝曹宜以传业扬名为务，不可顾恋朽壤[5]，以取堙没也。

【注释】

〔1〕"古者"三句：出于《礼记·檀弓上》，与原文稍有差异。　东西南北之人：指到处奔走，居无定所的人。　识(zhì)：记号，标识。

〔2〕封：堆土为坟。

〔3〕事际：多事之际。

〔4〕身若浮云：《论语·述而》："不义而富且贵，于我如浮云。"郑玄注："富贵而不以义者，于我如浮云，非己之有。"此则用为飘忽不定之义。

〔5〕朽壤：腐朽的土壤，此指埋了朽骨的坟墓。

【译文】

孔子安葬亲人时说："古时只是筑墓而不起坟。我孔丘是东南西北漂泊不定之人，墓上不能没有标识。"于是就堆起了四尺高的坟。这样看来，君子处世行道，也有不能守着坟墓的时候，何况为事势所逼迫呢！我如今是羁旅之人，身如浮云，行踪不定，竟不知哪方土地是我的葬身之所，只要在我气绝之后就地掩埋就可以了。你们应该以传承家业、播扬声名为要务，不可顾念我的朽骨坟土，以致湮没了自己的前程。